鄂尔多斯盆地低渗透致密气藏采气工程丛书

人工举升技术与实践

吴 正 刘 毅 田 伟 赵峥延 等编著

石油工业出版社

内容提要

本书梳理概括了致密气藏基本特征。介绍了目前国内外低渗透气藏和致密气藏的开发规律及技术对策,以及长庆气田共七大气田的地质概况,各单体强排工艺以及复合强排工艺的适应性评价。通过对致密气藏排水采气工艺的优选原则的研究,确立了各排水采气工艺的技术评价指标,建立了基于层次分析法的排水采气工艺方法优选模型,并且应用 C# 编制了长庆致密气藏排水采气工艺方法优选的计算软件,为致密气藏积液气井排水采气工艺优选提供了一定的理论依据。

本书可供油气田从事致密气藏人工举升排水采气工艺工作的技术人员及相关研究人员参考使用,也可作为相关专业院校师生的参考用书。

图书在版编目(CIP)数据

人工举升技术与实践 / 吴正等编著 . —北京:
石油工业出版社,2024.8
(鄂尔多斯盆地低渗透致密气藏采气工程丛书)
ISBN 978–7–5183–6698–9

Ⅰ. ①致… Ⅱ. ①吴… Ⅲ. ①鄂尔多斯盆地–致密砂岩–砂岩油气藏–气田开发–排水采气–生产技术 Ⅳ.
① TE375

中国国家版本馆 CIP 数据核字(2024)第 092978 号

出版发行:石油工业出版社
(北京安定门外安华里 2 区 1 号　100011)
网　　址:www.petropub.com
编辑部:(010)64249707　图书营销中心:(010)64523633
经　　销:全国新华书店
印　　刷:北京中石油彩色印刷有限责任公司

2024 年 8 月第 1 版　2024 年 8 月第 1 次印刷
787×1092 毫米　开本:1/16　印张:11.75
字数:270 千字

定价:100.00 元
(如出现印装质量问题,我社图书营销中心负责调换)
版权所有,翻印必究

《鄂尔多斯盆地低渗透致密气藏采气工程丛书》
编委会

主　　任：余浩杰

副 主 任：张矿生　慕立俊　吴　正　刘　毅　陆红军　刘双全

成　　员：解永刚　王宪文　常永峰　桂　捷　田　伟　贾友亮
　　　　　杨旭东　汪雄雄　李　丽　王治国　沈志昊　苏煜彬
　　　　　李旭日　肖述琴　赵峥延　宋汉华　王　冰　柳　洁
　　　　　石耀东　李　强　王　虎　党晓峰　赵　旭　季　伟
　　　　　郭永强　侯　山　田建峰　邵江云　陈德见　白晓弘
　　　　　冯朋鑫　蒋成银　何顺安　于志刚

《人工举升技术与实践》编写组

组　　长：吴　正　刘　毅　田　伟　赵峥延

副组长：贾友亮　蔡佳明　王晓荣　苏煜彬

成　　员：沈志昊　杨旭东　李　丽　龚航飞　陈　勇　杨亚聪
　　　　　李旭日　李耀德　肖述琴　卫亚明　宋汉华　谈　泊
　　　　　宋　洁　王亦璇　惠艳妮　赵彬彬　李思颖　李彦彬
　　　　　马海宾　闫治辰　何佳艺　谷诏闯　王忠博　刘时春

丛书序

目前，长庆油田有六个头衔：一是世界最大的低渗透非常规油气田；二是世界十大天然气田之一；三是中国最大的油气田；四是累计生产天然气6000多亿立方米；五是中国唯一的年产天然气超 $500\times10^8 m^3$ 的大气区；六是拥有中国最大的年生产天然气超 $300\times10^8 m^3$ 苏里格整装大气田。

起初，没有多少人相信鄂尔多斯盆地的长庆油田会取得如此大的成就，就连长庆油田自己也没有想到有如此令世人刮目相看的局面。规模宏大的油气基础产业，稳定的油气增长潜力和特色鲜明的低渗透非常规文化影响力，被视为中国低渗透非常规油气田勘探开发的典范。

油气基础规模，被视为前进的基础，在超大基数上实现相对稳定增长，必然伴随着超大投资，相应地稳定投资是增长的基础，从某种程度上是一个更大范围内的计划平衡结果。为此，这种模式可否持续，涉及方方面面，如果某一个方面出现不协调，都会影响油气基础规模的增减，为了使油气基础规模相对稳定且实现增长，就需要设置一个油气稳定增长的常数，而这个常数必须是实事求是的，经过科学计算的，而不是人为设置的。

油气增长潜力，当油气规模基础达到历史最高值后，显而易见的做法，必须考虑增长潜力在何方？就一般规律而言，增长无非就是老油田提高采收率、加密井、动用潜力层、合理设置参数等，但这只能解决相对稳产问题，解决不了在相对稳产基础上实现相对增长问题，而增长问题必须解决储量供给问题。也就是说，要解决油气新增的储量问题，或者说是要解决新天然气田的发现问题。鄂尔多斯盆地油气勘探要重视未知区域，如煤岩气的机会、深层油气机会、页岩气的机会和页岩油的机会，这些新的领域比人们想象的要大得多，这些都需要下功夫去认识和实践。

低渗透非常规文化影响力，是指长庆油田特色鲜明的文化影响力，其本质是"低渗透非常规""攻坚啃硬，拼搏进取""好汉坡精神""一切注重实际效果"和"低成本战略"等，这些具有明显的黄土文化和陕甘宁地域文化的特色，这种文化孕育了开发低渗透非常规油气田的石油人，形成了开发低渗透非常规油气田的理论和技术体系，缔造了中国最大油气田和世界最大低渗透非常规油气田，这是长庆油田乃至中国石油最宝贵的物质文化财富。

此外，随着时间的推移，人们对长庆油田低渗透非常规"油气基础规模、油气增长潜力和低渗透非常规文化影响力"有了越来越多的认识，这个认识虽然是渐进的、缓慢的，甚至是不乐于接受的。但是，已经形成了客观存在，在无形中和无选择中接受了它的存在和它的价值。

"油气基础规模、油气增长潜力和低渗透非常规文化影响力"三大邻域成果，最核心的是"低渗透非常规文化影响力"，它是支撑中国最大油气田和世界最大低渗透非常规油气田的底气，而底气源于超大的油气产量规模、油气协调发展、亦东亦西的地缘环境和低渗透非常规技术的人才优势。

超大油气产量规模，2022年油气储量规模达到 6700×10^4t 当量规模，在中国毫无疑问是站在第一的位置，在世界也是最大规模的位置。试想在20多年前根本不被人看好的鄂尔多斯盆地长庆油田，现在站在了被人仰视的位置和受人尊敬的油田企业，它的优势源于低渗透非常规 6700×10^4t 油气当量。

油气协调发展，是每一个油田企业都想实现的目标，但是受到天时、地利、人和的制约，不是想能实现就能实现的目标。它是各种因素的耦合而形成的，鄂尔多斯盆地南油北气、上油下气，各种资源天然组合，形成长庆油田协调发展的最大优势。

亦东亦西的地缘环境，长庆油田处在陕甘宁蒙，严格讲属于中国中部，东接市场发达地区，油气产品就近扩散，西接资源丰富的西北地区，油气资源就地开发，处在进可攻、退可守的位置，地理环境十分优越，这在中国只有几个为数不多的油气田有这样的地理优势。

低渗透非常规技术人才，是长庆油田成功的关键，50多年来长庆油田培养了一大批热心低渗透非常规高素质的劳动者，培养了一大批热心低渗透非常规高水平的技术人才，高素质的劳动者和高水平技术人才组合，形成了开发低渗透非常规油气无敌军团，以足够的耐心、恒心、决心和信心，才成功开发了被世界公认为难啃的骨头——鄂尔多斯盆地低渗透非常规油气资源。

当今世界正处于百年未有之大变局，全球能源格局深刻变革，能源价格及供需关系波动频繁，能源的战略稳定意义日趋重要，天然气尤其是致密气、非常规气藏的开发将是中国能源发展的战略重地。长庆气田的成功开发，创新形成致密气藏高效开发模式，引领了国内致密气藏开发的跨越式发展。在全国人民实现第二个百年奋斗目标的历史新起点，在中国式现代化建设的新征程上，编写《鄂尔多斯盆地低渗透致密气藏采气工程丛书》（简称《丛书》），对于树立国内外致密气藏高效开发典范、引领低渗透气藏采气行业发展，具有重要意义。

《丛书》系统总结了中国石油近50年来在鄂尔多斯盆地低渗透、致密气藏开发采气工艺领域取得的系列科研成果及生产实践经验，涵盖了整个致密气田开发钻采工艺技术系列。重点介绍了鄂尔多斯盆地低渗透、致密气藏排水采气、井下节流、柱塞气举、气田强排水采气、数字化智能技术、钻采工程、提高采收率等低渗透、致密气藏规模高效开发的关键技术成果。编著者均为长期从事采气工程开发的专家、科研工作者及专业技术人员，展现了低渗透、致密气藏开发采气工程的前沿技术，体现了丛书的权威性、系统性和先进性。

该套丛书的出版，为低渗透、致密气藏有效开发提供了一套成熟完备的采气工程借鉴方案，将对新形势下中国天然气的开发及优化管理起到积极的指导作用，希望广大天然气开发领域的研究者、设计者、建设者与生产管理者能将其作为学习工作的必备工具书，充分发挥其资政传承、交流提升的作用。

中国工程院院士 胡文瑞
2023年9月

前　言

气井在生产过程中常有烃类凝析液或地层水流入井底。若气井产量高、井底气液流动速度大而井中流体的数量相对较少时，水或烃类凝析液可完全被气流携带至地面。相反，若气井产能低，井筒内流体流速较低，而产液量较大时，水或烃类凝析液将不能完全被携带出井筒，从而滞留在井筒中并逐步在井筒底部聚集，形成液柱。该液柱对气藏造成额外的静水回压，导致气井自喷能量持续下降。如果这种情况持续下去，井筒中聚集的液柱终会将气"压死"，导致气井停产。这种现象便称为"气井积液"。排水采气是解决"气井积液"的有效方法，也是水驱气田生产中常见的采气工艺。

长庆气区资源丰富，但是"低渗透、低压、低丰度"的气藏特性，决定了其单井控制储量小、非均质性强、连通性差、压力恢复缓慢，呈现出"单井产量低、开发效益差"的局面。另外，随着气井生产年限的不断增加，气井内气水关系复杂，气井出水成了制约天然气产量的重要因素之一。长庆气区五大气田基本已处于开发中后期，气井压力下降，高产水井数量持续攀升，气井产量不断递减，气田稳产压力剧增。针对气井开发年限长、低压、低产等特点，长庆油田公司攻关形成了"泡沫排水、柱塞气举、速度管柱"为主体的排水采气技术系列，以解决产水气井不同生产阶段的挟液生产问题。

为了进一步提高长庆气区高产水井开发工艺的配套适应性，需要针对国内外低渗透气藏强排工艺应用设计、运行管理等方面进行调研，开展强排工艺适应性评价。本书介绍了一系列的单体、复合气井强排工艺，即对致密气藏和低渗透气藏的特征、渗流机理以及排水采气工艺进行理论分析，也结合具体应用总结各自的适应性，同时也对长庆气区排水采气工艺进行了方案优选。首先从致密气藏概念切入，完成了致密气藏基本特征梳理与概括。然后主要介绍了目前国内外低渗透气藏和致密气藏的开发规律及技术对策。接着着重介绍了长庆气区共七大气田的地质概况，各单体强排工艺（电潜泵、机抽、射流泵和连续气聚）以及复合强排工艺的适应性评价。最后通过对致密气藏排水采气工艺（速度管柱、泡排、连续气举、机抽、电潜泵和射流泵）的优选原则的研究，确立了各排水采气工艺的技术评价指标，建立了基于层次分析法的排水采气工艺方法优选模型，并且应用 C# 编制了长庆致密气藏排水采气工艺方法优选的计算软件，为致密气藏积液气井排水采气工艺优选提供了一定的理论依据。

目 录

第一章 概述 ·· 1
- 第一节 致密气藏的概念 ·· 1
- 第二节 致密气藏特征 ··· 3
- 第三节 致密气的采气机理 ··· 5
- 第四节 致密气产量的影响因素 ··· 14
- 第五节 长庆气区地质概况 ··· 18
- 第六节 长庆油田致密砂岩气勘探开发概况 ···································· 20
- 第七节 小结 ··· 24

第二章 国内外低渗透致密气藏高产水井强排工艺调研 ··················· 25
- 第一节 国内外低渗透致密气藏开发规律 ······································· 25
- 第二节 国内外气田高产水井强排工艺技术 ··································· 37
- 第三节 国内外致密气藏高产水井强排工艺技术对比评价分析 ·········· 57
- 第四节 小结 ··· 58

第三章 长庆气区排水采气工艺评价 ··· 60
- 第一节 射流泵强排工艺适应性评价 ·· 60
- 第二节 机抽强排工艺适应性评价 ··· 82
- 第三节 电潜泵强排工艺适应性评价 ·· 94
- 第四节 连续气举工艺适应性评价 ·· 107
- 第五节 复合强排工艺适应性评价 ·· 122
- 第六节 小结 ··· 138

第四章 长庆气区采气工艺优选 ··· 140
- 第一节 采气工艺技术优选 ·· 140

第二节　技术优选结果……………………………………………………… 160

   第三节　结论……………………………………………………………… 165

参考文献………………………………………………………………………… 166

第一章 概 述

本章首先明确了致密气藏的概念，对致密气藏特征展开介绍，在此基础上分析了致密气藏的采气机理，明确了致密气产量的影响因素，最后针对长庆油田相关气田开展地质概况以及长庆油田致密砂岩气勘探开发状况进行介绍。

第一节 致密气藏的概念

国内外不同的学者对致密砂岩气藏的定义提出了不同的划分标准，其中主要的标准如下：

Spencer[1]根据储层孔隙度的大小将致密储层分为高孔隙度致密储层和低孔隙度致密储层。高孔隙度致密砂岩储层指岩性为粉砂岩和细砂岩，粉砂岩中孔隙度变化范围为10%～30%，细砂岩孔隙度为25%～40%，但是渗透率都小于0.1mD；低孔隙度致密砂岩储层指孔隙度范围在3%～12%之间，渗透率一般都小于0.1mD。

Stephen A. Holditch[2]认为，致密含气砂岩是一种不经过大型改造措施（水力压裂）或者是不采用水平井和多分支井技术就不能产出工业性气流的砂岩储层。因此就不存在典型的致密含气砂岩。致密含气砂岩埋藏可以很深，也可以很浅；可以是高压，也可以是低压；可以是低温，也可以是高温；可以是单层，也可以是多层；可以是均质的，也可以是非均质的。

国内早些年有不同的学者提出了他们对于致密砂岩气藏定义的划分标准[3]：

李道品根据油层平均渗透率把低渗透油田分为一般低渗透油田、特低渗透油田和超低渗透油田三类，对应油层平均渗透率分别为10.1～50mD、1.1～10.0mD和0.1～1.0mD。

王允诚等根据储层物性将低渗透性储层孔隙度划分为8%～15%、渗透率为0.1～10mD，致密储层孔隙度为2%～8%、渗透率为0.001～0.1mD。

杨晓宁认为，一般致密砂岩是指孔隙度7%～12%、空气渗透率小于1.0mD、孔喉半径小于0.5μm的砂岩。致密砂岩在特定条件下，既可以作为天然气储层也可以作为油气藏的盖层，在岩石物理性质和流体力学性质方面与常规的砂岩储层相比，具有明显差异。

图1-1-1所示为常规砂岩储层的薄片，向其中注入蓝色环氧树脂。蓝色区域为孔隙空间，产气层中可能包含天然气。可以看到孔隙空间是相互连接的，因此气体可以很容易地从岩石中流出。

图1-1-2所示为致密砂岩储层的薄片，同样向其中注入蓝色环氧树脂。蓝色区域为孔隙空间，孔隙在储层中不规则分布，可以清晰地看出岩石孔隙度远小于常规储层。

由于国内外对于致密砂岩气藏的定义标准种类繁多，为了进行统一，国内在对国外致密砂岩气藏评价标准和方法进行大量调研基础上，编写了《致密砂岩气地质评价方法》，

图 1-1-1 常规砂岩储层的薄片[4]

图 1-1-2 致密砂岩储层的薄片[4]

该标准中把致密砂岩气藏定义为：覆压基质渗透率小于等于 0.1mD 的砂岩气层，单井一般无自然产能或自然产能低于工业气流下限（DZ/T 0217《石油天然气储量估算规范》），但在一定经济条件和技术措施下可以获得工业天然气产量。通常情况下，这些措施包括压裂及采用水平井和多分支井技术等。

图 1-1-3 和图 1-1-4 是同一块致密砂岩薄片分别在光学显微镜下和电子显微镜下的图像，呈现了较好的沉积颗粒、胶结矿物和黏土矿物之间的关系[4]。

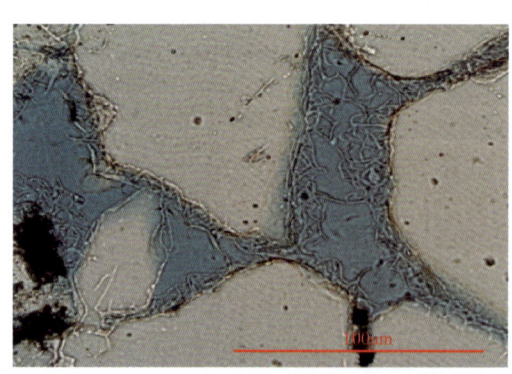 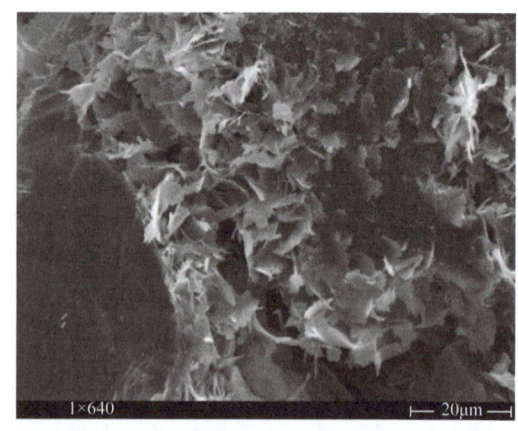

图 1-1-3 致密砂岩在光学显微镜下的图像[4]　　图 1-1-4 同一致密砂岩在电子显微镜下的图像[4]

第二节 致密气藏特征

在我国已发现的天然气藏中，大多属于中、低渗透储层甚至致密储层，而且低渗透气藏和致密渗透储层气藏的储量在整个天然气储量中占了相当大的比例，具有广阔的开发前景[5]。

致密气藏开发上存在很大困难，具体来说表现在以下几个方面：（1）储层致密、低孔、低渗，孔隙结构复杂，在气驱水动力充注成藏过程中不同渗透率储层充注特征及含气性有待进一步明确，为储量富集规律评价提供参考。（2）气水关系复杂，气藏衰竭开采过程中，气井逐步产出水，对开发影响较大，气藏开发过程中储层孔隙水的可动性有待进一步量化评价，为气井产水规律预测提供依据。（3）在低渗透致密砂岩储层中，束缚水饱和度对气相渗流能力影响十分显著，需要深入研究致密砂岩储层中气水两相渗流规律，为气田增储上产提供理论依据。（4）储量动用程度和采收率低，亟需加强对影响采收率的因素及机理进行探索研究，为提高气藏采收率奠定理论基础。

结合国内外典型致密气藏，选取美国大绿河盆地致密气藏和国内的鄂尔多斯盆地苏里格气田进行特征分析。

一、储层地质特征

1. 大绿河盆地致密气藏

大绿河盆地 Jonah 致密砂岩气田是一个以断层为边界的构造圈闭气藏。气田整体构造形态为一个倾角约 2°的向东北倾伏的三角形宽缓鼻状构造。气田的边界由北北东向的 West Jonah 断层（WF）和北东东向的 South Jonah 断层（SF）相交确定。两条边界断层几乎垂直，断距存在变化但是通常小于 60m。West Jonah 断层是一个梯形的走滑断层，断至寒武系基底，水平位移不大。South Jonah 断层是一个复杂的左旋走滑断层，包括多个从地表断至基底的断层，它在 Lance 地层沉积时发生活动。

2. 鄂尔多斯盆地致密气藏

大牛地气田位于鄂尔多斯盆地伊陕斜坡北东部，构造单一，区域上是一非常平缓的向南西倾的大单斜，构造倾角不足 1°，坡降 4.6~31.3m/km，平均坡降 8~9m/km，总降幅 400m 左右，断裂和局部构造不发育，仅发育一些局部低幅度隆起。该区主压应力轴方向不集中，优势方位以 45°~80°居多，主拉应力优势方位以 301°~350°居多，应力作用方向以北东东向为主，其次北西西向，最小主应力值在 23~50MPa 之间[7]。

二、储层物性特征

1. 大绿河盆地致密气藏

Jonah 致密砂岩气田 Lance 组储层为细砂岩，局部为中、粗砂岩至砾岩。砂岩类型是岩屑砂岩，砂岩的平均组分为：岩屑含量 40%～50%，石英含量 50%～60%（包括燧石和硅质胶结物），长石含量 0～5%。黏土含量 5%～8%，黏土骨架平均由 48% 的伊利石、24% 的绿泥石、20% 的伊利石/蒙皂石混层和 8% 的高岭石组成。孔隙类型包括原生粒间孔、次生粒间孔、铸模孔以及其他微孔隙，其中原生粒间孔是主要的孔隙类型。Jonah 致密砂岩气田 Lance 组致密砂岩岩心在围压为 800psi（5.5MPa）的常规条件下，实测的孔隙度数据为 1.6%～12.9%，主要分布范围在 7%～10.5%，平均 7.7%。但若在 4000psi（28MPa）的模拟地层压力条件下，实测孔隙度平均值有所下降，只有 7.1%（图 1-2-1）。岩心在 800psi 常规围压条件下实测的渗透率值为 0.002～3.305mD，优势分布区间在 0.01～0.5mD，平均值是 0.145mD。而随着覆压的逐渐增加，岩心渗透率的减少将超过 50%。在 4000psi 的模拟地层压力下，岩心渗透率平均值仅为 0.023mD，是常规条件下测量值的 16%[6]。

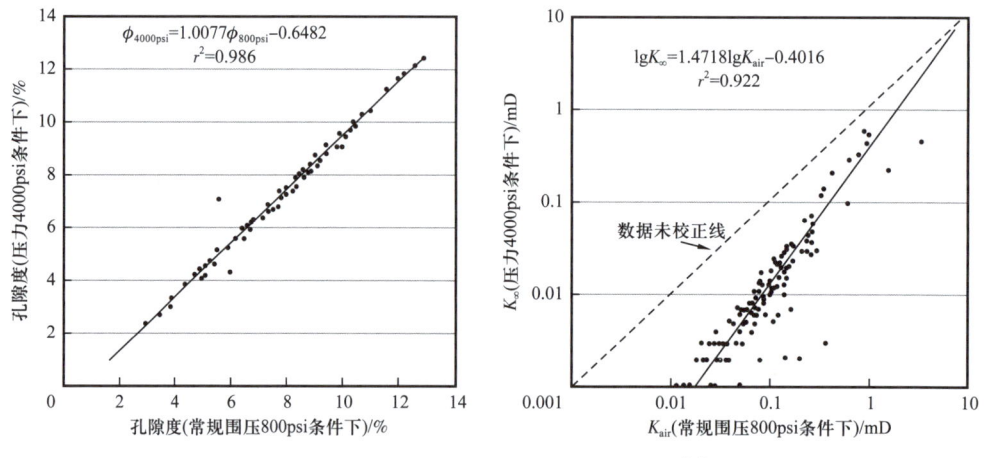

图 1-2-1　常规孔渗与覆压孔渗对比图[6]

ϕ—孔隙度；K_∞—无限大压力下的渗透率；K_{air}—空气中的渗透率；r^2—拟合模型与数据点之间的吻合程度

2. 鄂尔多斯盆地致密气藏

鄂尔多斯盆地工业气层在上古生界各组地层中均有分布，但主要以下石盒子组和山西组为主，其中盒$_8$段与山$_1$段为苏里格气田主力储层。盒$_8$段储层砂体以岩屑石英砂岩和石英砂岩为主，山$_1$段以岩屑石英砂岩和岩屑砂岩为主。苏里格气田盒$_8$段砂体平面上连片分布，纵向上多层叠置，砂体厚度大，累计厚度 30～100m；山$_1$段储层厚度相对较小，一般在 10～15m。储层主要发育溶孔—粒间孔。盒$_8$段储层物性较好，孔隙度分布在 6%～14%，平均 9.5%；渗透率为 0.05～10.0mD，平均 0.884mD；山$_1$段储层孔隙度一般在 4%～14% 之间，平均 8.7%，渗透率在 0.05～10.0mD 之间，平均 0.669mD。总体属于低孔低渗透砂岩，且孔隙度和渗透率随深度变化不明显。

鄂尔多斯大牛地气田上古生界储层岩性为浅灰色和灰色中、粗粒岩屑砂岩和岩屑石英砂岩、石英砂岩。碎屑颗粒含量大于 85%，杂基含量平均约为 5%，胶结物含量一般小于 10%。不同气层组的碎屑成分、含量、填隙物成分及含量具有不同的特点[7]。

三、致密气藏特征

1. 大绿河盆地致密气藏

Jonah 致密砂岩气田明显的气水倒置关系。在深盆气藏储层中，饱含气带和饱含水带之间没有明确的岩性、地层或构造遮挡，但气、水之间却形成了较为稳定的渐变关系，由气水倒置关系存在而产生的结果是在气藏区内形成两套流体压力系统，上部的含水段为正常流体压力系统，下部的饱含气段则以高异常地层压力或低异常地层压力为主，表现为较复杂的气藏分布特征和压力系统。

2. 鄂尔多斯盆地致密气藏

鄂尔多斯盆地上古生界气水分布关系复杂，砂体具有普遍含气的特点。苏里格气田没有统一的气水界面，也没有明显的气水过渡带。在局部构造高点处存在常规的构造油气藏，虽然不存在边水和底水，但圈闭顶部的含气饱和度高于下部。气田既有"上气下水"的常规气藏，也有呈现"下气上水"异常气水分布特征的非常规深盆型气藏。常规型气藏主要分布在西部，深盆气藏主要在东部。盒$_8$段和山$_1$段之间有厚层泥岩分隔，为相互独立的含气单元[7]。

第三节 致密气的采气机理

一、致密气藏的渗流机理

有关致密气藏渗流机理将从滑脱效应研究、高速非达西渗流机理研究、阈压梯度研究、应力敏感性研究、气水两相渗流规律研究5个方面进行说明。

1. 滑脱效应研究

Kundt 于 1875 年首先发现气体在低压条件下存在滑脱效应。Klinkenberg 定义了滑脱因子来描述滑脱效应的强弱程度，并且通过大量实验研究得到了滑脱因子与岩样绝对渗透率的关系：

$$K_g = K_\infty \left(1 + \frac{b}{\bar{p}}\right) \quad (1-3-1)$$

式中 K_g——表观渗透率，mD；

K_∞——克氏渗透率，mD；

$\bar{p}$——孔隙平均压力，MPa；

b——滑脱因子。

滑脱因子是取决于气体性质与岩石孔隙结构的常数，其数学表达式为：

$$b = \frac{4C\lambda \bar{p}}{r} \quad (1-3-2)$$

式中　C——近似于1的比例系数；
　　　λ——气体分子的平均自由行程，μm；
　　　r——多孔介质平均喉道半径，μm。

国内外学者对滑脱因子进行了相关探究：Jones[10]、朱光亚等[11]通过大量实验研究，明确滑脱效应受储层渗透率的影响，滑脱因子随着储层渗透率的减小而逐渐增大。起初，气体的滑脱效应是针对气体的单相渗流而提出的一个渗流规律，而Rushing等[12]、肖晓春等[13]通过实验研究得出结论：在气—水两相渗流过程中，气体的流动仍然会产生滑脱效应，并且滑脱因子随含水饱和度的增加而逐渐减小。Li等[14]提出滑脱因子会随着气体温度的升高而逐渐增大。在滑脱效应的理论应用方面，Ertekin等[15]在多组分气体渗流浓度场和渗流场耦合计算的过程中考虑了滑脱因子对渗流模型产生的影响。我国也有大量学者对滑脱效应开展了理论计算研究，并建立了相应的渗流模型和求解方法。

国内学者对滑脱效应的产生条件进行了如下研究：熊伟等[16]提出对于低渗透致密储层，气体只有在低压条件下才会发生滑脱效应，所以在计算滑脱效应对采收率影响规律的过程中需要考虑压力条件的限制。

2. 高速非达西渗流机理研究

在高流速条件下滑脱效应将不再适用，随着流速的提高，由于气体分子在沿着变直径的迂曲孔道中运动时连续地加速和减速，其惯性力逐渐增大，达到一定程度后流速与压力梯度将偏离达西渗流的线性规律，这种现象称为高速非达西渗流。

一般采用Forchheimer[17]在1901年提出的二项式渗流方程来表述这种非达西流动关系，该方程增加一个惯性项用来弥补气体在高速流动时达西定律不再适用的局限性：

$$\frac{\partial p}{\partial L} = -\frac{\mu}{K}v - \beta \rho v^2 \quad (1-3-3)$$

式中　p——孔隙平均压力，MPa；
　　　L——多孔介质的长度，cm；
　　　μ——流体的黏度，mPa·s；
　　　v——流体的流速，cm/s；
　　　K——高速非达西流下的渗透率，mD；
　　　β——非达西渗流系数，m^{-1}；
　　　ρ——流体的密度，g/cm^3。

以高速非达西渗流模型为基础，国内外学者对高速非达西渗流相关的影响因素展开了探究：Geertsma[18]等学者进一步提出：这种非线性渗流不仅仅是由于紊流造成的，还受到了惯性的影响。基于流速高低决定是否为非达西渗流，近年来，张烈辉等[19]国内外学者通过对流速的相关影响因素研究得出结论：储层的渗透率K越小，其有效孔喉半径就越小，气体分子在储层中的渗流阻力就会随之增大，气体的流速v也就逐渐变小，因此符合达西渗流的线性项μ/Kv就越大，偏离达西渗流的惯性项$\beta \rho v^2$就越小，即气体在储层中的渗流特征曲线就会更加接近达西渗流的线性特征。

3. 阈压梯度研究

阈压又称启动压力（或门槛压力），表示非润湿相在岩石孔隙中建立起连续流动所需的最小压力。这种岩样两端驱替压差增大至一定程度时气体才开始流动的现象称为阈压效应，它描述了气体从静止到流动的突变和时间滞后现象。因此对于低孔、低渗、高含水的致密砂岩气藏，气体在渗流过程中产生了存在阈压梯度的非达西渗流，阈压梯度减小了单井控制储量，从而降低了整个气藏的采收率。根据渗流力学原理，只有当气藏边缘压力梯度大于阈压梯度时气体才能发生流动，随着气井泄流半径的逐渐增加，使气体保持流动的边缘压力也逐渐增大，当所需边缘压力达到气藏原始压力时，超出此泄流半径范围的气体将不再发生流动。

郭平等[20]所著的《低渗透致密砂岩气藏开发机理研究》表明：阈压梯度也称启动压力梯度，它的概念最早由 BAFlorin 于 1951 年提出，20 世纪中叶，国外学者相继发现流体在低渗透致密储层的渗流过程中产生了存在阈压梯度的非达西渗流。冯曦等[21]提出：低渗透致密储层的阈压梯度随着储层渗透率的降低而逐渐减小。吴凡等[22]通过实验测算出 12 块岩样的阈压梯度，并应用数值拟合表明阈压梯度和岩样渗透率的倒数呈线性函数关系（$\lambda=0.007K^{-1}+0.004$）。依呷[23]提出：储层含水是气体在渗流过程中产生阈压梯度的主要原因，当含水饱和度低于 20% 时，几乎不存在阈压梯度。总结可以看出，阈压梯度产生条件是含水饱和度，在高含水饱和度下，产生阈压梯度下，其大小由储层渗透率所决定。

在阈压梯度的理论应用研究方面，朱维耀等[24]、黄全华等[25]、郑丽坤等[26]学者各自基于低渗透致密气藏的非达西渗流微分方程，建立了考虑阈压梯度影响的气井产能公式。

4. 应力敏感性研究

储层的应力敏感性研究由来已久，Geertsma[27]在 1957 年就定义了岩石的体积压缩系数，用来定量地描述由于储层孔隙压力变化而引起的孔隙体积变化现象。

近年来，众多学者对低渗透致密储层的应力敏感特征及其对气井产能的影响开展了大量的研究。傅春梅等[28]提出：随着储层渗透率的降低，储层的应力敏感程度会逐渐增强，使得气井产能与最终采收率都大幅下降，应力敏感造成的采收率最大降幅可达 19.51%。杨朝蓬等[29]通过岩心实验研究了含水储层的应力敏感性：随着含水饱和度的升高，应力敏感程度也会逐渐增强，同样造成气井产能与最终采收率大幅下降。

然而，李传亮[30]对此持有相反的观点：由于传统有效应力的计算方法（$\sigma_{\text{eff}}=\sigma-p$）会放大致密储层的应力敏感性，所以他提出应采用本体有效应力的计算方法（$\sigma_{\text{eff}}=\sigma-\phi p$）来评价致密储层的应力敏感性，本体有效应力计算结果表明，储层越致密其应力敏感程度反而越低，其中，σ_{eff} 为有效应力，MPa；σ 为介质外压，MPa；ϕ 为孔隙度；p 为介质外压，MPa。

可以看出，有关应力敏感性相关研究学者持有两种相反的观点，对于致密储层是否存在较强的应力敏感性还存在着一定的争议。

5. 气水两相渗流规律研究

Shanley[31]提出气水两相渗流的"渗透率屏障"理论：常规气藏储层物性相对较好，气水相对渗透率曲线有较宽的两相共渗区间；而致密气藏的储层物性较差，气水相对渗透率曲线相对异常，两相共渗区间较窄甚至几乎不存在，即在一定的含水饱和度下，致密气藏可能既不会产气也不产水。

叶礼友[31]通过两相渗流实验提出：对于低渗透致密储层，随着储层含水饱和度的逐渐增大，气相渗透率会出现大幅下降的趋势，当含水饱和度达到60%～80%时，气相渗透率就几乎趋近于0，造成气井自然产能大幅下降，气藏的最终采收率较低。所以致密气藏的渗透率是与其含水饱和度紧密相关的，在实际开发过程中需要对致密储层的含水饱和度进行相关研究与说明。

结合以上5点研究，对致密气藏渗流特征可以得到如下认识：低渗透气藏渗流理论及模型经历了一个逐步发展和不断完善的过程。同时，低渗透气藏渗流理论的发展促进了低渗透气藏试井分析的发展。但是对于低渗透气藏渗流理论的发展仍然处于初级阶段，还远没有达到成熟和广泛运用的阶段。

二、致密气藏水平井产能分析

准确地分析气井的动态、了解气层的特性、预测气井的产能，是气田科学开发的基础。而气井产能评价就是预测气井产能，分析气井动态，了解气层及井筒特性的最常用和最主要的方法。因此，气井产能测试和气井产能分析方法在气田开发与开采中具有十分重要的地位和作用。

由于水力压裂技术的运用，导致储层之中天然裂缝和人工裂缝同时存在，致使储层中流体的流动变得十分复杂。对于具有上下封闭侧向无限大边界的裂缝性致密气藏而言，水平井分段压裂后的渗流过程可以大致划分为以下几个阶段：

（1）井筒储集阶段。该阶段主要受井筒储集效应的控制，反映井筒储集和表皮伤害对气体流动的影响。（2）早期线性流阶段。天然气向裂缝面进行垂向渗流，裂缝间不发生干扰。（3）窜流阶段。主要是储层气体由基质向裂隙系统进行扩散。（4）中期拟径向流阶段。致密气围绕单个裂缝面进行拟径向流。（5）中期线性流阶段。邻近裂缝之间开始产生压力干扰，并且裂缝之间的扰趋于明显。（6）晚期拟径向流阶段。储层气体向以裂缝和井筒为整体的系统进行径向流动。

目前，在国内外还没有专门针对低渗透、致密渗透气藏提出的产能分析方法。最常见的形式是在二项式气井产能的基础上通过增加一个常数项来反映启动压力梯度对气井产能的影响，这只是一种经验处理方法，没有被证明过，而对于这个常数项的物理意义也没有明确的表述。

通过分析气井产能分析方法的发展历程和研究现状，不难看出，针对低渗透、致密气藏的气井产能分析方法的研究可以弥补国内外在这方面的研究空白。

水平井生产期间的产能评估、气藏的水侵量计算及动态研究等，这些主要依靠气藏物质平衡原理。压降法的原理如下[32]：

定容封闭气藏的压降储量方程

$$\frac{p}{Z} = \frac{p_i}{Z_i}\left(1 - \frac{G_p}{G}\right) \quad (1-3-4)$$

$$\frac{p}{Z} = A - BG_p \quad (1-3-5)$$

其中

$$A = \frac{p_i}{Z_i}$$
$$B = \frac{p_i}{Z_i G} \quad (1-3-6)$$

以气藏不同时刻的 p/Z 为纵坐标，横坐标设为累计产气量，得到一直线方程。直线的截距和斜率分别为 A 和 B。地层压力为 0 时，横坐标值为单井控制储量。其中，Z 为目前偏差系数；Z_i 为原始偏差系数；p 为目前地层压力，MPa；p_i 为原始地层压力，MPa；G 为总地质储量，$10^4 m^3/d$；G_p 为累计产气量，$10^4 m^3/d$。

计算方法如下：

（1）收集单井地层静压 p、计算累计产气量 G_p；
（2）绘制单井 p/Z 与 G_p 曲线；
（3）选择代表性点进行线性拟合；
（4）$p/Z=0$ 时，G_p 为单井控制动态储量。

产量不稳定法通过分析气井产量和井底流动压力计算水平井泄流面积及半径，进而获得单井动态储量。它包括 Blasingame、Agarwal-gardner、NPI 及 Transient 等 4 种常用方法[33]。以下是 Blasingame 方法原理：

物质平衡方程

$$\frac{\bar{p}}{Z} = \frac{p_i}{Z_i}\left(1 - \frac{G_p}{G}\right) \quad (1-3-7)$$

对时间求导数可得：

$$\frac{d}{d\bar{p}}\left(\frac{\bar{p}}{\bar{Z}}\right) \cdot \frac{d\bar{p}}{d\bar{p}_p} \cdot \frac{d\bar{p}_p}{d\bar{t}} = \frac{d}{dt}\left(\frac{\bar{p}}{\bar{Z}}\right) \quad (1-3-8)$$

式（1-3-8）变形可得：

$$\frac{d\bar{p}_p}{dt} = \frac{\dfrac{d}{dt}\left(\dfrac{\bar{p}}{\bar{Z}}\right)\dfrac{d\bar{p}_p}{d\bar{p}_p}}{\dfrac{d}{d\bar{p}}\left(\dfrac{\bar{p}}{Z}\right)} \quad (1-3-9)$$

式（1-3-9）中：

$$\frac{\mathrm{d}}{\mathrm{d}t}\left(\frac{\bar{p}}{\bar{Z}}\right) = -\frac{p_\mathrm{i}}{Z_\mathrm{i}G}\frac{\mathrm{d}G_\mathrm{p}}{\mathrm{d}t} = -\frac{p_\mathrm{i}q}{Z_\mathrm{i}G} \quad (1\text{-}3\text{-}10)$$

引入广义气体压力：

$$p_\mathrm{p} = 2\int_{p_\mathrm{p}}^{\bar{p}}\frac{p}{\bar{\mu}Z}\mathrm{d}p \quad (1\text{-}3\text{-}11)$$

则：

$$\frac{\mathrm{d}\bar{p}_\mathrm{p}}{\mathrm{d}\bar{p}} = 2\frac{\mathrm{d}}{\mathrm{d}p}\int_{p_\mathrm{i}}^{\bar{p}}\frac{p}{\bar{\mu}Z}\mathrm{d}p = 2\frac{\bar{p}}{\bar{\mu}\bar{Z}} \quad (1\text{-}3\text{-}12)$$

等温压缩率（c_g）定义式为：

$$c_\mathrm{g} = -\frac{1}{V}\frac{\partial V}{\partial p} \quad (1\text{-}3\text{-}13)$$

对实际气体有：

$$V = \frac{ZmRT}{p} \quad (1\text{-}3\text{-}14)$$

得：

$$c_\mathrm{g} = \frac{1}{\bar{p}} - \frac{1}{\bar{p}}\cdot\frac{\mathrm{d}\bar{Z}}{\mathrm{d}\bar{p}} \quad (1\text{-}3\text{-}15)$$

从而：

$$\frac{\mathrm{d}}{\mathrm{d}\bar{p}}\left(\frac{\bar{p}}{\bar{Z}}\right) = \frac{\bar{p}}{\bar{Z}}c_\mathrm{g} \quad (1\text{-}3\text{-}16)$$

将式（1-3-10）、式（1-3-12）和式（1-3-16）代入式（1-3-9）得：

$$\frac{\mathrm{d}\bar{p}_\mathrm{p}}{\mathrm{d}t} = \frac{-\dfrac{p_\mathrm{i}q}{Z_\mathrm{i}G}\dfrac{2\bar{p}}{\bar{\mu}\bar{Z}}}{\dfrac{\bar{p}}{\bar{Z}}c_\mathrm{g}} = -\frac{2p_\mathrm{i}q}{Z_\mathrm{i}\bar{\mu}c_\mathrm{g}G} \quad (1\text{-}3\text{-}17)$$

式（1-3-17）分离变量求积分得：

$$\frac{p_\mathrm{pi} - \bar{p}_\mathrm{p}}{q} = \frac{2p_\mathrm{i}}{(\mu c_\mathrm{g}Z)_\mathrm{i}G}t_\mathrm{ca} \quad (1\text{-}3\text{-}18)$$

其中

$$t_{ca} = \frac{(\mu C_g Z)_i}{q_g} \int_0^t \frac{q_g}{\mu_g c_g} dt \qquad (1\text{-}3\text{-}19)$$

单项气体拟稳态时有：

$$\frac{\bar{p}_p - p_{pwf}}{q} = \frac{1.417 \times 10^6 T}{Kh} \frac{1}{2} \ln\left(\frac{1}{e^r} \frac{A}{C_A r_{wa}^2}\right) \qquad (1\text{-}3\text{-}20)$$

将式（1-3-18）和式（1-3-20）相加，得：

$$\frac{\Delta p_p}{q} = m_a t_{ca} + b_{a,pss} \qquad (1\text{-}3\text{-}21)$$

其中

$$m_a = \frac{2 p_i}{\mu (c_g Z)_i G} \qquad (1\text{-}3\text{-}22)$$

$$b_{a,pss} = \frac{1.417 \times 10^6 T}{Kh} \frac{1}{2} \ln\left(\frac{1}{e^r} \frac{A}{C_A r_{wa}^2}\right) \qquad (1\text{-}3\text{-}23)$$

则其动态储量为：

$$G = \frac{2 p_i}{(\mu c_g Z)_i m_a} \qquad (1\text{-}3\text{-}24)$$

式中 $\bar{p}$——平均气体压强，MPa；

$\bar{p}_p$——平均地层压力，MPa；

$\bar{Z}$——平均气体压缩因子；

μ_g——平均天然气黏度，mPa·s；

V——气体体积，m³；

m——摩尔质量，mol；

R——气体常量；

T——温度，℃；

q_g——天然气流量；

G_p——累计产气量，10^8m³；

G——物质平衡法求得的动态储量，10^8m³；

p_{pwf}——井底流动压力，MPa；

p_e——目前地层压力，MPa；

Q——气井的稳定产气量，（地面标准条件），m³/d。

通过动储量的地下体积 G 可计算单井泄流面积和泄流半径。若气井难以进行长期监测，可用井口油压折算井底流压。Beggsand Brill 方法通常用来折算产水气井的压力。

以苏里格气田为例进行产能分析。

自苏里格气田发现以来,对含气面积内的所有探井、开发评价井及开发井均进行了一点法试气,部分高产井的实施结果见表1-3-1。

表1-3-1 气井单点产能试井结果表

井号	静压/MPa	流压/MPa	测试产量/(10^4m^3/d)	流动时间/h	无阻流量/(10^4m^3/d)
苏6	27.75	25.63	36.78	72.5	120.16
苏4	27.08	23.36	22.08	72.0	50.23
苏5	29.05	22.68	16.31	90.5	28.47
桃5	29.52	14.74	21.07	86.5	26.17
苏10	28.05	22.74	26.69	73.5	50.40
平均	28.29	21.83	24.58	79.0	55.09

5口井平均无阻流量达到了55.09×10^4m^3/d,并且这5口井是大范围甩开的,根据这一评价结果,当时普遍认为苏里格气田是一个大型高产整装气田,所采取的开发评价思路和开发规划都是将该气田作为一个整装高产气田对待。

为进一步落实气井产能,了解气井生产动态特征,初步评价气井稳产水平,2001年3月至7月,相继开展了5口井(苏4、苏5、苏6、苏10、桃5)的修正等时试井工作,取得了较好的试井资料。

通过5口井的修正等时试井初步暴露了苏里格气田的复杂性,具体表现在:

(1)苏里格气田以低产井为主,勘探初期采用一点法进行的产能评价结果存在很大偏差,5口中高产井无阻流量偏高了52.3%,根本无法指导气井配产,见表1-3-2。

表1-3-2 苏里格气田修正等时试井产能评价结果数据表

井号	测试时间	A	B	无阻流量/(10^4m^3/d)
苏4	2001.3.31—2001.7.2	12.47	0.280	25.49
苏5	2001.3.22—2001.7.2	19.50	0.408	22.23
苏10	2001.5.22—2001.8.4	23.21	0.140	19.99
桃5	2001.5.23—2001.9.8	53.19	0.359	11.73
苏6	2001.7.23—2001.9.17	27.25	0.0997	26.25

(2)恢复试井解释有效渗透率低,在0.3~1.7mD范围内,平均只有0.5mD,说明苏里格气田储层物性差,具有低渗气藏的渗流特征;从解释的裂缝半长看,通过压裂取得了比较明显的增产效果,压裂改造在井筒附近形成垂直裂缝,穿越了井筒附近的伤害带,形成了一条有利的渗流通道,对单井产量有了较大程度的提高;储层有效砂体呈条带状分布,这与苏里格气田的辫状河沉积环境相符,4口井表现出长条形矩形边界,河道宽度不

超过300m，储层规模有限，连通性较差。

（3）分析试井过程中的压力变化，开井时井底流压下降很快，当关井压力恢复时，在后期压力恢复速度相当慢，经过相当长时间恢复，离原始地层压力仍有较大差距，压力恢复数据见表1-3-3 苏4等5口井的累产气量只有$300×10^4$~$650×10^4m^3$，经4~7个月的压力恢复，地层压力仍减少4~8MPa，反映地层供给较差，有效砂体连通范围小，单井控制储量低，在井的经济生产周期累计产气量有限，这与苏里格气田属于限制性河道中的辫状河沉积的地质认识一致。

表1-3-3 修正等时气井压力恢复情况

井号	产气量/ ($10^4m^3/d$)	恢复时间/ d	油压/MPa		套压/MPa		井底压力/MPa	
			开井前	关井后	开井前	关井后	开井前	关井后
苏4	639	209	22.2	16.2	22.2	15.94	28.4	20.58
苏5	351	221	22.68	19	22.68	19.3	28.81	24.47
苏6	317	111	22.22	16.7	21.8	16.6	28	21.4
苏10	445	164	22.06	17.92	21.93	17.8	27.51	22.89
桃5	381	140	23.2	18.8	23.2	19.12	29.34	24.37

综合苏里格气田的实际地质情况和前面的分析，认为该气田影响产能评价结果的主要因素有以下方面：

（1）单点产能测试时间短，生产远未到达拟稳态。

气田储层低孔、低渗且储层连通性差，因而气井生产时压力波传播速度慢，气体渗流达到稳定状态或拟稳态需要较长时间。苏里格气田气井单点产能测试，连续生产时间一般只有72h左右，气井生产根本达不到产能评价所要求的拟稳态，导致气井无阻流量计算结果偏高。

（2）较长时间生产所引起的地层压力降没有得到重视。

苏里格气田气藏压力低，单砂体控制储量少，地层能量供给不足，气井生产过程中表现为压力下降快，关井后长时间不能恢复。一方面，修正等时试井过程中前面的等时生产历史对其后的等时生产有较大的影响，传统的资料分析方法未能考虑这一影响；另一方面，录井的原始状态，传统方法也不能有效地对其进行校正。这些都将导致评价结果偏离真实值。

渗流规律完全不同于均质气藏取稳定点生产数据过程中，当气井达到产能评价所要求的拟稳态后继续生产，地层压力将有较大幅度的下降，较远地偏离气井。

过去的一点法测试分析方法主要是针对均质气藏提出来的，而该气田气井存在近距离边界，呈条带状，其渗流特征完全不同于均质气藏。

分析表明，准确评价苏里格气田产能的关键：一是如何改进修正等时试井资料分析方法或是寻求一种新的产能测试方法；二是深入分析条带状储层渗流特征，确定合理的一点法测试时间。

第四节　致密气产量的影响因素

一、地质因素

1. 渗透率

李奇[5]通过对不同渗透率的全直径致密岩心开展衰竭式开发物理模拟实验，并应用相似性计算得到的废弃流量，对各组实验数据进行废弃截止计算，得到不同渗透率模拟气藏的最终采收率实验结果（图1-4-1），表明在相同的含水饱和度条件下，储层越致密，储层的孔喉半径就越小，储层渗流通道中参与气体流动的有效半径也就越小。随着储层渗透率的升高，参与气体流动的有效孔喉半径逐渐变大，气体的渗流阻力随之减小，气藏采收率也会大幅升高。但当储层渗透率大于0.1mD时，较大孔喉半径已经很难对气体产生较大的渗流阻力，不同渗透率岩心的井底压力与采出程度关系曲线趋于一致，渗透率对采收率的影响规律曲线逐渐也趋于水平线。

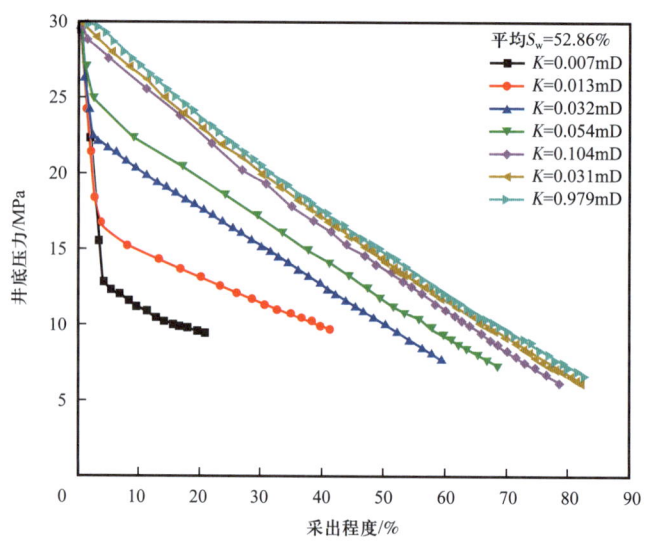

图1-4-1　不同渗透率岩心的衰竭式开发物理模拟实验结果

综上所述，物理模拟实验结果明确了渗透率对气藏采收率的影响规律（图1-4-2）：（1）渗透率是气藏采收率的最主要影响因素，储层的致密程度直接决定了储量的动用程度；（2）存在气藏采收率发生显著变化的临界渗透率0.1mD，对于储层平均渗透率大于0.1mD的气藏，渗透率的变化不会显著影响气藏采收率，气藏最终采收率基本都在80%左右；（3）而对于储层平均渗透率小于0.1mD的致密气藏，气藏采收率与渗透率基本呈指数函数关系，即随着渗透率的逐渐减小，会造成气藏采收率大幅下降。

2. 含水饱和度

通过对岳101-26-X1井全1号岩心开展衰竭式开发物理模拟实验，并应用相似性计算得到的废弃流量,对各组实验数据进行废弃截止计算,得到不同含水饱和度条件下同一模拟气藏的最终采收率。

图 1-4-3 是在含水饱和度较低（不大于 40.86%）的条件下,岳 101-26-X1 井全 1 号岩心衰竭式开发物理模拟实验结果。当储层的原始含水饱和度分别为 0、30.37% 和 40.86% 时,气藏最终采收率分别为 52.80%、48.98% 和 46.91%。在生产中后期气藏井底压力与采出程度与呈线性关系,并且线性关系曲线基本重合,说明此条件下含水饱和度对采收率的影响规律基本趋于一致。实验结果表明：当致密储层的原始含水饱和度较低时,

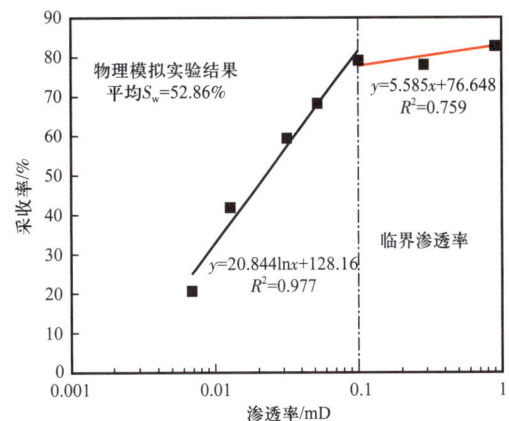

图 1-4-2 含水饱和度 52.86% 条件下渗透率对气藏采收率的影响规律

储层中的孔隙水基本以束缚水的形式赋存在孔喉表面,这些束缚水只是较小程度地限制了气体的渗流空间,并没有对气体产生较大的渗流阻力。因此,对于此类致密砂岩气藏,较低的储层原始含水饱和度对采收率的影响程度较小,此类气藏采收率的主要影响因素仍然是储层渗透率。

图 1-4-4 是在含水饱和度较高（大于 51.93%）的条件下,岳 101-26-X1 井全 1 号岩心的物理模拟实验结果。当储层的原始含水饱和度分别为 51.93%、60.74% 和 70.80% 时,气藏最终采收率分别为 41.21%、26.74% 和 14.73%。在生产早期,储层的原始含水饱和度越高,气藏平均压力下降的速度就越快,导致地层压力的消耗过大,气藏采收率较低。在相同废弃井底压力 5MPa 的条件下,随着储层原始含水饱和度的不断增大,气藏采收率会大幅度减小,并且减小幅度会逐渐增大,含水饱和度 70.80% 气藏的采收率比含水饱和度 51.93% 的低 26.48%。

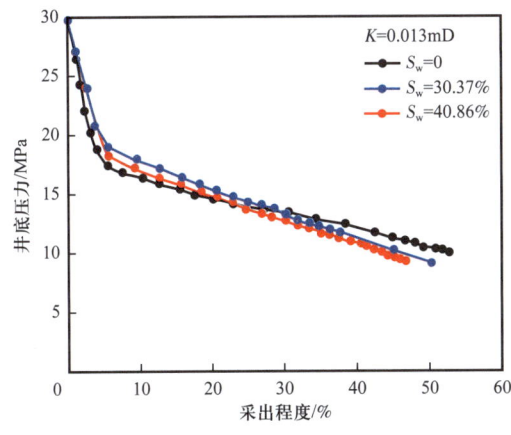

图 1-4-3 较低含水饱和度条件下岳 101-26-X1 井全 1 号岩心的衰竭式开发物理模拟实验结果

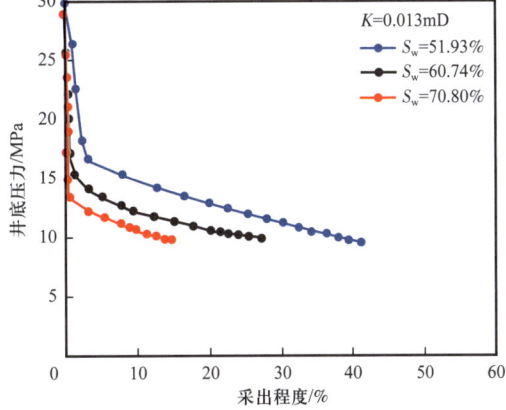

图 1-4-4 较高含水饱和度条件下岳 101-26-X1 井全 1 号岩心的衰竭式开发物理模拟实验结果

实验结果表明：当致密储层的原始含水饱和度较高时，部分孔隙水会在气体弹性膨胀驱动的作用下，从束缚水的赋存状态逐渐转化成可动水，从而形成了气水两相渗流，使气体在渗流过程中的渗流阻力大幅增加，导致储层中的部分气体得不到有效动用，气藏最终采收率大幅度减小。并且储层的原始含水饱和度越高，转化出的可动水在储层孔隙水中所占比例就越大，对气藏采收率的影响程度也就越大。因此，对于此类致密砂岩气藏，较高的储层原始含水饱和度会对采收率产生较大影响，此类气藏采收率的主要影响因素转变为储层原始含水饱和度。

综合分析岳101-26-X1井全1号岩心不同含水饱和度条件下的衰竭式开发物理模拟实验结果，明确含水饱和度对气藏采收率的影响规律：（1）致密砂岩气藏存在采收率发生急剧下降的临界含水饱和度，临界含水饱和度的值一般在40%左右；（2）当储层的原始含水饱和度低于临界含水饱和度时，储层中的孔隙水基本以束缚水的形式赋存在孔喉表面，并没有对气体的渗流过程以及气藏采收率产生较大影响，此条件下不同含水饱和度气藏的采收率基本一致；（3）当储层的原始含水饱和度高于临界含水饱和度时，部分孔隙水会在气体弹性膨胀驱动的作用下，从束缚水的赋存状态逐渐转化成可动水，在气水两相渗流过程中形成较大的气体渗流阻力，造成气藏采收率随含水饱和度的升高而大幅减。

3. 地层厚度

通过对岳101-26-X1井4块不同直径的岩心开展衰竭式开发物理模拟实验，并应用相似性计算得到的废弃流量对各组实验数据进行废弃截止计算，得到不同储层厚度条件下模拟气藏的最终采收率。图1-4-5是岳101-26-X1井4块不同直径岩心的衰竭式开发物理模拟实验结果。实验结果表明：在相同的生产条件下，当岩心的直径为2.5cm、3.8cm、7cm和10cm时，气藏的最终采收率分别为9.29%、15.75%、36.46%和41.21%。即气藏采收率随岩心直径的减小而逐渐减小，并且减小幅度越来越大。说明在其他储层特征相同并且储层全部射开的条件下，增加储层的有效厚度，可以较大程度地提高井筒端的泄流截面，从而大幅提高气井的瞬时产气量，使气井的稳产时间明显变长，储层中大多数的气体能得到有效动用。

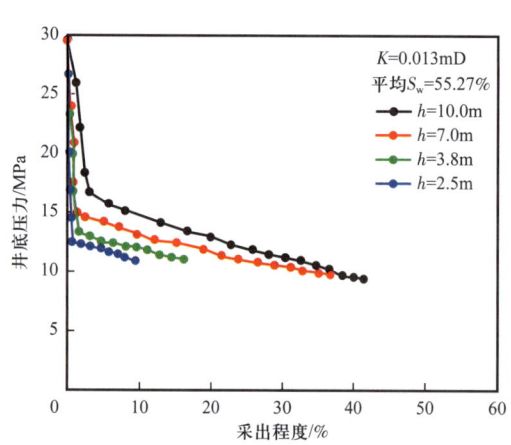

图1-4-5 不同直径岩心的衰竭式开发物理模拟实验结果

将岩心直径近似地看作模拟气藏的储层厚度，通过分析不同直径岩心的物理模拟实验结果，明确了储层厚度对气藏采收率的影响规律：（1）在气藏的生产开发过程中，气藏的有效储层厚度会对气藏采收率产生影响，气藏采收率与储层厚度之间呈对数函数关系；（2）在储层全部射开的条件下，增加储层的有效厚度，可以较大程度地提高井筒端的泄流截面，储层对气井的供气能力得到增强，从而大幅提高气井的瞬时产气量，使气井的稳产时间明显变长，储层中大多数的气体能得到有效动用，气藏的最终采收率也就显著增大（图1-4-6）。

二、工程因素

孙元伟等[37]认为，致密气藏储层渗透率低，孔喉细小，储层流动条件极差。基于应力敏感性对致密储层渗透率的影响，建立了致密气藏水平井压裂渗流模型，得到考虑井筒储集效应的无量纲压力拉普拉斯空间半解析解。在验证模型正确性的基础上，绘制水平井分段压裂产能变化曲线，对产能影响因素进行分析并设计正交试验，以确定主控因素。研究结果表明：压裂参数中裂缝间改造区域渗透率对产能影响最大，裂缝长度次之，裂缝条数最小。

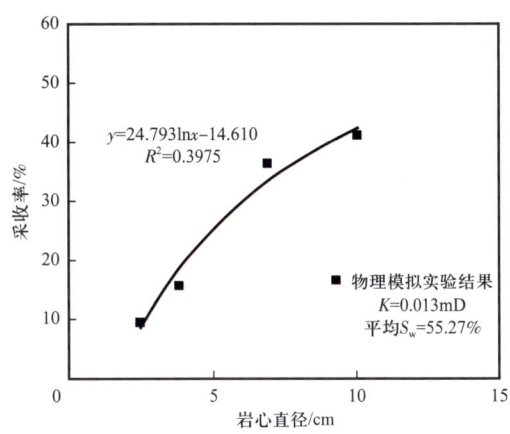

图1-4-6　岩心直径对采收率的影响规律

基于该模型对胜利气田某致密气藏储层压裂进行了优化设计，通过压力恢复、资料解释等手段，获得了胜利气田某致密气藏储层相关参数。利用储层数据计算井底压力，将该模型应用到胜利气田某致密气藏，研究裂缝长度、裂缝间改造区域渗透率和裂缝间距等压裂参数对水平井产能的影响。

1. 裂缝半长

分别考虑裂缝半长为20m、30m、40m、60m、80m和100m时，计算不同时刻的累计产气量（图1-4-7）。从图1-4-7可以看出，随着裂缝半长的增加，累计产气量增加，但增幅越来越小。主要原因是裂缝越长，储层泄气面积越大，气井产量增加；当裂缝长度增加到一定程度之后，受储层边界等因素的影响，储层泄气面积增加幅度将会减小，产能增幅下降。

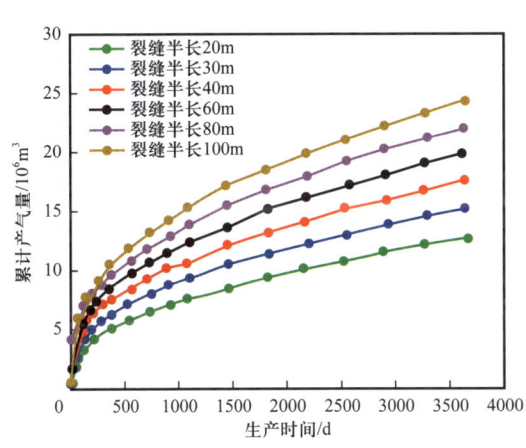

图1-4-7　胜利气田某致密气藏裂缝长度对产能的影响

2. 裂缝数量

假设水平井筒长度为1000m，裂缝均匀分布，分别为3条、4条、5条、6条和7条，可以得到裂缝数量对致密气藏单井产能影响（图1-4-8）。从图1-4-8可以看出，裂缝数量越多，单井累计产量越大，随着裂缝数量的增加，产能增幅越来越小，当裂缝数量大于6条之后，继续增加裂缝数量对产量增幅影响极小。主要原因在于当裂缝数量较多时，裂缝间距小到一定程度后，裂缝间的干扰加剧，继续减少裂缝间距对产量增幅影响越来越小。

3. 裂缝间改造区域渗透率

分别考虑裂缝间改造区域渗透率为 1mD、5mD、10mD、15mD 和 20mD 时，裂缝间改造区域渗透率对致密气藏单井产能影响（图 1-4-9）。从图 1-4-9 可以看出，裂缝间改造区域渗透率越大，储层累计产气量越大，但增幅变化规律不一致：当改造区域渗透率小于 10mD 或者大于 15mD 时，累计产气量增幅影响较小；当改造区域渗透率为 10～15mD 时，累计产气量增幅较大。产量增幅影响较小的主要原因在于人工裂缝并非无限导流，当储层改造区域渗透率增加到一定程度后，受人工裂缝导流能力的限制，继续增加改造区域渗透率对产能影响较小。

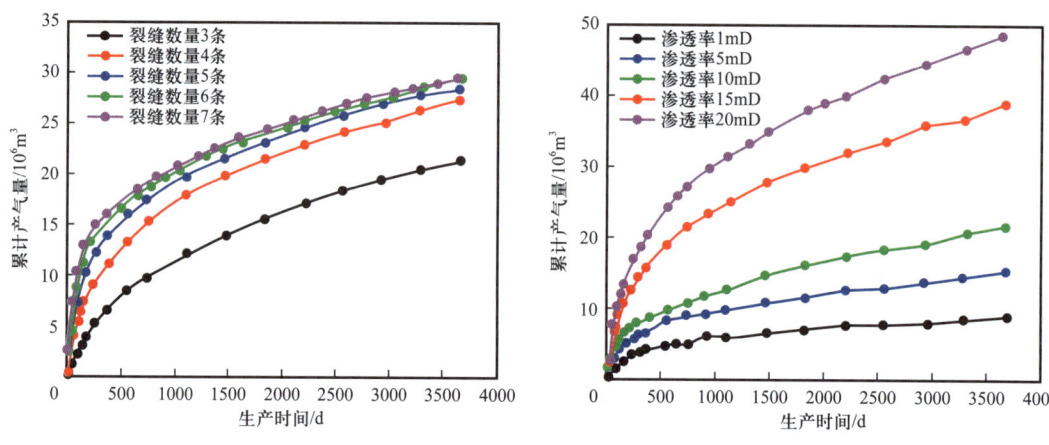

图 1-4-8　胜利气田某致密气藏裂缝条数对产能的影响　　图 1-4-9　胜利气田某致密气藏裂缝间改造区域渗透率对产能的影响

裂缝长度、裂缝间距和裂缝间改造区域渗透率等因素对致密气藏水平井产能产生较大影响，可通过正交试验，确定各因素对产能影响的主次关系。分别设计裂缝间改造区域渗透率为 5mD、10mD、15mD 和 20mD，裂缝半长为 40m、60m、80m 和 100m，裂缝间距为 100m、200m、300m 和 400m 的情况下，进行正交设计得到。通过对各方案水平井产能计算结果进行极差分析可以看出，对致密气藏水平井产能影响排序为：裂缝间改造区域渗透率最大，裂缝长度次之，裂缝条数最小。单井产能分析结果表明：裂缝间改造区域渗透率小于 10mD 或者大于 15mD 时，增加裂缝间改造区域渗透率，累计产量增幅较小；裂缝间改造区域渗透率为 10～15mD 时，累计产量增幅较大；裂缝数量大于 6 条之后，继续增加裂缝数量对产量增幅影响极小。

第五节　长庆气区地质概况

鄂尔多斯盆地具有储层类型多、分布面积广、资源潜力雄厚、储量规模大等特点。同时气田有典型的低渗透、低压、低丰度特点，非均质性强，区块差异较大，气田开发生产难度大。

一、靖边气田

靖边气田位于陕北斜坡中部、中央古隆起东北侧的靖边—横山一带，北界至召 4—陕 199 井，南界到陕 108 井，东到陕 202 井一线，西接陕 53 井，走向为北北东向，是一个长近 240km、宽近 130km、面积逾 $3.12\times10^4 km^2$ 的与奥陶系海相碳酸盐岩有关的风化壳型低渗透、低丰度、低产大型复杂气田。靖边气田区域构造为一宽缓的西倾斜坡，坡降一般为 3~10m/km。在单斜背景上发育着多排近北东向的低缓鼻隆，鼻隆幅度一般在 10~20m 左右，宽度为 3~6km。勘探开发实践证实，这些低缓的鼻隆构造对天然气的聚集不起控制作用。

靖边气田本部孔隙度为 2.0%~8.3%，平均为 5.47%，渗透率为 0.3~15.2mD，平均 3.48mD。靖边气田古潜台东孔隙度为 2.0%~8.0%，平均为 5.3%，渗透率为 0.1~10mD，平均 1.81mD。各区原始地层压力在 30.99~31.92MPa 之间，平均 31.42MPa。平均压力系数 0.95。压力分布总趋势是西部高、东部低，南部高、北部低，由北向南平均值依次变小。平均地层温度为 107℃，温度梯度为 2.94℃/100m，天然气组分和物理性质稳定，马五$_1$气藏相对密度为 0.589~0.631，全区平均为 0.610。甲烷含量为 93.23%~94.89%，平均为 93.89%，属干气气藏。H_2S 含量最高为 $31.2g/m^3$，平均为 $691.1mg/m^3$；CO_2 最高含量为 9.05%，平均为 5.14%。

二、榆林气田

榆林气田于 1995 年发现，气田位于鄂尔多斯盆地伊陕斜坡构造带上，根据地理位置划分为长北合作区和榆林南区两个区块，主要含气层为下二叠统山西组山$_2$段，次要含气层为中二叠统下石盒子组盒$_8$段和下奥陶统马家沟组马五段。

根据岩心分析结果，结合试气、试采、相对渗透率曲线及毛细管压力等特征，该气田为低孔、中低渗透性气藏。驱动类型属于定容弹性驱动气藏。

榆林气田主力气层为山$_2$段，2000 余块岩心分析渗透率分布在 0.01~10mD，平均 8.865mD；孔隙度分布范围为 2%~12%，平均 6.2%；储集空间以残余粒间孔为主，其次为高岭石晶间孔，溶孔不发育。气藏埋藏深度为 2650~3100m，地层压力范围在 22.93~28.87MPa 之间，平均为 26.71MPa，压力系数在 0.78~1.03 之间，平均为 0.94。山$_2$段平均地层温度 86.0℃，地温梯度为 2.99℃/100m。

三、苏里格气田

苏里格气田于 2000 年发现，勘探初期称为"长庆气田苏里格庙区"。2001 年 1 月更名为"苏里格气田"，同年投入试采。

苏里格气田系鄂尔多斯盆地复杂岩性气藏，主力产气层为下二叠统山西组山$_1$段至中二叠统下石盒子组盒$_8$段，埋藏深度为 3200~3500m，厚度为 80~100m，为砂泥岩地层。是一个低压、低渗透、低丰度，以河流砂体为主体储层的大面积分布的岩性气藏。

苏里格气田储层辫状河和曲流河沉积发育，砂体内部结构存在差异，表现为纵向上多期叠置、横向上复合连片，形成宽条带状或大面积连片分布的复合砂体。沉积多呈北东、北西或南北向的透镜状或条带状分布。而且有效砂体分布具有很强的非均质性，分布局限，连续性和连通性都差。

苏里格气田主力气层盒$_8$段砂层厚度 15～45m，平均有效厚度 8.2m，气藏深度为 3170.2～3592.3m。据 71 口取心井气层段岩心分析统计：盒$_8$段气层孔隙度为 5%～12%，平均 8.95%；渗透率为 0.06～2mD，平均 0.73mD；山$_1$段气层孔隙度 5%～11%，平均 8.5%；渗透率为 0.06～1.0mD，平均 0.589mD；属低孔、低渗透性气藏。气藏压力为 27.6～32.6MPa，压力梯度为 0.771～0.914MPa/100m，平均 0.87，属于正常压力系统。地温梯度 3.06℃/100m，气层段温度为 100～115℃。

苏里格气田天然气组分中甲烷平均含量 92.5%，乙烷平均含量为 4.525%，CO_2 平均含量为 0.843%，不含或微含 H_2S，气体相对密度为 0.6037，凝析油含量为 2～5g/m³。

四、子洲—米脂气田

子洲气田勘探始于 20 世纪 80 年代，年钻预探井榆 28 井和榆 29 井，获工业气流，随着勘探的不断深入，截至 2008 年底，共完钻探井 77 口，累计提交探明地质储量 151.97×10^{8}m³，其中山$_2$段探明地质储量 922.58×10^{8}m³。子洲气田于 2007 年 8 月正式投产，已动用地质储量 300×10^{8}m³。

子洲气田属岩性圈闭气藏。中部区域内无明显边、底水分布，属定容弹性驱动气藏。西部榆 29 井一带存在地层水，气水关系较为复杂，初步认为是存在于地层下倾尾端的滞留水。储渗空间类型为粒间孔、溶孔和晶间孔为主复合型。储层物性类型为低孔、低渗透性气藏。

子洲气田主力气层为山$_2$段，山$_2$段主要为中粗粒石英砂岩及岩屑石、英砂岩；孔隙类型以粒间孔、溶孔和晶间孔为主；孔隙度主要分布在 4.0%～8.0%，平均 5.6%，最大 11.0%；渗透率主要分布在 0.1～10mD，平均 1.27mD，相对榆林气田山$_2$段储层物性较差。气层埋藏深度为 2300～2900m，地层压力为 22.92～24.87MPa，压力梯度为 0.90～1.02MPa/100m 之间，平均 0.96MPa/100m，属于正常压力系统。气藏温度一般在 70.0～85.0℃。

该区天然气组分中甲烷含量一般在 94% 左右，属干气。H_2S 平均含量为 5.27mg/m³，属于微含硫级别，CO_2 含量在 2.5% 左右，产少量凝析油（0～1.298m³/d、榆 53 井为 0.0486m³/10^{4}m³），天然气组分平面分布比较稳定，品质优良。

第六节 长庆油田致密砂岩气勘探开发概况

一、资源基础

鄂尔多斯盆地致密砂岩气勘探始于 20 世纪 80—90 年代，在下古生界勘探中钻探的陕 173 井和陕 141 井在上古生界气藏试气获得工业气流，发现了乌审旗气田和榆林气田。2000 年，苏 6 井上古生界试气获高产气流，发现了苏里格气田，开启了盆地致密砂岩气大规模勘探开发的序幕。在"源储交互叠置、孔缝网状输导、近距离运聚、大面积成藏"的陆相致密砂岩气成藏模式指导下，盆地东部、南部及外围致密气勘探取得重大突破，相继发现了苏里格、神木、米脂、庆阳和宜川等致密砂岩气田（图1-6-1），累计提交三级储量$6.7×10^{12}m^3$，其中探明地质储量$3.0×10^{12}m^3$。

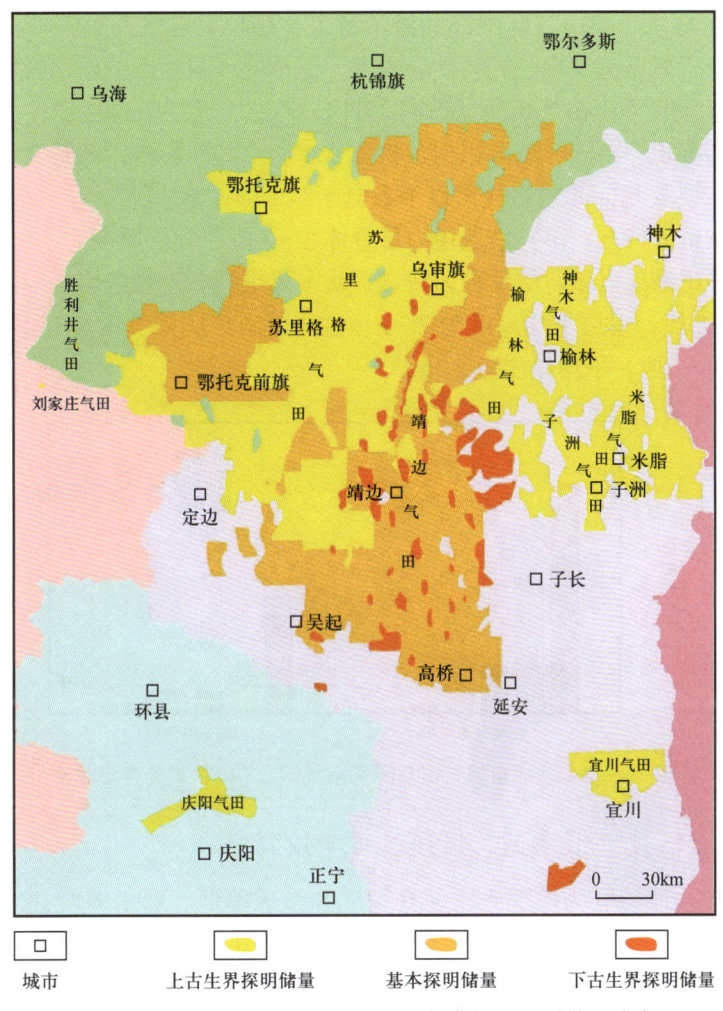

图1-6-1　鄂尔多斯盆地致密砂岩气藏探明地质储量分布

二、气藏基本地质特征

1. 煤系烃源岩"广覆式生烃、大面积供气"

鄂尔多斯盆地生烃强度大于$10×10^8m^3/km^2$的范围超过$15×10^4km^2$，为大气田的形成提供了充足的气源，但作为烃源岩的煤系地层厚度差异大，煤层厚度为2～30m。受生烃强度、储层物性和天然气差异充注的控制，盆地中—东部气藏含气性好，南部气藏含气性变化大，北部气藏气水关系复杂。

2. 缓坡型浅水三角洲造就了大面积发育的岩性气田

"平缓古地貌、强物源供给、多水系发育、高流速河道"是大面积砂体发育的重要条件。盆地北部物源阴山古陆分为西部的富石英物源区和东部的贫石英物源区；盆地西南部物源来自北部阴山、西秦岭与祁连山古陆3个方向；东南部物源分别来自阴山古陆东部的太仆寺旗—集宁地区、阴山古陆中部的渣尔泰山—乌拉山地区及东秦岭古陆；受物源影响，气田岩性以岩屑石英砂岩、岩屑砂岩为主，但不同区域存在差异，以砂岩塑性组分含量为例，东部气田较苏里格气田明显偏高（图1-6-2），储层敏感性强，水锁伤害大。同时，受不同时期沉积、不同区域沉积相及物源、水动力共同影响，已开发气田储层纵向分布表现为3种主要类型，苏里格气田以下石盒子组8段（盒$_8$段）、山西组1段（山$_1$段）储层相对集中发育为特点，单井钻遇主力层砂体2~3段，气层厚度为5~18m；盆地东部神木和米脂等气田储层以多薄层发育为特点，从本溪组到石千峰组均有不同程度含气，单井钻遇气层2~8段，单层平均厚度为2.7m；盆地西南部庆阳气田具有单层薄储层特点，单井钻遇气层1~2段，平均厚度为4.3m。

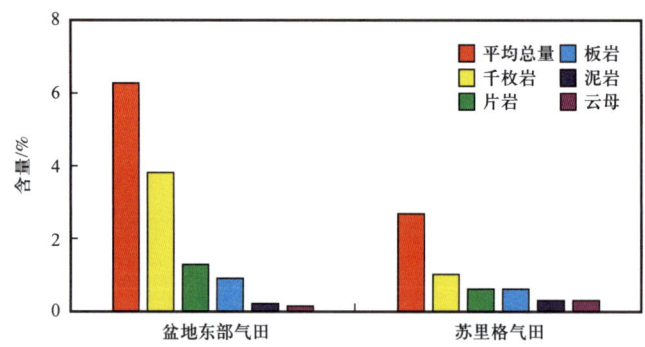

图1-6-2　盆地东部气田与苏里格气田盒$_8$段软组分含量对比

3. 气藏具有低孔、低渗透、低压、低丰度特征

致密气藏的共性特征为储层致密，孔隙度和渗透率低。鄂尔多斯盆地致密砂岩储层孔隙度为4%~10%，覆压渗透率小于0.1mD的样品比例为80%~92%。与北美地区的致密气藏相比，埋藏深（2500~4500m），储层更加致密。根据康竹林[39]的分类，鄂尔多斯盆地致密砂岩气属于低—特低储量丰度气藏。李剑等[40]对中国主要致密砂岩气田特征研究表明，长庆致密气储量丰度普遍低，丰度最高的苏里格气田多层叠合储量丰度仅为$1.6 \times 10^8 m^3/km^2$，主力层盒$_8$段和山$_1$段地层厚度为90m以上，一般钻遇2~3段气层，单层丰度更低。水平井开发主力层丰度统计显示，平均丰度在0.38×10^8~$1.26 \times 10^8 m^3/km^2$（图1-6-3），而且随着气田开发程度的不断提高，目的层品质有日益变差的趋势。

三、开发历程

长庆油田复杂致密砂岩气开发技术攻关，先后经历了4个发展阶段，现已迈入高质量发展新阶段。

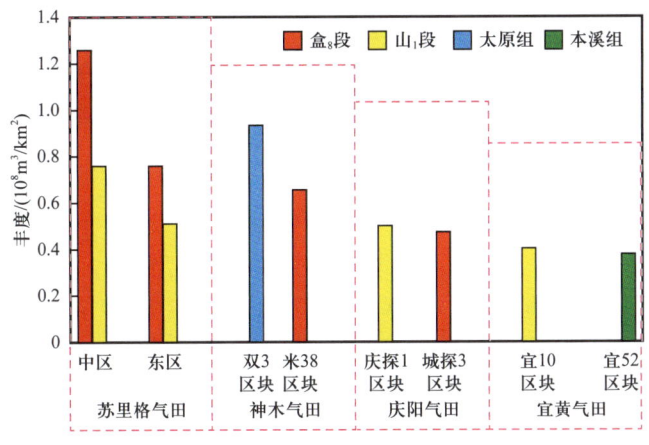

图 1-6-3 不同气田主力层单层储层丰度

（1）探索评价阶段（2000—2005年）。以苏里格气田试采评价认识为主，解决了气藏认识问题，提出了"面对现实、依靠科技、创新机制、简化开采、坚持低成本"的开发思路。明确了富集区筛选等"十二项开发"主体技术，制订了单井 $1\times10^4 m^3$ 稳产 3 年的目标。

（2）快速上产阶段（2006—2013年）。引进竞争机制，创新合作开发模式及"四化"（标准化、模块化、数字化、市场化）建设模式，2006—2009 年采用"筛选富集区、直井/丛式井"开发模式，单井投资控制在 800 万元以内，实现了效益开发；2010—2013 年，转变开发方式，以稳产并提高单井产量为目标，"直井、水平井并重"开发，建成年产 $230\times10^8 m^3$ 的大气田，提前 2 年完成苏里格气田规划目标。同期，神木气田于 2009 年发现，并借鉴苏里格模式评价建产。

（3）规模稳产阶段（2014—2017年）。以苏里格气田长期持续稳产为重点，进一步优化井网，明确了 500m×650m 的井网，推进大井组部署、工厂化作业模式；同时盆地东部形成新的万亿立方米规模储量区，盆地南部相继探明宜川、庆阳等气田。

（4）二次加快发展（2018年至今）。按照长庆油田战略部署，苏里格气田进一步上产至 $300\times10^8 m^3/a$，盆地东部气田快速上产，新区评价建产，致密气产气量由 2017 年的 $241\times10^8 m^3$ 快速上升到 2021 年的 $360\times10^8 m^3$，多项开发指标达到或领先国际水平。

四、长庆气区已开发致密气藏潜力分析

长庆气区已规模开发致密砂岩气田包括苏里格气田、神木气田及靖边气田的上古生界气藏。

1. 苏里格气田

作为中国第一大气田，主力层盒$_8$段、山$_1$段储层总体为低孔、低渗，局部发育"甜点"。2014 年产量规模达到 $230\times10^8 m^3$，已稳产 8 年，目前气田采出程度为 19.9%，储采比为 17.9。气田已动用区储量为 $2.14\times10^{12} m^3$，类比密井网试验区可采储量采收率，扣除已投产井，预计剩余技术可采储量为 $0.74\times10^{12} m^3$，通过井间加密、次产层水平井、侧钻

水平井等方式可提高储量动用；未开发区储量规模为 $1.24×10^{12}m^3$，以致密Ⅱ类和Ⅲ类及富水区储量为主，初步评价富集区可新增动用储量为 $0.5×10^{12}m^3$。综合分析，苏里格气田可上产至 $300×10^8m^3$，通过井网加密、排水采气、增压开采等措施能够实现长期稳产。

2. 神木气田

与苏里格气田相比，神木气田多层系发育特征明显，2009 年开始评价，2012 年规模建产，2021 年产量达 $41.5×10^8m^3$。依据纵向含气层发育特征，自西向东可划分为 3 个条带，西侧太原组储层发育突出，以双 3 井区为代表；中部多层叠合区，以台 8 井区为代表；东侧整体多薄层发育，以神 22 井区为代表。气田累计产气量为 $155.4×10^8m^3$，储采比为 10.2，历年提交探明、控制储量为 $6823.52×10^8m^3$，剩余储量为 $3730.8×10^8m^3$。通过双 3 井区煤气协同开发、台 8 及神 22 井区有利区集中建产，年产规模可提高至 $50×10^8m^3$ 稳产。

3. 靖边气田

1993 年开始下古生界低渗透碳酸盐岩气藏评价建产，2003 年建成了 $55×10^8m^3/a$ 的生产能力，2014 年开始利用上古生界致密砂岩气建产弥补递减；目前致密气具备 $18×10^8m^3/a$ 的生产能力，保障了 $55×10^8m^3/a$ 持续稳产。靖边气田上古生界致密砂岩气开发实践证明，上古生界气藏直井／定向井前 3 年平均产气量为 $1.0×10^4m^3/d$，水平井前 3 年平均产气量为 $3×10^4m^3/d$，与苏里格气田基本相当，致密气剩余可开发储量为 $4739.1×10^8m^3/a$，动用程度仅为 7.4%，预计可建产 $180×10^8m^3/a$，能够确保靖边气田上产至 $65×10^8m^3/a$ 稳产。

第七节 小 结

本章对致密气藏的生产特征按照从气藏整体概括到结合长庆实际致密气藏生产这一方式，从以下方面进行梳理：

从致密气藏概念切入，对不同的划分标准进行总结，明确了致密气藏的定义；根据对国内外两大典型致密气藏（大绿河致密气藏、鄂尔多斯盆地致密气藏）的调研，通过对地质、物性、气藏三个方面对致密气藏特征进行概括；通过致密气藏的渗流机理以及致密气藏的水平井产能分析两大方面对致密气藏采气机理进行说明，在产能分析中以苏里格气田产能分析进行举例；结合文献调研，通过地质因素（渗透率、含水饱和度、地层厚度）与工程因素（裂缝半长、裂缝条数、裂缝间改造区域渗透率）相结合，对影响致密气产量因素进行分析。

在经过以上几点对致密气藏的系统梳理后，落脚长庆气区，对不同气藏的地质概况进行了介绍；最后对长庆油田致密气藏开发现状进行总结，对资源基础和基本地质特征总结后，介绍了其开发历程。最后对三大典型气田（苏里格气田、神木气田、靖边气田）致密气藏生产潜力进行了分析。

第二章 国内外低渗透致密气藏高产水井强排工艺调研

本章首先概括了国内外低渗透气藏及致密气藏的开发规律；其次，简述目前国内外气田高产水井强排工艺技术，包括射流泵强排、机抽强排、电潜泵强排、气举排水采气、泡沫排水采气以及优选管柱的发展现状，并对各个强排技术在油田的实际应用情况进行了汇总；最后，分析对比了不同强排技术的优缺点。

第一节 国内外低渗透致密气藏开发规律

一、国内外低渗透气藏开发规律

1. C 气田低渗透致密砂岩气藏开发规律

C 气田构造形态为东北方向展布的背斜，以发育辫状河三角洲沉积相为主，东西向剖面单砂体相变快，连通差、延伸距离短，垂向上具有砂泥岩薄互层发育的特点。气藏有效砂体规模小、多呈孤立状分散分布，局部存在富集区。有效砂体钻遇率30%～60%，平均有效厚度4.0～9.0 m。连井剖面上（图2-1-1），有效砂体分布密度小，90%以上有效砂体呈孤立状分散分布，横向范围局限，连通性差，垂向叠置模式以孤立状为主，少量垂向叠置型。平面上，小层有效砂体多呈孤立状分布[38]。

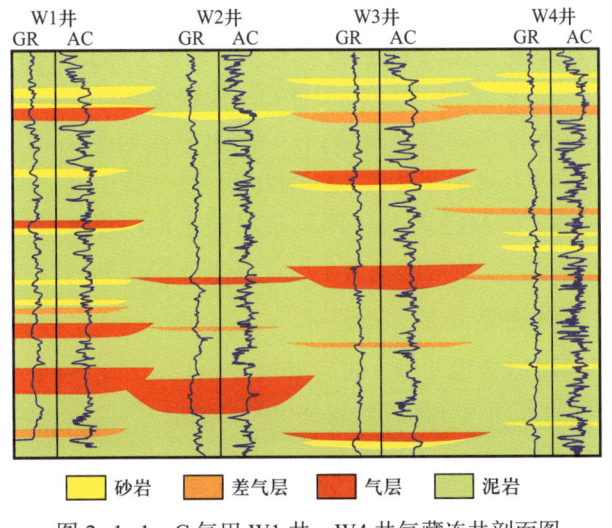

图 2-1-1 C 气田 W1 井—W4 井气藏连井剖面图

1) 储量动用程度评价技术

在气藏地质认识与动态特征分析的基础上，进行储量动用程度评价，落实已动用储量和剩余未动用储量，确定调整挖潜的潜力区[38]。

（1）气田开发指标计算。

首先论证气井的合理开发指标：一方面，对气井目前的产能、递减等指标进行计算，评价气井的生产能力，确定开发调整时气田合理生产规模；另一方面，计算核实气井的动态储量，确定动用程度与开发潜力。针对不同生产动态特征的气井，应结合多种方法进行评价。对于有测压资料的气井，采用压降法计算动态储量较为准确；对于生产时间较长，采出程度较高，进入递减的气井，可通过产量累计法和油压递减法以及常规递减分析方法计算；气藏渗流达到或接近拟稳态，气井产量相对稳定的气井可采用流动物质平衡法；产量不稳定分析方法，对于计算低渗透气藏储量具有较大优势，它建立在常规的生产动态资料之上，对地层压力测试点的依赖程度较低，对产量和压力数据要求低，生产数据经过处理后，采用不稳定法进行图版拟合，得到气井动态储量，目前常用的有 Blasingame、Agarwal-Gardner、NPI 和 Transient 等方法。

（2）储量动用程度评价。

目的是确定储量的动用状况和剩余储量的分布情况，从而确定挖潜的目标层位。在计算得到单井的动态控制储量，并对地质储量进行复核的基础上，将单井的动态储量和累计产量细化到小层，确定各个小层储量动用程度。目前小层产量劈分方法主要有地层系数法、产气剖面测试法、物理实验模拟法以及数值模拟方法等。将各个单井的动态储量和累计产量劈分到各个小层，结合各个砂组和小层的地质储量，就可以得到各砂组及小层的储量动用程度和采出程度。M2 和 N1 砂组储量动用程度低（<40%），采出程度低（<25%），且剩余储量多，N2 砂组储量动用程度高。通过各小层储量动用面积与含气面积叠合图，确定储量在各小层平面上的动用情况。依此确定挖潜重点层位，明确挖潜的主力小层[38]。

C 气田自上而下，分为 M2、N1、N2、N3 和 N4 等 5 套砂组。根据对 C 气田有效砂体的描述，N1 和 N2 砂组有效砂体发育相对较好，局部存在富集区，N3 和 N4 砂组有效砂体零星分布。根据砂组储量动用程度和采出程度分析（图 2-1-2），M2 和 N1 砂组储量动用程度低（<40%），采出程度低（<25%），且剩余储量多；N2 砂组储量动用程度高，但储量基数大，仍有较多的剩余储量；N3 和 N4 砂组储量动用程度较高，且剩余储量少。因此，剩余储量潜力主要集中在 M2、N1 和 N2 砂组，是下步气田挖潜的重点层位。从小层看（图 2-1-3），M22 和 N13 小层地质储量动用程度低（<35%），采出程度低（<25%），剩余储量高，是挖潜的主力小层，其次是 N23 和 N22 小层。

2) 井网井距优化与调整井位部署技术

从技术和经济方面确定合理井距，进行井网适应性论证，确定加密调整的空间和潜力，进而优选调整井位的有利目标区，确定井位及目的层[38]。

（1）井网井距优化技术。

低渗透致密气藏不适合大井距开发，需采用密井网开发，以提高储量的动用程度和

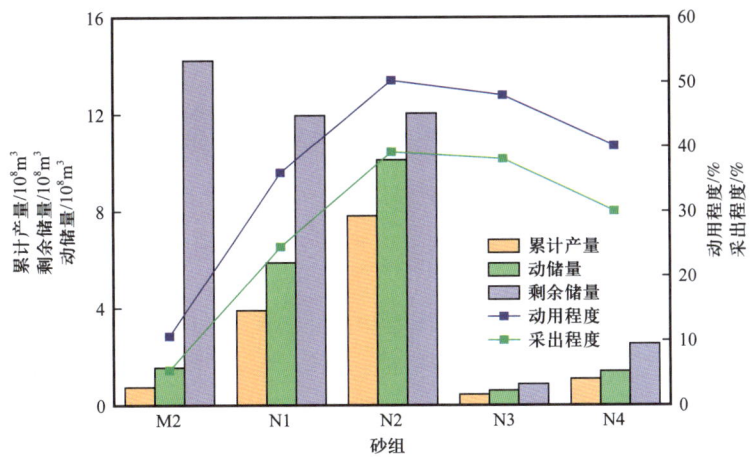

图 2-1-2　C 气田砂组储量动用程度与采出程度分布图

最终采收率。合理井距的论证主要有地质分析、气井泄气半径折算、井间干扰分析以及经济极限井距评价等方法。① 地质分析：选取密井网区，进行精细地质解剖，分析有效砂体的规模尺度，研究砂体的连通程度，确定有效砂体规模大小。根据砂体的长度、宽度分布范围和频率，确定井排距范围。② 气井泄气半径折算：泄气半径计算方法主要可分为试井探测半径方法，不稳定产能分析图版方法，动静态储量结合反算方法等。③ 井间干扰分析：同一气层上相邻两口气井同时生产时，某一口气井改变工作制度，对相邻气井的压力、产量产生影响，或是新井投产，在存在井间干扰情况下，邻近老井产量或压力发生改变。根据相邻气井压力产量的变化判断两口井间连通和干扰情况，以此来判断井距是否合理。④ 经济极限井距：中后期调整涉及井网加密，低渗透致密砂岩气藏一般属于边际效益气藏，经济的有效性是井网加密的重要考量因素，开发调整的井距应大于经济极限井距。根据经济极限井距计算公式，得到不同气价下的极限井距，以此来作为加密调整井距的下限。

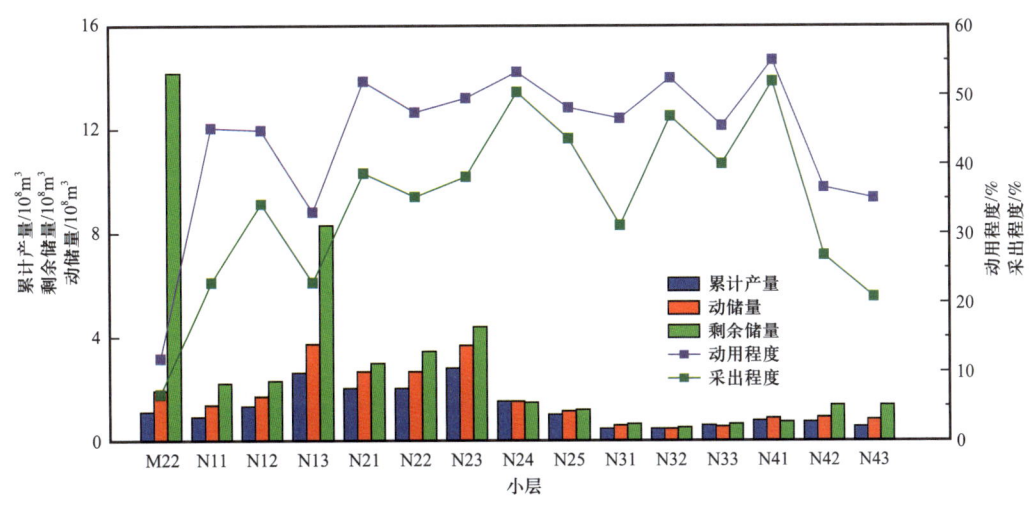

图 2-1-3　C 气田小层储量动用程度与采出程度分布图

综合以上几种方法，从技术和经济两方面确定合理的井距及井网密度。通过密井网区单砂体解剖、气井泄流半径分析以及经济极限井网密度计算，确定 C 气田合理开发井网井距，从井网控制程度看，目前平均井控面积约 0.30km²/ 口，与合理井控面积 0.14km²/ 口相比，具有较大的加密空间。从单井的动用面积与储层的含气面积叠合情况以及小层储量动用状况的分析看，现有井网对储量控制不充分，气藏具有进一步加密调整的空间和潜力[38]。

（2）调整井位部署技术。

在气藏挖潜主力层和加密潜力区域研究基础上，结合小层沉积相、砂体、有效砂体平面及剖面分布特征和邻井生产动态，优选加密井位。加密井位部署时，依据"十图两表"（储量动用面积与含气面积叠合图、顶面构造图、沉积相平面图、砂体厚度图、有效砂体厚度图、孔隙度分布图、渗透率分布图、含气饱和度分布图、邻井砂体及有效砂体连井对比剖面图、井生产曲线图、储量动用程度与采出程度统计表、邻井生产动态统计表），重点分析部署位置的储层静态以及邻井生产动态特征，优选有利的位置和层位。具体分为 4 步。① 根据小层储量动用面积与含气面积叠合图，结合数值模拟剩余储量和压力分布确定加密调整井位部署的潜力区域。② 进一步优选加密部署的有利目标区。根据区域地质特征，分析加密井及邻井的构造及储层分布情况。③ 在此基础上，结合精细气藏描述中对小层砂体的精细刻画，从邻井砂体及有效砂体对比剖面，分析纵向上含气砂体发育状况以及有效砂体横向分布情况，结合小层储量动用程度、采出程度，确定加密井的目标开采层位。④ 根据邻井生产动态及生产现状，分析加密井周围的储层生产情况，估算加密井所处井组的储量动用状况和剩余储量情况，进而预测加密井的生产能力及可采储量，判断加密井投产效果及对邻井可能产生的影响。

2. Bowdoin Dome 地区低渗透气藏开发规律

Bowdoin Dome 是一个非常大的隆起构造，位于美国蒙大拿州中北部的菲利普斯东部和西部河谷县。该构造的中心部分开发于 20 世纪 50 年代，在产层较浅的井中采用天然裸眼完井。20 世纪 70 年代，随着完井技术的改进和天然气价格的上涨，该油田的面积扩大到超过 600mile²。天然气从低于 2000ft 的低渗透低压储层中开采，产层由薄的不连续粉砂岩层和砂岩层组成，以及石灰岩层。这些地层包裹在白垩纪晚期的近海海相页岩的厚层序中。气体形成于周边海相页岩中。Bowdoin Dome 地区的天然气聚集在晚白垩世的浅层低渗透储层中。储层和周围的页岩沉积在从墨西哥湾延伸到北冰洋的北/南走向的陆表海道的浅层西部大陆架上。主要产层为：（1）Phillips 砂岩，厚度达 200ft（60m）；（2）Greenhorn 石灰，平均厚度为 10ft（3m）；（3）Bowdoin 砂岩，厚度超过 250ft（80m）。

1）天然气的组成与成因

Bowdoin 气田生产的天然气含 93% 甲烷、6% 的氮、少量的乙烷、丙烷和二氧化碳[39]。由于碳氢化合物主要由甲烷组成，而轻同位素 ^{12}C 富集在甲烷中，因此这些气体被认为是生物成因的，是 Rice 所描述的整个蒙大拿白垩纪浅层气体的典型特征。生物气是生烃不成熟阶段的主要产物。这种气体是由堆积沉积物中浅层厌氧细菌分解有机物产生的。在 Bowdoin Dome 地区，甲烷气的生成发生在沉积物/水界面以下一定深度的相对较浅的陆架环境中。这些气体被困在不连续的低渗透储层中，阻碍了运移，此外，储层被富含有机质的页岩（平均 5% 有机碳）包围，起到了密封作用，支持大量甲烷的生成。

2）储层特征

Phillips 和 Bowdoin 砂岩的产气储层以薄、不连续的泥质粉砂岩和砂岩纹层和层为特征。由于单个层位通常小于 1in，因此可以通过岩心对储层进行最佳评价。然而脱水会产生大量的裂缝，所以仅从岩心测量孔隙度和渗透率在富含黏土的岩石中是不准确的，所以岩心分析、扫描电子显微镜（SEM）和瞬态分析的结合为估计孔隙度和渗透率范围提供了一定的可信度。

Bowdoin 砂岩中的储层代表了在相对平静的水域中沉积的细粒物质。砂岩和粉砂岩以富黏土透镜层和纹层形式存在，并与页岩互层。尽管不同的储层有差异。Bowdoin 砂岩测井显示孔隙度值在 8%～14% 之间，渗透率值在 0.1～0.7mD 之间。Bowdoin 砂岩通常由 60% 的粉砂、35% 的黏土和 5% 的砂组成。此外，Bowdoin 砂岩只有在粉粒大小的物质集中为透镜层和通常小于 1in 的层片状时才具有生产能力（3cm 厚）。Phillips 储层中通常有更多的砂，但在生产层段中，较粗的部分以透镜层、纹层或层状形式出现。Phillips 和 Bowdoin 砂岩的粉砂级组分主要由石英和少量的长石、石膏和黄铁矿组成。石英和长石的来源是碎屑。这些石膏可能是从地层水中析出的，在目前确定的油田边缘，地层水富含硫酸盐。黄铁矿可能是生物气生成之前硫酸盐还原的最终产物。Phillips 砂岩中还含有少量自生方解石和白云石，这可能是在早期与甲烷生成一起析出的。Phillips 和 Bowdoin 的黏土级组分是控制生产参数的最重要的岩石成分，黏土非常重要，因为它们大大降低了渗透率和油气孔隙体积，并改变了测井响应[39]。与 Phillips 和 Bowdoin 相比较，Greenhorn 石灰主要为碳酸盐岩。储层是一种细小的结晶灰岩，带有贝壳碎片，包含不连续的富含有机质的页岩层，作为垂直渗透率的屏障。

3）储层压力

Bowdoin、Greenhorn 和 Phillips 新开发地区的原始储层压力在 400～630psi（2760～4340kPa）之间。与正常的静压梯度 [0.43psi/ft（9.7kPa/m）] 相比，储层的压力略低 [0.3～0.4psi/ft（6.8～9.0kPa/m）]。相比之下，老油田的 Bowdoin 砂岩储层原本的欠压更大 [0.23psi/ft（5.2kPa/m）]。这表明从 Bowdoin 砂岩向北新开发的是一个全新的油藏，而 Phillips 砂岩在油田的新旧部分具有相似的原始压力梯度。在地层是主要圈闭机制的地区，可以预期压力和压力梯度的变化。

4）储层评价

由于储层黏土含量高，对所有井的评价都很困难。最成功的测井技术包括一整套孔隙度测井（声波、中子和密度）。利用声波测井的层间传输时间（M）和补偿中子测井的孔隙度的叠加作为瓦斯指标。利用声波和密度数据进行孔隙度叠加，确定泥质砂岩中的储层质量或黏土含量（Q）。两层叠加的交叉被认为是一个商业性的含气储层。利用三种孔隙度测井的叠加信息，可以有效预测初始势大于 $350×10^3 \text{ft}^3/\text{d}$（9900m³/d）的井的产量。脉冲中子测井和生产测井（流量计和温度测量）一直是套管井的主要工具。由于页岩含量高，中子测井没有观察到明确的结果，新生产井的测井在产水很少的井中取得了很好的效果[39]。

5）测试和生产

在泥质粉砂岩和砂岩储层中，必须对层状层和极薄层的区分以及有效孔隙度和含气饱和度的确定进行改进。典型的 Bowdoin Dome 区域的井在增产处理后需要关井 30min，然后通过节流器进行 24h 或更长时间的清理。返排期结束后，关井 2 周，随后进行 24h 正常的初始电位测试。井的初始势是在流动期结束时井口流动压力为 50psi（表）（345kPa）时的估计假设流量。如果合理，根据测试结果，该井与管道连接。一旦生产开始，由于管道延迟，以及需要满足天然气购买合同中规定的"照付不议"的要求，几乎没有能力进行复杂的气井测试。因此，有必要依靠长期历史和使用含裂缝的数值气井模拟器来进行储层评价。1975 年底，第一口井与管道连接。在最初的几个月里，产量的迅速下降，加装额外的压缩装置以降低井口流动压力。尽管产量立即有了轻微的提高，但产量的增加以及地层黏土和粉砂的流入开始对油井的产量产生不利影响。因此有必要增加井口流动压力。该方法对大多数井都非常有效；然而，一些井继续产出过量的水，因此需要安装除水设备。水处理方法为露天蒸发。

目前的程序是在冲洗生产期间将流动压力维持在初始关井压力的 70%。随着井的产量变得更加稳定，压力降低到 50%。地层上较高的压力使气体对裂缝附近的压裂液产生干燥作用，同时保持地层的能力[39]。

在开发新区有 214 口井正在生产，其中 54 口井正在等待连接管道。Bowdoin Dome 地区井的平均初始潜能为 $662\times10^3\text{ft}^3/\text{d}$（$18748\text{m}^3/\text{d}$），1978 年 12 月的平均日产量为 $108\times10^3\text{ft}^3$（3059m^3）。截至 1978 年 12 月 31 日，累计产量为 $6639\times10^8\text{ft}^3$（$188\times10^8\text{m}^3$）。

6）储层评价方法

在 Bowdoin Dome 地区的低渗透低压储层中，储量和产量很难估算。初始体积测定、物质平衡计算（关井压力与累积离子下降图）和经验生产速率与时间图在致密储层中都是不准确的预测模型。体积储量的确定需要了解孔隙度、间质含水饱和度、地层净厚度、排水面积和压力。由于从测井和岩心中获得的基本储层参数是不可靠的，因此只能对就地气的体积进行粗略估计。此外，从就地天然气估算中确定可采储量的估计采收率目前将纯粹是主观的。根据产量和时间图估计储量和未来产量的常用方法是对数据使用直线或指数分析，并预测废弃量。然而，典型的 Bowdoin Dome 区域的油井在早期生产过程中，由于增产措施的影响，其生产曲线会出现非常强烈的弯曲。因此，在 Bowdoin Dome 地区的前几年，这种储量分析方法对产量和可采储量的预测始终是不太理想的。储层平均压力与累计产量递减曲线用于确定压力消耗，进而确定储量。然而，该分析中最重要的参数储层平均压力并不容易获得。累计产量数据表明，在井的早期阶段，估计可采储量较低。通过对储层动态的数值模拟，尝试了这一方法。该模拟器包括一个历史匹配步骤，以真实地描述诱导裂缝和储层的生产和压力行为。第一次模拟研究是在1975年,使用了分散在新开发地区的4口井的历史数据。在获得1个月至4个月的生产历史的满意匹配后,对未来产量进行了预测。4条模拟曲线的形状非常相似,并构建了一条平均曲线来代表典型的Bowdoin Dome地区的1oyear井递减曲线。该模拟器还对其他几口井进行了分析。结果与最初的研究非常一致,平均曲线没有明显的变化[40]。

二、国内外致密气藏开发规律

1. 川西地区致密砂岩气藏开发规律

四川盆地西部(简称川西地区)新场气田中侏罗统沙溪庙组二段气藏(简称为新场J_2s_2气藏)属致密砂岩气藏,储量品质低,单砂体储量规模小,储量空间分布零散,砂体连片性差,气藏地质特征复杂。气井生产动态显示出气井具有初期产能低、产气量/压力递减快、稳产期短的特征,气藏实现规模效益开发的难度大。随着地质认识的深入及开发技术的创新,该气藏单井产能及储量动用率得到了大幅度的提高,保证了气藏的持续稳产,并提高了气藏的采收率,实现了气藏的规模效益开发,而总结其开采规律、找到有效提高致密砂岩气藏采收率的开发模式则具有重大的意义。

新场J_2s_2气藏是在川西坳陷侏罗系发现的一个整装次生大气藏,位于新场构造带主体部位。该气藏构造较简单,顶底面构造为鼻状背斜构造,继承性较好;储层致密,岩心孔隙度平均为9.83%,岩心渗透率平均为0.337mD,试井解释渗透率小于0.1mD,局部发育天然裂缝;地温梯度为2.15℃/100m,地层压力系数为1.71~2.05;气藏产出流体主要为天然气,同时产出少量地层水和凝析油;受构造、沉积、成岩和成藏聚集等多种因素控制,气藏内气水分布关系复杂,构造两翼低部位及局部构造高部位都存在相对高含水区。总体上,新场J_2s_2气藏为受构造—岩性圈闭控制的致密、高压—超高压弹性气驱干气气藏,具有"砂体发育、储层致密、含水饱和度高、储量丰度低、压力高、气井产能低"的特点[40]。

新场J_2s_2气藏于1990年发现,目前已处于递减阶段,先后经历了直井单层压裂、多层压裂及水平井分段压裂等3种开发方式。2000—2005年,通过直井单层压裂实现气藏的规模上产,重点开发主力气层$J_2s_2^2$和$J_2s_2^4$,使气藏产气规模达到$250\times10^4m^3/d$;2006—2009年,利用多层压裂合采技术,采用"以优带差"的开发思路通过加大主力气层$J_2s_2^2$和$J_2s_2^4$天然气的采出,带动难采层$J_2s_2^1$和$J_2s_2^3$气储量的动用,使整个气藏的产气量达到$300\times10^4m^3/d$;2010—2015年,主要利用水平井分段压裂技术提高难采层$J_2s_2^1$和$J_2s_2^3$的储量动用程度,形成采气规模的有效接替以保证气藏的持续稳产(图2-1-4)。

1)储量分布规律

新场J_2s_2气藏的Ⅰ类储量占比为23.92%,Ⅱ类储量占比为45.06%,Ⅲ类储量比为17.94%,Ⅳ类储量占比为13.08%。其中$J_2s_2^2$和$J_2s_2^4$小层中Ⅰ类和Ⅱ类储量占比最高,也是目前气藏开发的主力,$J_2s_2^1$和$J_2s_2^3$小层主要以Ⅱ类、Ⅲ类和Ⅰ类储量为主,是目前气藏开发的难采层。总体来说Ⅰ类储量动用率已达80%,未被动用及动用不充分区主要是后三类储量,其中$J_2s_2^1$和$J_2s_2^3$小层的开发潜力较大(表2-1-1)。

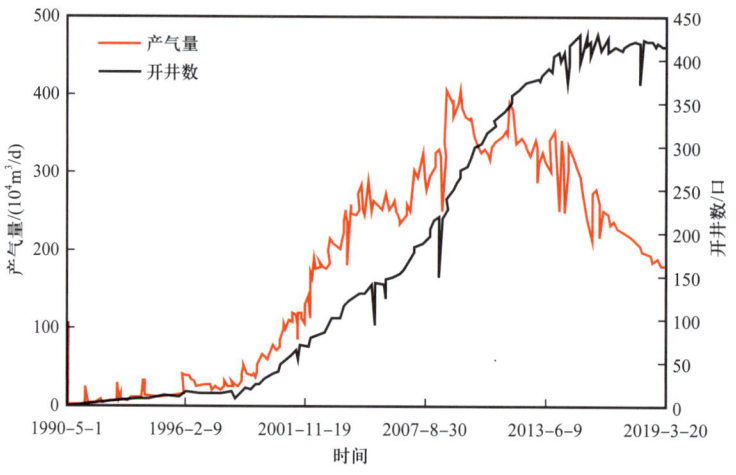

图2-1-4 新场J_2s_2气藏开发曲线图

表2-1-1 新场J_2s_2气藏储量综合评价标准表

参数	Ⅰ类	Ⅱ类	Ⅲ类	Ⅳ类
渗透率/mD	>0.25	0.15~0.25	0.10~0.15	<0.10
饱和度/%	<45	45~50	50~65	>65
储能系数/m	>1.2	0.6~1.2	0.4~0.6	<0.4
地层系数/(mD·m)	>2.5	1.5~2.5	1.0~1.5	1.0
无阻流量/(10^4m^3/d)	>10	>5	2~5	<2

新场J_2s_2气藏单井动态储量差异较大,主要在$2000×10^4$~$8000×10^4m^3$之间。从产气层分布来看,主力气层$J_2s_2^2$和$J_2s_2^4$中单井动态储量最高,平均值分别为$5504×10^4m^3$和$5647×10^4m^3$,平均泄气半径分别为257m和261m;难采层$J_2s_2^1$和$J_2s_2^3$单井平均动态储量仅$3512×10^4m^3$和$4720×10^4m^3$,平均泄气半径分别为167m和186m[40]。

2)井网优化

储量综合评价标准划分出了优质储量区及低效储量区,对于难采的Ⅲ类和Ⅳ类储量区来说,能否获得经济效益是首要考虑的问题。为此,基于现金流量法,以单井经济界限为依据,计算在目前的开发技术和经济条件下,各产气层的单井经济极限储量及井距见表2-1-2。$J_2s_2^1$和$J_2s_2^3$小层的经济极限储量均超过$0.68×10^8m^3$,对应井距超过530m,若进行单层开采所要求的经济极限井距大、井网密度小,不利于气藏整体采收率的提高;若能与其他层开展两层合采,则可有效降低经济极限井距在380~450m之间;若开展三层合采,可降低经济极限井距至321m;若开展四层合采,则可以降到至285m。

表 2-1-2　新场 J_2s_2 气藏单层及多层合采井经济控制储量及距统计表

层位	单井经济极限储量 /10^8m^3	经济极限井距 /m
$J_2s_2^1$	0.682	586
$J_2s_2^2$	0.608	393
$J_2s_2^3$	0.960	538
$J_2s_2^4$	0.655	507
$J_2s_2^1+J_2s_2^2$	0.682	385
$J_2s_2^1+J_2s_2^3$	0.690	449
$J_2s_2^1+J_2s_2^4$	0.682	439
$J_2s_2^2+J_2s_2^3$	0.690	373
$J_2s_2^2+J_2s_2^4$	0.655	360
$J_2s_2^3+J_2s_2^4$	0.690	426
$J_2s_2^1+J_2s_2^2+J_2s_2^4$	0.682	321
$J_2s_2^1+J_2s_2^2+J_2s_2^3+J_2s_2^4$	0.690	285

对于气藏优质储量和低效储量纵向叠置的区域，可利用直井多层合采＋水平井联合开发的立体井网来提高气藏的储量动用率。井网部署的总体原则是：（1）通过直井加密、多层合采的方式完善主力产层 $J_2s_2^2$ 和 $J_2s_2^4$ 的开发井网，兼顾难采层 $J_2s_2^1$ 和 $J_2s_2^3$ 进行井网加密，进而提高气藏整体的储量动用程度；（2）通过部署水平井来动用难采层的Ⅱ类和Ⅲ类储量及主力产层边部的Ⅲ类和Ⅳ类储量。由此，共部署井 112 口，其中两层合采直井 90 口、三层合采直井 12 口、水平井 10 口，日产气增加 $40\times10^4m^3$，气藏稳产期增加 4 年，累计产气量增加 $77\times10^8m^3$，提高气藏采收率 13%。

3）精细动态分析

精细动态分析为新场 J_2s_2 气藏持续稳产提供了有力的支撑，在此归纳总结出了该气藏单井独特的产量递减规律及井型优选标准[40]。

新场 J_2s_2 气藏单井产量递减规律主要有以下 3 种类型：（1）投产递减型。投产后单井产气量即开始递减，无明显稳产期；定压生产前单井的平均采出程度仅 37.89%，主要生产阶段在定压后；整体上单位压降产气量偏低，平均为 $146\times10^4m^3$/MPa，且压降速度较快，平均为 12.97MPa/a［图 2-1-5（a）］。（2）稳产递减型。投产后单井产气量保持稳定，压力快速下降，具有一定的稳产期，定压生产后产气量开始递减；定压生产前单井的平均采出程度约 43.13%，定压生产前后单井的气采出程度差异较小；单位压降产气量低，平均为 $130\times10^4m^3$/MPa，且压降速度快，平均为 13.60MPa/a［图 2-1-5（b）］。（3）阶梯递减型。投产后单井产气量整体呈阶梯式下降；稳产期长，平均约 60 个月；主要生产阶段在定压生产前，单井平均采出程度高达 62.66%；单位压降产气量高，平均为

$233×10^4m^3$/MPa；压降速度最慢，平均为 6.26MPa/a，可采储量高，平均约 $6748×10^4m^3$ [图 2-1-5（c）]。总体来说，产量递减规律属于阶梯递减型的单井主要分布于 I 类储量区，阶梯递减型的选取高效利用了地层能量，最大程度延长了稳产期，通过控制产气量/压力的递减速度把主要生产阶段控制在了定压生产前，所以该递减类型下单井的单位压降产气量最高，压降速度最慢，可采储量最高，开发效果也最好[40]。

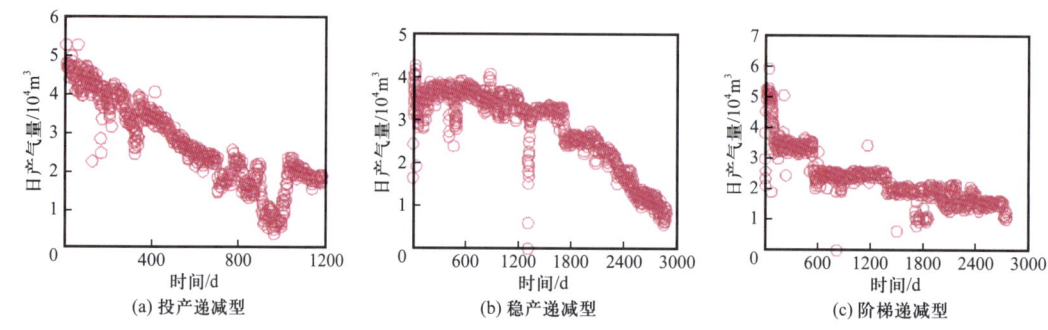

图 2-1-5　不同递减类型下的单井产气量变化曲线图

4）开发模式

对于厚层、中低含水饱和度的 I 类储量区（储层有效厚度不小于 23m，有效渗透率不小于 0.1mD，含水饱和度不大于 50%），采用直井或水平井均能获得较高利润，因此，该类储量区适宜部署直井，采取低配产、长稳产期的阶梯递减型开发模式。对于中厚、中含水饱和度的 II 类储量区（储层有效厚度为 16~20m，有效渗透率不小于 0.15mD，含水饱和度不大于 54%），采用直井及水平井均能获得利润，但采用水平井获得的效益更好，所以该类储量区适宜部署水平井，采取中配产、短稳产期的稳产递减型开发模式。若 II 类储量区中储层有效厚度超过 20m，有效渗透率达到 0.17mD，则采用直井获得的效益更好。对于薄层、高含水饱和度的 III 类储量区（储层有效厚度为 10~16m，有效渗透率不小于 0.20mD，含水饱和度不大于 58%），只有实施水平井才能获得一定的利润，适宜于以水平井为主的高配产、无稳产的投产递减型开发模式[40]。

2. 北美致密气藏开发规律

随着天然气需求的增加以及运营商转向致密气藏寻求新的供应，优化致密气藏产能需求也随之增加。英国石油公司（BP）《2008 年世界能源统计回顾》重点介绍了截至 2007 年底的已探明天然气储量，并显示大部分天然气储量（包括致密气）位于中东地区（图 2-1-6）。

天然气供需的全球化使致密气成为日益增长的能源来源。2003 年，据估计，致密气占中东地区已探明天然气储量的 17%，常规气占

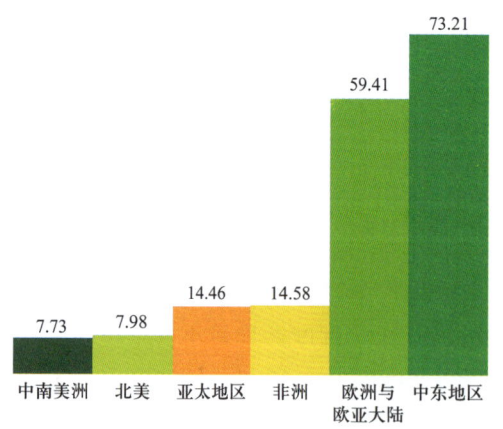

图 2-1-6　2007 年全球已探明天然气储量
（单位：$10^{12}m^3$）

73%，页岩气占 2%，其余 8% 为煤层气（CBM）。随着致密气比例的增加，该资源的生产变得更具挑战性，特别是随着生产转移到更偏远的地区和更深层或更复杂的井眼路径[41]。

1）储层特征

多层油层面临的岩石物理挑战是开发经典孔隙度、含水饱和度和岩性计算的储层模型，利用它们计算测井导出的渗透率和岩石性质，并将它们输出到增产设计中，以分区格式用于裂缝设计。在典型的低渗透气盆地，如大绿河盆地，大多数计算都采用经典的双水模型。模型的基本测井输入是深电阻率、中子孔隙度、体积密度和伽马射线。总孔隙度由中子密度交会图计算。结合水的计算是根据几个指标中的最小值进行的，然而，通常需要一些更高的技术服务，以确保当地模型的正确校准。这对于初始建模过程和后来发现异常时进一步改进模型都是正确的。局部建模更进一步，建立了从套管井 sigma 测量到电阻率计算、套管井核到等效裸眼中子、套管井中子通量测量到体密度计算的转换。声波剪切数据也可以由基于岩性和中子页岩响应的局部模型综合得到。这样就可以确定整个井筒垂直段的详细应力剖面，并计算相关的岩石物理性质，包括杨氏模量。储层是根据一些预先确定的标准划分的，通常是孔隙度、厚度和页岩体积下限。这些区域被编号，以便在描述阶段容易识别。在这一点上，区域和相关编号将通过整个工程过程进行到压裂和生产模拟器模型中。这方便人们参考，更重要的是，它将更传统的模拟油藏描述过程与定量数字模拟过程紧密联系起来。

2）以井为中心，单井完井优化

当各种原始数据加载到裂缝设计模拟器中时，就可以实际使用分区油藏描述信息。测井解释建立的同一层位编号系统可在压裂层位数据库中继续使用，以保持一致性并便于参考。岩石的物理性质，包括杨氏模量、泊松比和应力，以及相关的解释地层性质，如渗透率、净/毛砂厚度和压力，都是在层间基础上引入的。除了地层特性，其他需要确定的是压裂液特性、支撑剂特性和压裂模型类型。

一旦使用校正过的裂缝模拟程序进行了设计，就会根据油藏生产模型检查其产能和经济可行性。裂缝设计给出了给定压裂段垂直段的裂缝半长和导流能力的数值。结合储层渗透率、储层压力、排水面积和形状，以及包括节流口尺寸和管线压力在内的预期作业条件，有足够的数据进行经济生产预测。在新的工作流程中，这些额外的数据输入将从地质单元模型引入到裂缝设计和产量预测步骤中，提高了单井优化的准确性。生产模拟器能够考虑支撑剂充填中的非达西流和多相流效应，因为这些因素可能会严重侵蚀实验室测试中确定的理想裂缝导流率值。它还提供了多层产量预测，通过计算单个砂包率，并将其纳入管柱流出性能计算中，以考虑井筒动态和井筒内其他层的流体引起的背压。

3）油田模型

新的油田模型是通过整合不同学科生成的地震、岩石物理、地质和水力裂缝数据建立的。工作流程包括将地震属性应用到三维地震立方体中，以可视化任何异常。落基山储层以河流和海相砂岩、页岩叠置层序为主，采用相建模方法效果最佳。测井曲线逐层放大，利用从盆地研究中确定的一系列趋势，应用随机河流对象建模。

模型的垂直分辨率和面积分辨率取决于砂体尺寸、储层总厚度和非均质性以及裂缝阶段。水力压裂作业的尺寸和井距是选择模拟单元尺寸时的关键考虑因素。需要克服的两个主要挑战是，在合理的精度下，将地质特征和水力裂缝性质提高到模拟模型的规模，使用基于流线的流动模型来提升地质特征。每个模型都附加了边界条件，并将结果与土工网格模型进行比较。由于储层较致密，因此采用了流体的伪性质（如低黏度）和非常长的预测周期。将流体采收率和注入流体突破时间与地质细胞模型进行比较。选择最能同时捕捉体积和流量特性的模型进行进一步的模拟建模。使用单井和扇形模型来近似最终的裂缝特性，这些特性将用于最终的模拟模型。首先，使用局部网格细化来表示裂缝性质，然后通过计算有效孔隙体积、渗透率和（或）表皮进行参数化研究。使用这些特性来表示水力裂缝，并将结果（长时间内的产量和压力性能）与局部网格优化得到的结果进行比较。有效渗透率和孔隙体积计算产生了最有利的对比，因此在历史匹配阶段使用。在成功地根据井的行为对模型进行校准后，它们被用于预测 40acre、20acre、10acre 和 5acre 间隔下的井的性能。井的生产流程和经济参数被输入到一个经济软件包中，该软件包给出了各种情况下的经济表现。

该集成多领域流程的强大之处在于，通过预测不同操作和开发场景下的油田性能，可以确定油田开发的最佳方法。预测运行提供了进入经济评估模型的生产流程，然后从经济结果分析中选择该油田的最佳开发策略[41]。

三、低渗透致密气藏开发技术对策

1. 储量动用程度评价

低渗透气藏储层连续性相对较好，井网一次性部署，后期局部调整，储量动用程度评价方法与常规气藏相同。致密气藏井间连通性差，气井泄气面积小，后期加密潜力大，提出了以井控法为核心的储量动用程度评价方法，关键步骤是确定单井泄气面积，并以动、静态储量比反映储量动用程度[42]。

2. 开发技术对策

结合储量动用程度和目前开发的主要技术手段，提出不同类型储量的开发技术对策：（1）高效储量。该类储量单元储层品质较好，井网对储量的控制程度较高，已进入开发中后期。后期开发的主要对策是增压开采和局部井网调整。井网完善程度高的区域最终采收率可以达到 70%。（2）效益储量。效益储量单元以致密气藏为主，含气面积大，由于井控范围小，井网完善程度低，井间发育未动用储量，储量动用程度约为 42%，井网加密是提高该类储量动用程度的核心。该类储量可以采取 3~4 口 /km² 的加密井网进行开发，结合生产制度优化、老井侧钻等配套措施，预计可以将采收率提高到 50% 左右。（3）低效储量。低效储量单元相比于效益储量单元，储层物性变差、含气饱和度降低、开发效果更差，目前储量动用程度为 15%，需要优选甜点区，滚动开发，逐步动用，降低开发风险。根据试气资料分析和地质精细解剖，提出低效储量的甜点区优选标准：在地质条件方面，要求有效砂体相对集中，连续性较好，单层厚度大于 5m 或者合采层厚度大于 8m，储量

丰度大于 $1×10^8m^3/km^2$；在开发动态方面，要求测试产气量大于 $2×10^4m^3/d$，无阻流量大于 $5×10^4m^3/d$，EUR 大于 $1300×10^4m^3$。(4) 难动用储量。难动用储量单元主要受储层致密或含水的影响，单井产气量低或产水，由于目前缺少有效的开发技术手段，仅动用极少量的甜点区，储量动用程度不足 5%，需加大排水采气、储层改造等技术的攻关，大幅提高单井产气量，实现储量的有效动用[42]。

第二节 国内外气田高产水井强排工艺技术

一、发展现状

通过国内外文献调研发现，国外广泛采用的排水采气工艺技术有优选管柱排水采气技术、泡沫排水采气技术、气举排水采气技术、柱塞气举排水采气技术、射流泵排水采气技术、游梁式抽油机排水采气技术和电潜泵排水采气技术等。美国和苏联都是最早开展排水采气的国家之一，由于苏联的单井产量较高，因此泡沫排水采气的井占绝大多数；美国单井产量相对较低，则以小油管、气举、柱塞气举、泡沫排水采气为主。

国内开展排水采气工艺技术研究和试验相对国外较晚，其中以四川气田起步最早，早在 20 世纪 90 年代初，四川气田在借鉴国外成功经验的基础上，针对气田的实际情况，在一些气井上投入试验。通过近 30 年的开发实践，四川气田已形成了"泡排""机抽""气举""优选管柱""电潜泵""射流泵" 6 项工艺配套技术及复合工艺技术，主要形成的排水采气技术主要有以下几方面[43]。

1. 射流泵强排采气工艺技术

1852 年，James Thomson 发明了射流泵，首先使用射流泵作为试验仪器来抽除水和空气。直到 20 世纪 30 年代以后，随着流体力学的发展，才推动了射流泵设计理论的进一步发展与成熟。1933—1934 年，Gosline J.E. 和 Obrien M.P. 在美国加利福尼亚大学对液体射流泵进行了系统的实验研究工作，建立了基本性能方程，并应用于油井抽油。1948 年，Citrini D. 分析了射流泵的阻力损失后，提出了提高其效率的途径。1952 年，Maconaghy J. W. 提出了射流泵装置的性能计算方法。1955—1956 年，Vogel R. 研究了射流泵的基本性能最优设计参数，提出射流泵的效率可以达到 40%。70 年代后期，尤其到了 80 年代，水力喷射泵在美国、加拿大等国得到了较为广泛的研究发展，从理论分析模型到结构参数系列，通过台架试验和现场应用试验，取得了大量的数据[44]。

第一代油气田用射流泵于 1970 年在美国加利福尼亚等地投入使用，Kobe 公司成功研制出一种新型陶瓷喉道材料，苏联也从 1969 年开始在西西伯利亚地区进行了喷射泵试验，在水淹井和非水淹井上都见到了很好的效果[45]。与此同时，王时珍等对气体喷射器、液体及液气射流泵提出了设计计算理论与方法。川南气区于 1992 年 4 月，在气水同产井纳 30 井首次使用射流泵工艺排水采气，解决了地面泵噪声大、振动大等技术难题，并逐步实现了地面设备国产化、工艺设计软件化。1992 年，四川气田从美国引进了两套射流泵装置进行排水采气试验，开创了国内气田射流泵排水采气的新篇章[46]。

2. 机抽强排采气工艺技术

1978年，四川气田在威远气田威40井首次引用油田成熟的机抽采油技术与设备开展机抽排水采气的研究与试验，验证了机抽采油设备与技术应用到气田排水采气时可行的，但由于气田流体性质的特殊性，需对油田设备进行必要的改进与完善。在随后的80年代初到90年代中期对机抽设备进行了较大的改进与提高，在试验中仍受到一定的限制，90年代中期以后，由于玻璃钢抽油杆的应用，使得泵挂深度大大增加，新型防气、防砂长冲程整筒泵及配套设备的研制与应用使杆柱偏磨、断脱和泵卡故障基本得到解决，泵效有所提高，检泵周期有所增加，其中纳1井的最长检泵周期达到了450天，形成了川南气区日产水量小于$50m^3$的低压、含硫气井开展机抽工艺的配套技术。30多年来，机抽工艺在川南气区26口气井应用，成功应用23口，检泵作业153井次，最大泵径56mm，最大下泵深度2553m，累计增产天然气$2.88×10^8m^3$，累计产水$41.3×10^4m^3$。在抽油机排水采气技术方面，目前的工艺对于低含硫、泵挂深度小于1500m、日排水量小于$100m^3$的水淹气井抽油复产技术已基本过关，工艺比较成熟，装备也初步定型。

3. 电潜泵排水采气工艺技术

电潜泵作为一种经济而有效的人工举升方法，已在产水油气田获得广泛的应用。国外1980年初、国内1990年以来，相继将电潜泵用于气藏的强排水，并取得了一些成功的经验。

1981年，我国的各个油田开始使用从美国引进的电潜泵，大庆油田率先使用，当时其电潜泵采油井占其机械采油井总数的10%左右，而其产液量达到了总产液量的30%多。

1984年，美国研制的变速电潜泵机组首次被我国引入并被四川石油管理局采用，先后在W34井、W83井和J19井等19口处于开采中后期的剩余储量多的水淹气井进行应用，通过不断试验和总结经验，完善了配套工艺技术，很好地解决了气井地层压力低、产水量大的问题，取得了较好的经济效益。到1998年底成功地使其中的大部分气井重新恢复生产。达到了累计排水$130×10^4m^3$，累计增产天然气$330×10^8m^3$的目标[46]。

四川气田自1997年6月1口开始实施电潜泵排采工艺以来经历了产纯气、水自喷、气举排采、机抽排采、电潜泵排采5个生产阶段。引进了美国雷达电潜泵公司的专利产品AGH气体处理器，有效解决了天然气对泵的干扰等问题。中原油田的2-329井和2-305井均为水淹停产井，为此从国外引入了变速电潜泵机组应用于这两口井进行排采试验，截至2002年11月，电潜泵排采已累计增产天然气$692.46×10^4m^3$，排地层水量$5.49×10^4m^3$。两口井均恢复了正常生产，取得了很好的效果[47]。

4. 气举排水采气工艺技术

在气举排水采气方面，主要适用于水淹井的复产和大产水量井的助喷及气藏连续强排。1982年首次引进美国CAMCO公司气举采油技术和设备在威远气田威46井和威66

井等开展气举试验，提出了气井顶阀深度设计方法，是气举工艺在川南气区取得突破性进展的重要原因之一，但由于受气举采油设计方法的影响，对气井与油井因储层差别带来的生产特性不同的认识还不够，初期试验未获得成功。1983年在井9井和付31井取得一定成效，1985年在威28井和威94井等应用中取得突破性进展。截至2009年底，川南气田气举排水采气在416口有水气井应用了1548井次，累计增产天然气$61.52×10^8m^3$，取得了良好的增产效果。

5. 泡沫排水采气工艺技术

在泡沫排水采气方面，早在20世纪50—60年代，苏联在克拉斯诺达尔、谢别林卡等气田广泛开展泡沫排水采气，成效很高；美国在堪萨斯州和俄克拉何马州气田用起泡剂实施了200口井，成功率也高达90%。我国在泡沫排水采气方面，四川气田是国内气田应用的典范，在20世纪80年早期，针对非含硫气田气井的地质、气水特点，川南气区研制了适用于井温70℃、矿化度水质50000mg/L的起泡剂及其工艺实施方法。四川气田首先针对气田特点，研制出了泡沫助采剂（起泡剂）及其工艺实施方法，接着又针对不同气藏，研制出了多种功能的起泡剂、加注设备，解决了边远井、特殊井身结构井的加注问题。近几年来，四川气田泡沫排水工艺已经非常完善，而且应用广泛，在开展的排水采气工艺中，泡沫排水采气的气井达90%以上[47]。

6. 优选管柱

在优选管柱方面，苏联著名学者布里斯科曼在20世纪50年代提出了气井连续排液临界流的概念，1961年达根提出了举液的最小流速为1.5m/s以上[48]。我国学者杨川东于1983年在研究国内外有关气井连续排液理论的基础上，从气井井底条件出发，推导了采用气井井底压力求解气井连续排液最小流速和流量，以及当自喷管柱管鞋处的流速达不到最小流速时的应重新优选较小油管的数学模型，并设计了新的诺模图、编制了计算机设计软件，2006年外国学者卜云国（Bo Yunguo）等在SPE 4081《一种预测气井积液的系统方法》中提出了一个四相（气、油、水、固体微粒）雾状流模型。

二、国内外致密气藏高产水井强排采气工艺技术应用情况

1. 射流泵强排采气工艺技术

1）在纳30井的应用

水力射流泵排水采气工艺在川渝气田的多口井中应用，其中效果最好是在纳30井。设备主要包括多缸泵、电动机、动力液罐、气液分离器、固体分离器[49]。

该井生产后，油压下降快，产气量减小，带水困难，关井后压力上升较快，套压和油压能很快达到平衡，当井口套压降到0.2MPa以下，油压降为0时，水能自喷出井口，有储量和潜在产能。

1992年6月使用射流泵强排工艺生产，地面泵为J-200H，地面泵功率149kW，地面泵工作压力28~34MPa，地面控制压力0.5~1.0MPa，泵挂深度2115m，井下泵用了7C、

8A、9A、9C、10A 和 10B 等多种型号，生产初期排液 160m³/d 左右，正常生产时排液量降到 75m³/d 左右，日产气量在 2×10^4m³ 左右，后期产气量降到了 1.2×10^4m³ 左右。前期生产中由于井下泵和地面泵的配件不齐和污水回注问题影响了生产时效，后期影响生产时效的主要问题是地面动力泵的检修，若在现有的地面设备基础上多配置一台地面动力泵，可节约地面泵检修时间，提高生产时效。至 2003 年 12 月，累计产气 2059.6×10^4m³，累计共排水 149492m³，排水采气取得了满意的效果。

纳 30 井的总投资费用为 123.15 万元，日运行费用 0.137 万元，日产气按 1.7×10^4m³/d 算，日天然气销售收入 1.071 万元。由于配件不齐、污水回注以及后期地面泵的检修影响了生产时效，实际累计生产时间为 459 天，赢利 306 万元，取得了良好的经济效益。

2）在 PY1 井中的应用

在彭水区块气井排液后期，电潜泵工艺已很难满足排液要求，故障频发、作业费用高等问题严重制约着常压页岩气的经济开采，为了解决此问题，在彭水区块气井中研究应用了射流泵工艺。PY1 井工作参数见表 2-2-1。试验过程分为 4 次，具体试验情况见表 2-2-2，第一次试验出现了地面柱塞泵额定工作压力不足、井下气液分离效果差以及排液量低等问题。针对以上问题，优化了地面柱塞泵以及地面管汇流程与规格，优选额定工作压力为 35MPa 的液压调剖堵水泵，同时在井下安装多级气锚，改进完善后进行了第二次试验，但在第二次试验中多次出现柱塞泵故障，动力液管柱长时间在高压条件下运行时出现渗漏，试验效果没有达到理想状态。经过优化地面柱塞泵后进行第三次试验，在第三次试验中进一步对井下喷嘴、喉管材质进行了改良，提高喷嘴、喉管耐高压、耐腐蚀性能，使喷嘴、喉管在高压、易磨损、易腐蚀的工作环境下保持更长的寿命。在探索性试验过程中通过不断地对射流泵工艺参数、配套工艺进行优化，最终在 PY1 井中实现了成功（表 2-2-1）[50]。

表 2-2-1　PY1 井工作参数优选（ϕ89mm 混合液油管）

井口压力/MPa	动液面/m	动力液量/（m³/d）	地层产液量/（m³/d）	流量比 M	压头比 H	效率 η	气蚀流量比	有功功率/kW
23.6	1400	113.40	32.72	0.2885	0.6342	18.30	0.3231	38.72
23.6	1500	114.90	30.75	0.2676	0.6779	18.14	0.2996	39.23
23.6	1600	116.38	28.82	0.2476	0.7207	17.85	0.2744	39.74
23.6	1700	117.84	26.87	0.2280	0.7639	17.42	0.2470	40.23
23.6	1800	119.28	24.93	0.2090	0.8070	16.87	0.2166	40.73
23.0	1900	119.85	24.69	0.1810	0.8733	15.81	0.1828	39.88
21.6	2000	119.28	16.82	0.1410	0.9748	13.74	0.1417	37.28

射流泵强排工艺在 PY1 井中成功应用，解决了电潜泵生产中的一系列问题，实现了稳定连续排液生产，产气量较电潜泵排采时有所上升，且产气更加稳定，大大降低了现场

管理难度，同时射流泵工艺井下故障出现频率较低，正常井下故障维护只需更换井下喷嘴、喉管等，不需要动管柱就可以实现维护，生产成本大幅降低（图2-2-1）。优化后的方案也在其他气井中得到了成功应用，对气井经济开采具有重要指导意义[50]。

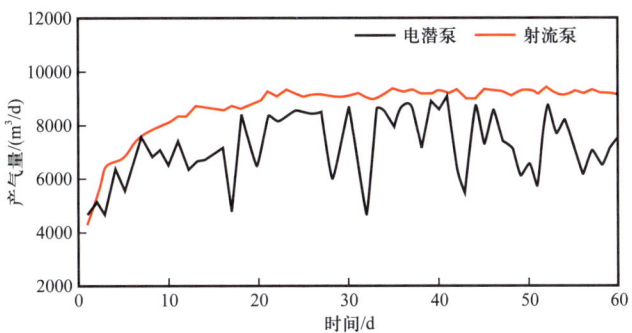

图2-2-1　PY1井电潜泵与射流泵生产产气量对比

表2-2-2　射流泵强排工艺试验情况

项目	第一次	第二次	第三次	第四次
主要配置	泵深：2305.22m 喷嘴/喉管：2.4/3.6mm 柱塞泵：3MC125-6/25	泵深：2303.34m 喷嘴/喉管：2.4/3.6mm 液压调剖堵水泵：TDB-11G	泵深：2302.13m 喷嘴/喉管：2.0/2.6mm 柱塞泵：3MC125-7/35	泵深：2302.13m 喷嘴/喉管：2.0/2.6mm 柱塞泵：3MC125-7/35
运行问题	柱塞泵额定压力偏小；出液口含大量气体等	柱塞泵多次出现故障（漏油，更换缸套）；中心油管漏失	喷嘴/喉管失效快（<168h）；产液量波动较大	无
泵效	2%～3%	3%～8%	4%～6%	7%～8%
运行效果	较差	较好	较好	好
改进方案	更换液压调剖堵水泵，更换350型采气树井口，井下安装多级气锚，规范地面流程	更换柱塞泵3MC125-7/35	更换喷嘴、喉管结构设计，并改进材质	

3）在苏里格气田苏77区块的应用

同心管射流泵排水采气工艺设备，依据所在气井在排水采气生产过程中的产气量、产水量、井底流压、液面深度、井口回压和动力液压力等参数，根据生产要求，进行生产参数调整。生产过程中应控制井底流压降低速度，以防止地层砂流出地层。取全取准产气量、产水量、井底流压、液面深度、井口回压和动力液压力等各项生产资料，及时根据实时数据资料调整生产参数。同心管射流泵排水采气工艺在所选的4口井现场都已经安装完成，并生产了1年以上，排水采气效果显著。各井累计产水及产气量见表2-2-3，气井在应用同心管射流泵排水采气工艺后，产气量由此前的零产量快速恢复，增产效果明显[51]。

表 2-2-3　射流泵在苏 77 区块施工累计产水和产气统计表

井号	累计产水量 /m³	累计产气量 /m³	平均日产气量 /m³
苏 77-10-39	702.9	591232	1500
苏 77-8-40	573.2	1773276	4930
苏 77-9-37	533.4	1088183	3000
苏 77-7-8	939.44	742214	1556

同心管射流泵排水采气工艺很好地解决了苏 77 区块井底积液严重的问题，使水淹井复产，并可以实现扬程 3000m 井的持续生产，但在现场生产时出现井下管柱结垢情况，影响了气井连续生产。针对管柱结垢这一问题，采用地面水处理技术防止射流泵结垢，套管内加注缓蚀阻垢剂，有效地延缓了结垢问题，提高了运行效率[51]。

2. 机抽强排采气工艺技术

1）在苏里格气田召 51 区块召 XX 井的应用

召 XX 井井深 3055m，产层位置位于 2882～2886m 和 2903～2907m 处，试气产量为 $2.0\times10^4\text{m}^3/\text{d}$，试气产水为 $4.2\text{m}^3/\text{d}$，无阻流量为 $3.1\times10^4\text{m}^3/\text{d}$，投产初期采用间歇生产[52]，日生产 40～60min，油套压差持续增大，井底积液无法有效排出，2017 年 2 月 28 日采用柱塞工艺生产，2 天生产 40～50min，产水 4～6m³，因地层出水严重，井底逐渐积液，油套压力恢复缓慢，井口放空多次无效，于 2018 年初停喷停产，累计产气量约 $300\times10^4\text{m}^3$。2019 年 5 月测试动液面 2200m，产层上方有约 680m 积液段，积液体积约 13m³。针对召 XX 井井况，开展排水采气工艺论证。分别对比分析泡排、N_2 气举、机抽和速度管柱 4 种工艺[53]，最终决定采用机抽排水采气复产工艺（表 2-2-4）。

表 2-2-4　几种排水采气工艺技术对比

工艺技术	适用条件	投入成本	适用性	是否可行
泡排	① 产水量<12m³/d； ② 水气比<8m³/10m³； ③ 地层水含油<30%	注剂设备	地层出油，不能有效解决	否
N_2 气举	① 井底积液； ② 气举后气量满足正常携液	气举车	地层持续出水，单次气举不能有效解决	否
机抽	① 气井产液量在 20～50m³/d； ② 井深<4000m； ③ 优选直井	抽油机、抽油泵、发电机	可持续抽汲、排水，单井单套设备	是
速度管柱	① 实际产量大于速度管柱临界携液流量； ② 井筒畅通	速度管柱	气井停产，不满足速度管柱携液要求油管内卡定器失效，油管不通畅	否

该井于 2019 年 9 月 15 日完成设备安装工作，正式投入运行，动力装置初始燃气来源于输气管线，该井液面降低油套环空压力升高到 4MPa 后燃气发电机所用气转为该井环空气，发电机配有无极变频控制装置，初始运转冲次为 2~2.5 次/min，冲程为 3.2m，平均排量为 0.3m³/h，截至 2019 年 9 月 29 日累计运转 109.5h，排水效果显著，验证抽油泵运行正常，密封完好，套压由 0 上涨至 5.8MPa，试产 2h，产气 2130m³[54]。

2）在川南宋 8 井的应用

气体对泵效的影响较大。气、水的黏度远低于原油，在泵阀和泵筒处极易漏失，也是造成泵效低的原因之一，川渝地区机抽排水采气井的泵效多在 30%~70% 之间。通过进一步对机抽井的理论研究工作，研制出了"机抽排水采气系统优化设计软件"。该软件分为机抽井校核、机抽井设计、转抽井设计、机抽井管理、机抽井诊断、实测系统效率计算、软件帮助七大子系统。应用该软件，在供排协调条件下对机—杆—泵系统进行优化设计与参数、设备等的优选，其优化设计流程如图 2-2-2 所示[55]。

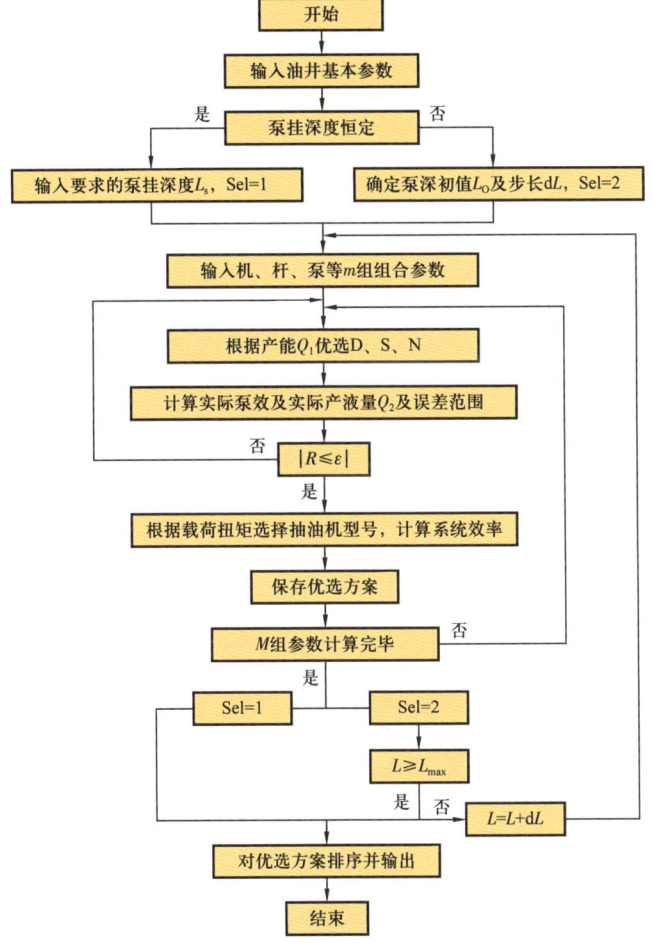

图 2-2-2 机抽排水采气优化设计流程图

L_s—泵挂深度，m；L_0—泵深初始值，m；Q_1—产能，m³；Q_2—实际产液量，m³；η—系统效率；Sel—不同的选择；D—抽油杆直径；S—抽油杆面积；N—抽油杆数；R—抽油杆半径；ε—最大抽油杆半径；L—计算泵挂深度；L_{max}—最大泵挂深度

川南宋 8 井，产层井段为 2605～2616m，产层中部井深 2610m，井底压力为 6.05MPa。该井实施机抽排水采气以来，先后检泵 7 次，但生产一直不正常，产气量仅为 $0.4×10^4～0.7×10^4 m^3/d$，排水量一直很小，且每次检泵后正常抽出水时间在 20 天左右。通过分析，宋 8 井机抽排水采气存在的问题主要体现在以下几个方面：（1）抽油泵采用软密封深井泵，耐磨能力差，密封胶皮容易脱落，容易磨损，寿命低，且无防气能力，易发生气锁，泵效低；（2）原采用的油气分离器气液分离效果差，易使大量游离气进泵，使泵效降低；（3）宋 8 井处于气田开采后期，地层出砂严重，实施机抽排水采气工艺以来地层大量地出砂，原有的油气分离器分砂效果差，易使砂粒进入泵筒，发生卡泵；（4）油管中的砂、垢等物易落入泵筒，引起卡泵。

该井井下配套装置采用前述 ϕ44mm 防腐防气整筒式金属柱塞泵、组合式井下高效多相分离器、承载阀装置。井下杆管柱结构经过优化设计，在现有抽油机条件下，采用 ϕ25.4mm×820m+ϕ22.2mm×800m+ϕ19.1mm×700m 的 D 级抽油杆方案。配套技术实施后机抽系统一次性复抽成功，并且保持稳定排水。本周期按实际抽汲时间计算，则平均日产水为 38.45m^3，平均泵效为 74%。宋 8 井应用配套技术装备后，泵效、检泵周期、排水量得到较大提高，其使用的配套技术装备值得推广应用[55]。

3. 电潜泵排水采气工艺技术

1）在川渝气田的应用情况

针对川渝气田气井井深、井温高、地层压力系数低、复产后井口压力高、排液量大等特点，开展了适合川渝气田深井电潜泵排水采气配套工艺技术研究，在研究中创新工艺优化设计理论及施工工艺技术，自主研制了具有国内领先水平的电潜泵专用井口装置，解决了电潜泵运行中三项电流不平衡问题，有效保护电缆，延长机组运行寿命，从而为川渝气田二次开发和老气田稳产提供有力技术保障[56]。为了维持气井的排水采气要求，利用电潜泵完井管柱进行气举排水生产，井口套压最高达 18MPa，现场实验效果证明，自主研发的电潜泵专用井口装置具有安全可靠，安装方便，承压能力高等优点，各项性能指标达到国内领先水平。

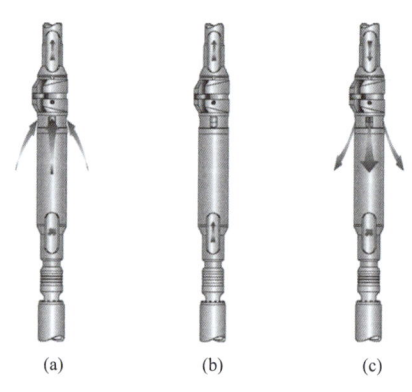

图 2-2-3　自动换向阀 ADV 工作示意图

自动换向阀 ADV（图 2-2-3）安装在泵出口处，当电潜泵启动时，由泵液动力推动内滑套上移［图 2-2-3（a）］，阀生产主通道立即打开，循环出口自动关闭，正常采液生产。电潜泵关停时，在油管柱内外压差作用下内滑套自动复位［图 2-2-3（b）］，阀生产主通道立即关闭，循环出口自动打开，油管内液体（或管内有掺杂着固体颗粒的液体）被排出至环空，液面回落［图 2-2-3（c）］。由于通往电潜泵的流道被切断，因而阻止了固体或流体进入电潜泵，同时也避免了电潜泵倒转。或者根据需要安装在油管的任何部位，取代传统的单流阀和泄油阀。电潜泵排水初期，关闭油管与环空；若气井能够复活一段时间则通过油管自喷生产；可以根据产能情况确定油管或套管生产，最大限度地保持气井最大携液自喷生产；若电潜泵停止运转，油管与环空可在此处连通，可以注入泡沫剂，或者实施气举排液（电潜泵出现故障停机时）来维持气藏排水，不致因电潜泵检泵或待料期间导致气藏水浸加剧[56]。

现场试验中首次采用电缆跨接工艺技术在泵挂深度超过3000m的井中应用，采用合理的电缆跨接工艺，能有效地避免泵挂深，导致三相电流不平衡度大，使单项电缆发热量大，影响动力电缆及机组的使用寿命的问题（表2-2-5）。

表2-2-5 电缆跨接对电缆不平衡度的影响

井号	泵挂深度/m	运行频率/Hz	三相电量/A			不平衡度	跨接次数
			Ia	Ib	Ic		
TD90	4078	50	418	428	419	1.5	两次
QX12	3195	55	331	335	333	0.6	两次
QX14	3232	50	326	356	339	4.6	一次

2009年10—12月，利用研究成果分别在QX12井、QX14井和TD90井开展了现场应用，创造了国内泵挂最深超过4000m，入井连续运转周期近两年的国内电潜泵排水采气新纪录，工艺技术达到了国内领先水平（表2-2-6）。TD90井电潜泵连续稳定排水，排水量维持在300～450m³/d，拉开生产压差达25MPa，压降漏斗加深，供液半径扩大。动态监测结果表明，TD90井强排水后，减缓了地层水向气藏北部的推进速度，存在出水迹象的TD91井水气比明显下降，对气藏主产气区起到了较好的保护作用，气藏整体排水采气效果明显。QX须二气藏因开展QX12井和QX14井电潜泵整体强排水，气藏日排水达900m³以上（电潜泵排水达500m³），使QX6井、QX8井和QX004-2井等增产效果明显，为QX须二气藏开展整体治水工作提供了技术保障，稳定了气藏正常生产。

表2-2-6 电潜泵工艺井生产数据统计（截至2011年7月18日）

井号	井深/m	泵挂深度/m	启机运转时间/d	纯运转时间/d	日增产气量/10⁴m³	累计增产气量/10⁴m³	日排水量/m³	累计排水量/10⁴m³
TD90	5055	4078	68	65	0.3～0.4	9.67	330～450	2.3
QX12	3695	3195	652	517	0.02～0.03	13.29	>300	15.95
QX14	3600	3215	593	482	0.2～0.3	96.65	180～300	11.07

为满足川渝气田井深、井温高、地层压力系数低、复产后井口压力高、排液量大等特点，开展了深井电潜泵排水采气工艺技术研究，自主研制的电潜泵专用井口装置达到国内领先水平，创新了工艺设计方法和现场施工工艺技术，成功应用于TD90和QX12等井。泵挂深度和连续运转时间均创造了国内电潜泵排水采气新纪录[56]。

2)在赤水气田太 7 井的应用情况

气藏开发到中后期,气井生产暴露出一系列矛盾:(1)常规电泵只能下到井筒的某一深度;(2)下泵作业过程中容易破坏电动机和电缆,在没开机之前机组已经失效;(3)分离器分离效果较差,容易导致气锁;(4)电动机寿命较短。针对以上问题,采用小直径电潜泵排水采气工艺技术,通过对小直径电泵采气方式进行参数优化设计以及小直径电泵配套工艺技术研究,形成了一套完整的排水采气工艺技术,在太 7 井进行小直径电泵排水采气先导试验,取得了较好的效果[57]。

太 7 井位于贵州省赤水市复兴镇太和乡,完井层位为 T_1c_1(1605.26~1612.62m),完井井深 1626.2m,底部半径 120.65mm(图 2-2-4)。2005 年 4 月水淹停井,2005 年 5 月下入 ϕ114mm 电潜泵机组及机组电缆未成功,2005 年 7 月进行气举生产,由于不能保证足够的生产压力差,井无产量,随后又进行了气举化排方法生产,仍无产量,当时定为报废井,井底流压为 4.5MPa。目前太 7 井剩余储量有 5000 多万立方米,据动态资料分析剩余储量主要分布在太 7 井周围地层中,具有挖潜的物质基础。为了最大限度地采出太 7 井的天然气,尽可能地减小泵的沉没度,考虑到太 7 井的产水能力,将泵的沉没度维持在 100m,用节点分析法预测气井满足泵 100m 沉没度时的产水量,用它来指导太 7 井泵的选型配套。电潜泵生产预测数据见表 2-2-7。

太 7 井从 2006 年 12 月投产以来,生产稳定,平均产水量为 105m³/d,产气量为 0.6×10^4m³/d,实际生产情况与方案设计结果相吻合。小直径变速电泵是一种范围广的排水采气设备,经济效益明显,对井的流入动态及变化适应性强,既能够提高产气量,又能延长气藏的稳产期,提高采收率。

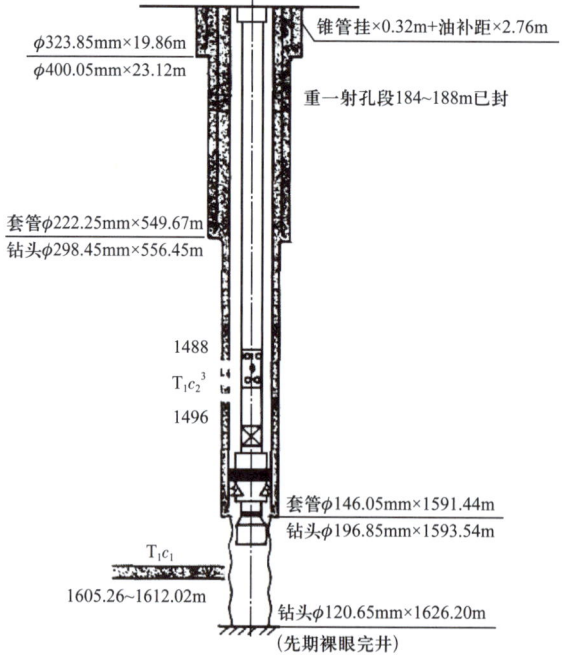

图 2-2-4 太 7 井施工管柱设计图

表 2-2-7　太 7 井电潜泵生产预测表

序号	产气量/ （10⁴m³/d）	产水量/ （m³/d）	生产压降/ MPa	沉没度/ m	液面处流压/ MPa	套压/ MPa
1	0.52	80	0.11	140	0.48	1.0
2	0.58	90	0.16	120	0.54	1.0
3	0.65	100	0.21	100	0.61	1.0
4	0.97	150	0.26	80	0.94	1.0

4. 连续气举排水采气工艺技术

1）在伊拉克某大型油田的应用

井的产能指数（J 或 PI）衡量的是砂体以一定的压力降（从静态油藏压力到流动井底压力）相对应的速率输送液体的能力。因此，在相同的压降下，随着产能指数的增加，出油率也会增加。图 2-2-5 给出了不同井的产能指数，从图中可知，超过 50% 的井的产能指数低于 20bbl/（d·psi）。

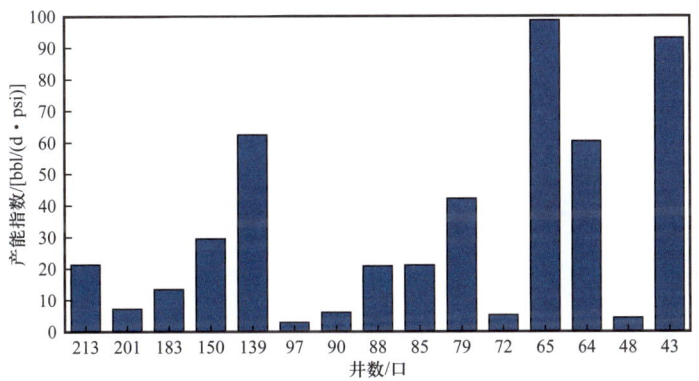

图 2-2-5　伊拉克某大型油田油井产能指数图

图 2-2-6 所示为不同注气速率下，产能增加的百分比。随着产能指数的增加，曲线越来越接近。实际上，在气举工程设计中，注气量虽然很重要，但也是一个控制因素。了解产能指数如何影响注气速率是非常关键的。

气举优化设计了两种方案：第一种方案是在一定深度，使井底流动压力为 50psi 高于泡点压力，从而获得最大的石油产量。而在第二个方案中，保持相同井底流动压力，同时保持注入的气油比不大于 350ft³/bbl。结果表明，在第一种方案下，采用气举技术可使原油产量从 64379bbl/d 提高到 302712bbl/d，在第二种方案下可提高到 272359bbl/d。此外，通过实施气举，45 口停产井恢复了生产。该模型预测两种情况下生产所需的气体注入速率为 186×10⁶ft³/d 和 74.606×10⁶ft³/d。可知气举技术在该油藏的应用可以显著提高油藏的产油量[60]。

图 2-2-7 所示为连续两个 J 值下的产油率增量百分比。可以看出，当 J 趋近于

15bbl/（d·psi）及以上时，出油率增幅不明显（与 J=10bbl/（d·psi）时相比增幅小于5%）。随着产能指数的增加，注气量的增加对产油量的影响减小。

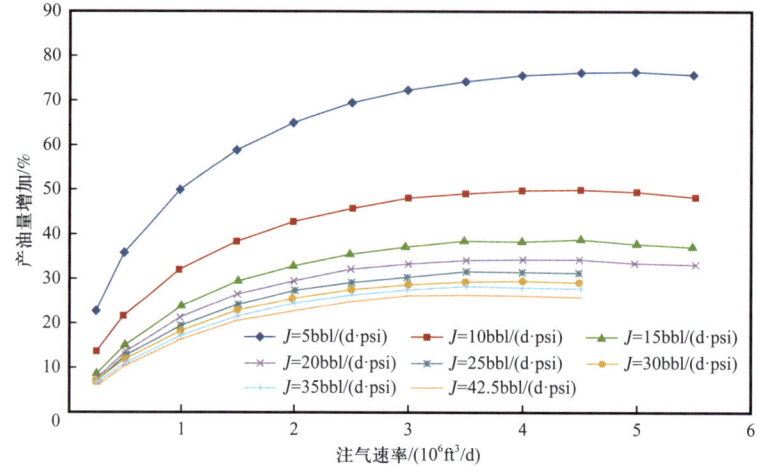

图 2-2-6　不同井的产能指数下注气速率和增加产油量关系图

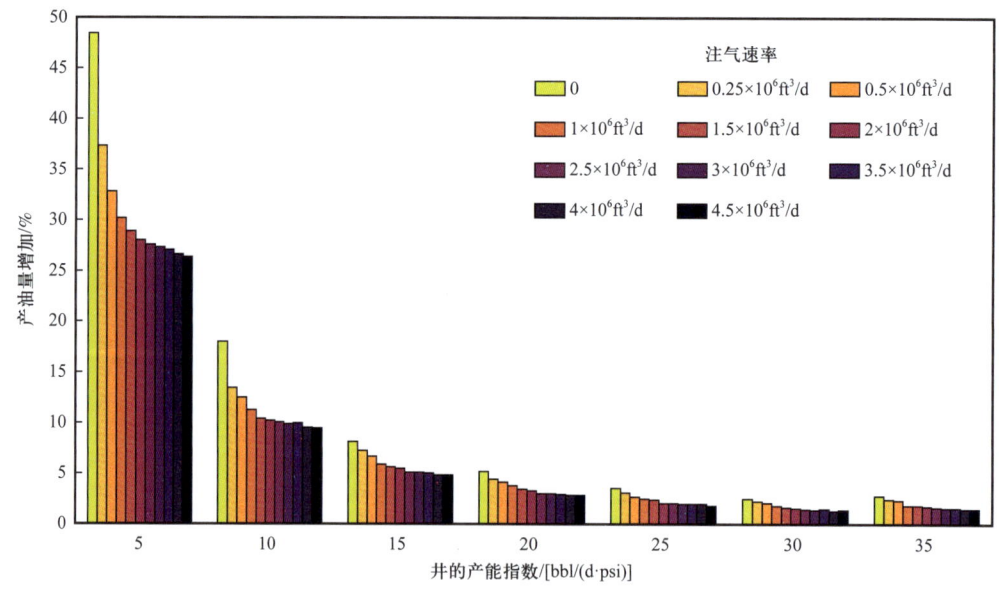

图 2-2-7　不同井的产能指数下各个产气速率对应的产油量增加百分比

人工举升阶段已成为大多数成熟油田达到计划采收率的生产策略的关键环节[69]。许多大型油田都使用气举技术以提高或维持经济石油生产水平[74]。Chia 和 Hussain[75]发现，大型油田气举产量达到总产量的 35%。气举之所以被广泛使用，是因为它是一种操作条件广泛的有效技术，而且与其他人工举升方法相比，它的维护成本低，安装容易[76]。一些无法自然生产的油井被投产，而其他许多油井则获得了增产。在采油方面，气举是提高所研究油田产能的有效技术。在该油藏中，采用气举技术，注入气量不限，同时保持 p_{wf}（井底流压）作为唯一的控制因素，与注入气量/油量比保持在 350ft³/bbl 的情况相比，可增产 10% 左右。所以，气举作为增产技术是可行的，而且气举还可以使停产井以显著的产量恢复生产。综上所述，气举技术是一种高效的油田采油策略[61]。

2) 在涩北气田的应用

针对涩北气田气井井筒积液越来越严重的问题，开展了以泡沫排水采气为主的多项排水采气工艺措施，并取得了一定的效果。2014年实施橇装式压缩机增压气举，成功复产多口水淹停产井。气举井S-1井于2003年底投产，初期不产水。2013年1月气井水淹停产，停产前累计产气 $7678.73 \times 10^4 m^3$，剩余动态储量 $1.34 \times 10^8 m^3$。该井于2014年4月进行连续油管冲砂作业后放喷，出水较严重，探得静液面567m，严重积液，采取多种措施均无法复产后，选作气举方式复产，并于2012年购置一台橇装式移动压缩机，排量为 $475 \sim 1600 m^2/h$，排气压力为 $3.0 \sim 25MPa$，压缩级数为3级。

鉴于涩北气田气井产层较浅同时出砂严重的特点，井筒工具应尽量简单，减小井下事故的发生，综合考虑，S-1井气举完井方式选择开式气举。S-1井计算出的进站启动压力为16.88MPa，站外排液启动压力为12.88MPa，而涩北气田目前的橇装压缩机额定压力为25MPa，完全可以满足S-1井的气举要求，为了减少井筒的复杂情况，本次气举采用不安装气举阀气举，工艺流程如图2-2-8所示。

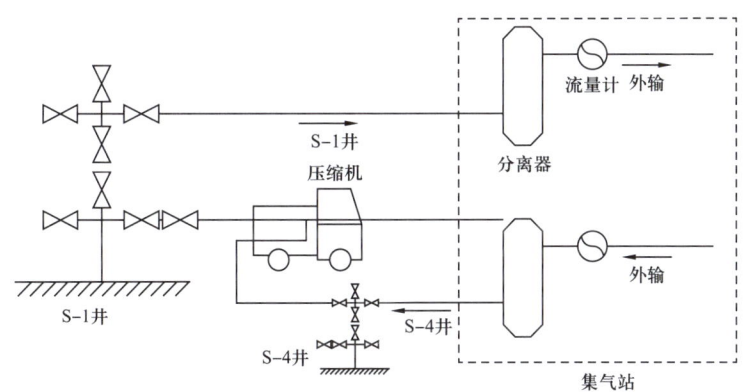

图 2-2-8 涩北气田 S-1 井气举工艺地面流程图

2014年8月15日开始对水淹停产近两年的S-1井进行连续气举，采用 $\phi 10mm$ 工作制度连续气举256h后，使气井成功复产。气举复产后162个工作日累计产气 $112.68 \times 10^4 m^3$，累计产水 $3141.55 m^3$。在S-1井成功气举的基础上，以同样流程对S-2井和S-3井开展了气举并成功复产[61]。

5. 泡沫排水采气工艺技术在川西致密砂岩气田的应用情况

川西侏罗系气藏开发储层纵向上由浅层蓬莱镇组至中深层沙溪庙组；平面区域上从主力岩性构造气藏新场、洛带气田逐步扩边至中江、高庙气田；时间横向上经历了规模建产（1994—1998年）、开发调整稳产（1998—2000年）和整体递减（2001年至今）3个阶段，存在纵向上气层分布多、平面区域范围广、开发时间跨度大的特点。目前，气田共有生产井1535口，日产气 $810 \times 10^4 m^3$。

气井投产初期压力产量递减较快,在进入低压低产阶段之间的平均采出程度只有50%,见表2-2-8,平稳稳产时间在2.5年左右,部分气井甚至没有稳产期。因此,维持气井后期正常生产是提高气藏采收率的关键。

表2-2-8 川西致密砂岩气田不同生产阶段采出程度统计

生产阶段	平均单位压降产量 /$10^4 m^3$	平均阶段采出程度 /%	阶段时长 / 月
定产开采	496	31.07	29.0
定压降产	402	20.13	29.3
低压低产	580	27.43	73.2
增压开采	653	24.33	89.3

结合川西致密砂岩储层压力递减快、低压低产阶段长、产水量小的生产特征,通过掌握气井积液规律,提高井下工况诊断精度,优选出经济性好、适用周期长的泡排、气举等排水采气工艺,并依托信息化技术发展,逐渐形成了精细化排水采气工艺体系,对支撑致密砂岩气藏稳产、提高气田整体开发效益具有重要意义。

川西侏罗系致密砂岩气藏地层压力系数为1.30~1.92,基质孔隙度为3.7%~13.0%,平均有效渗透率大多小于0.1mD,气藏类型为孔隙型近致密—致密高压岩性圈闭气藏,储层非均质性强,气水关系复杂,平均含水饱和度为55%,含气性差异大,储量丰度为$2×10^8$~$3×10^8 m^3/km^2$。气井投产初期压力产量递减较快,在进入低压低产阶段之间的平均采出程度只有50%,平稳稳产时间在2.5年左右,部分气井甚至没有稳产期。统计发现,气井在高压阶段的生产时间仅为低压低产阶段的1/3。目前,气井油压和套压平均差为1.4MPa,约有84.6%的气井井口压力低于2.0MPa,75.8%的气井产气量小于$0.5×10^4 m^3/d$,因此,维持气井后期正常生产是提高气藏采收率的关键。川西侏罗系气藏气井的各个储层均产水,产出水的类型以层间束缚水和凝析水为主,不同气井之间产水量的差异较大,日产水0~$17.00 m^3$,单井平均日产水$0.48 m^3$,水气比为$0.69×10^{-4} m^3/m^3$。

其中,沙溪庙组气藏产水量较蓬莱镇组大。沙溪庙组气藏气井在不同生产阶段所呈现的井筒流态差异较大:(1)投产初期,气井压力高、产量大、携液能力强,井筒流态单一,持液率呈线性分布,如图2-2-9(a)所示;(2)随着压力和产量快速递减,当产气量低于临界携液流量时,气井无法实现连续携液时,井筒内滑脱严重,持液率呈两段式滑脱型,如图2-2-9(b)所示;(3)开采后期随着地层能量进一步衰竭,井筒内积液严重,井筒持液率曲线呈折线分布,如图2-2-9(c)所示。

川西致密砂岩气田排水采气技术自1995年引入泡排工艺以来,历经了4个发展阶段,实现了差异化泡排及互补型气举工艺技术体系,完善了连续油管和柱塞气举工艺技术,研制了智能化排采配套装置。依托信息化技术及智能化技术的高速发展,形成了在线实对井下工况监测技术,研发了丛式井组多分支智能注剂装置及智能柱塞气举配套装置,技术发展路线如图2-2-10所示。

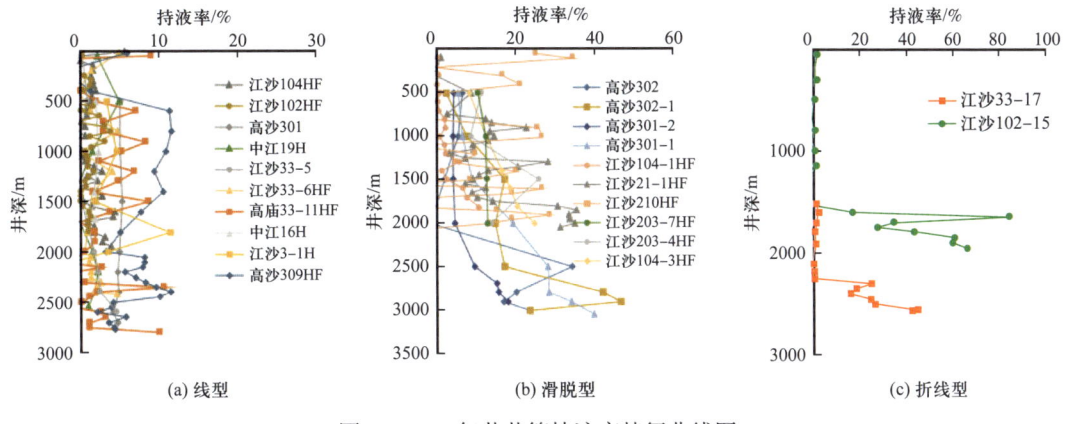

图 2-2-9　气井井筒持液率特征曲线图

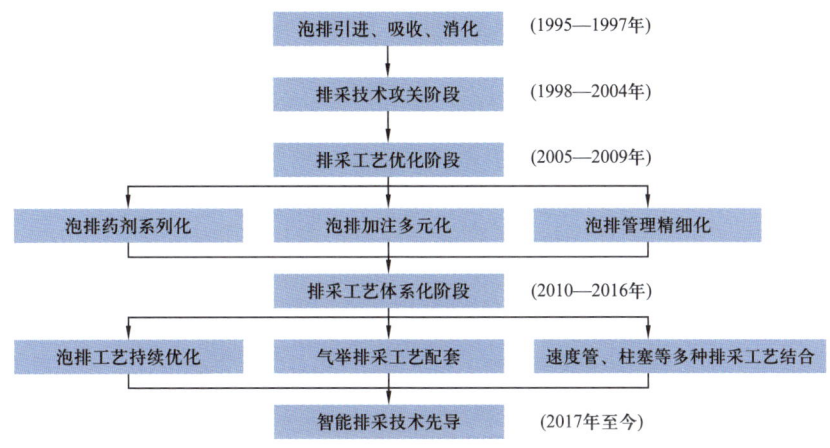

图 2-2-10　川西致密砂岩气田排采技术发展路线

泡沫排水采气工艺是中国应用最广泛的排水采气工艺，通过向井内注入表面活性剂，在气流的搅动作用下产生大量泡沫，降低积液密度与液体滑脱，从而将积液排出井口。该工艺操作简单、成本低，是川西致密砂岩气田应用最广泛的排液采气工艺。经过 20 年的发展完善，目前已形成了泡排药剂系列化、加注工艺多元化、排液方式多样化、泡排管理精细化（表 2-2-9 和表 2-2-10）[62]。

表 2-2-9　川西致密砂岩气田泡排剂类型

适用类型	应用对象	药剂系列化
常规气井	矿化度<40000mg/L，凝析油含量小于10%，井斜小于20°	优选不同产层用的 XH、UT 系列泡排剂
低压低产井	压力小于 2MPa，日产气量低于 $0.2×10^4 m^3$，常规气井难以实现连续携液	研制低密度、低表面张力泡排剂或研制增能型药剂，自生热、生气，引起气液扰动，提高气井排液能力，复活下层水淹井
高含油井	凝析油含量 20%～70% 常规泡排剂乳化严重、不稳定	优选抗 50% 凝析油的 UT-11C、PR-3 型泡排剂

表 2-2-10　川西致密砂岩气田泡排剂加注方式特点及应用范围

加注方式	加药类型	加药频率	加注通道	应用范围
泡排车	液体	间歇	环空	间歇产水井
橇装泵	液体	连续	环空	液量>1m³/d 的连续产液井，或井组加药
平衡罐	液体	连续	环空	液量<1m³/d 的连续出液井
投药筒	固体	间歇	油管	液量<1m³/d 的间歇出液井
毛细管	液体	连续	油管（定点）	水平井或多层合采井
智能注剂	液体	智能	油管/环空	单井、站外井或丛式井组

为探寻适用于川西致密砂岩气田的排水采气工艺及管理体系，基于25年的研究和实践，建立并完善了一套基于流压实测、回声仪、模型及矿场经验法的产水气井多元化井筒诊断技术，根据气井自身能量变化规律，形成了差异化泡沫排水采气工艺为主体，互补型气举排水采气工艺为辅助，以连续油管和柱塞气举为补充的致密气田排水采气体系，并通过数字化技术发展，提出了"精细诊断+智能工艺一体化"的排水采气精细化管理体系，研制了积液在线诊断、丛式井整体式泡排及柱塞气举等智能化配套设备[63]。

对排水采气工艺进行总结，将主要排液采气工艺选井原则和经济效益相结合，创建了川西致密砂岩气田排液采气工艺优选决策直读式图版如图2-2-11所示。

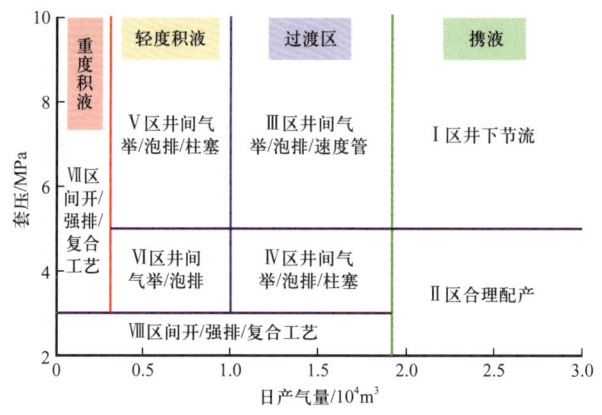

图 2-2-11　排水采气工艺的选择直读图版

根据图2-2-11指导了1200余口气井排水采气工艺实施，并通过现场实施，有效促进川西致密砂岩气田稳产，老井年措施增产量由 $0.79 \times 10^8 m^3$ 增加至 $0.82 \times 10^8 m^3$，如图2-2-12所示。

6. 速度管柱排水采气工艺技术

1）在南得克萨斯州的应用情况

美国得克萨斯州南部的Lobo油田是一个成熟的致密气田，迄今产量超过 $8 \times 10^{12} ft^3$。ConocoPhillips公司于20世纪80年代末在得克萨斯州南部首次将连续油管用于速度管柱，

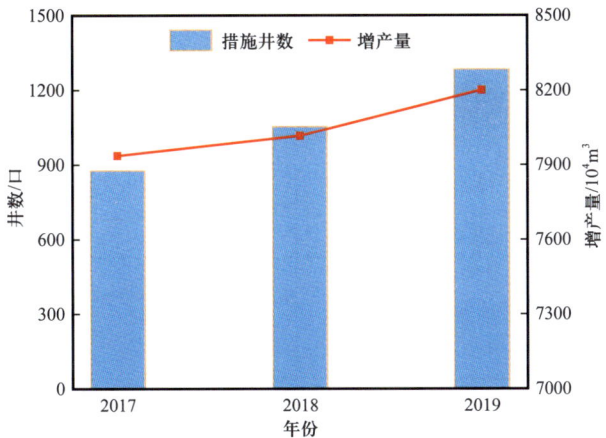

图 2-2-12　近 3 年施工井数及措施增产量关系图

来帮助排水采气。到 20 世纪 90 年代末，得克萨斯州 Webb 和 Zapata 县的油井中已经安装了超过 90 个连续油管装置。这些通常是 $1\frac{1}{4}$in 外径的连续油管，安装在 $2\frac{3}{8}$in 或 $2\frac{7}{8}$in 外径的油管中，或 $2\frac{7}{8}$~$4\frac{1}{2}$in 外径的套管中，深度为 6300~11600ft。在 20 世纪 90 年代，还下了几根 $1\frac{1}{2}$in 外径的连续油管。下入更小直径的管柱可以提高速度，防止气井液体堆积，增加气井寿命和采收率。在得克萨斯州南部和其他地区，连续油管速度管柱被证明是一种成功的排液措施。

以 Lobo 油田一口井为例，通过综合生产模型（IPM）分析表明，在现有的 $2\frac{7}{8}$in 油管中下入 $1\frac{1}{2}$in 连续油管，可额外增加产量 $335×10^6$ft^3（图 2-2-13 和图 2-2-14）。

连续油管速度管柱在操作上确实存在一定的难度。据 Lobo 油田的经验，有连续油管的井不要充满液体。一旦发生这种情况，排液可能需要花费大量的时间、精力和耐心，如果充分排出井筒中的氮气，则可能在安装完管柱后立即发生这种情况[64-66]。

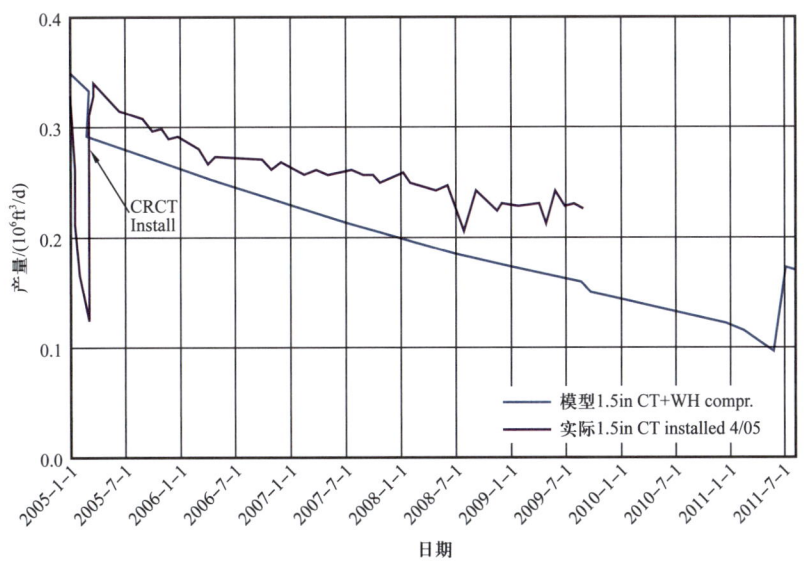

图 2-2-13　WellA-IPM 模型

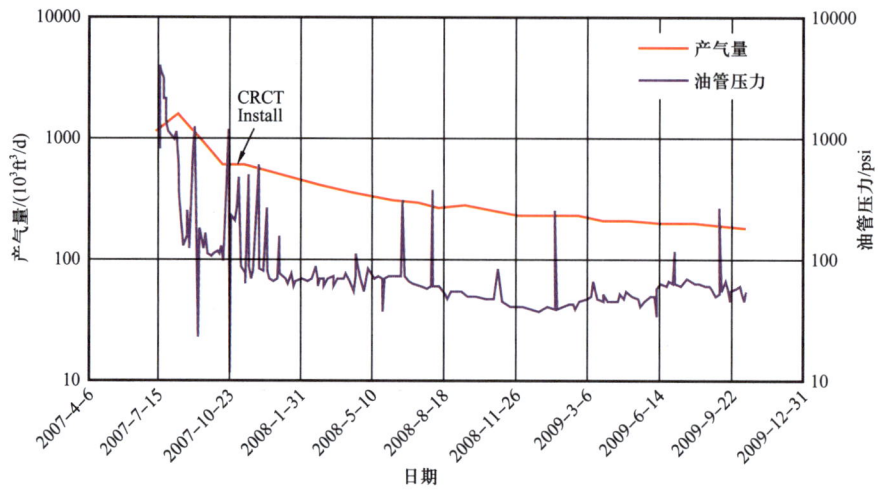

图 2-2-14 B 井生产概况

2）在 Semberah 油田的应用情况

Semberah 油田经历了储层压力下降和天然气产量下降的过程。在生产油管内安装更小直径的连续油管管柱是 Semberah 油田应用的一种方法，可使载液井恢复流动。与油管更换作业相比，速度管柱安装成本相对较低，安装简单。然而，基于其他公司的经验，

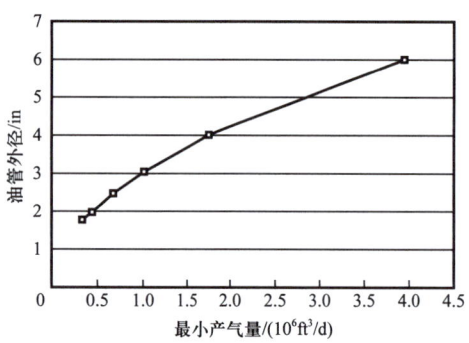

图 2-2-15 生产油管和连续速度管柱尺寸的敏感性

这种简单的应用提供了较低的成功率。因此，Martinez[176]改进了气井速度管柱建模的指导原则。井底数据的可用性和质量、流体性质的调整和相关性的选择是建立精确的井筒速度串的重要步骤。Semberah 油田共安装了 5 个速度管柱，成功率为 60%。认识到选井和速度管柱设计是速度管柱安装工程成功的关键，结果表明，1.5in 和 1.75in OD 速度管柱主要适用于 3.5～7in OD 的生产油管。图 2-2-15 显示了生产油管和连续速度管柱尺寸的敏感性。

C 井由 7～$3\frac{1}{2}$in 的锥形单根生产油管和封隔器完成，TD（完钻后井下所有钻具总长和方钻杆放入的长度）/8534ft MD（测井时从钻台面到井底的测量长度）/8536ft TVD（钻台面到井底的垂直深度）。管柱（SS）穿透深度 8445ft 的枯竭储层 Z，初始产量为 $1100 \times 10^4 ft^3/d$，凝析油 39bbl/d，水 26bbl/d。经过 18 年的生产，C 井共采出了 $553 \times 10^8 ft^3$ 的天然气。由于其枯竭压力[465psi（表）]，井无法持续流动，需要定期放空来排出液体。1.75in OD 速度管柱安装在深度 8038ft 处，得到流量 $0.9 \times 10^6 ft^3/d$。然而，它只持续了 5 天就停止了流动。事后评估显示，在第 2 段有积液，可以通过将背压从 110psi（表）降低到 50psi（表）来解决。在这项工作中，安装往复式井口压缩机以降低背压。压缩机在背压 50psi（表）下成功保持良好的连续流量 $2.1 \times 10^6 ft^3/d$。图 2-2-16 和图 2-2-17 显示通过安装与井口压缩机串联的速度管柱来增加采收率[67]。

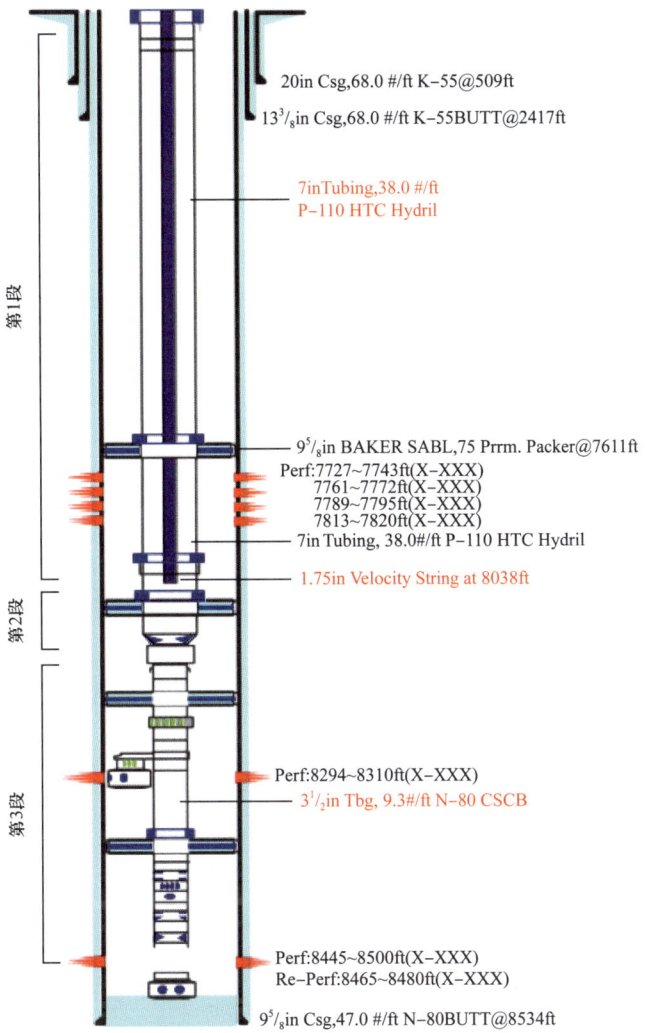

图 2-2-16　C 井连续油管安装

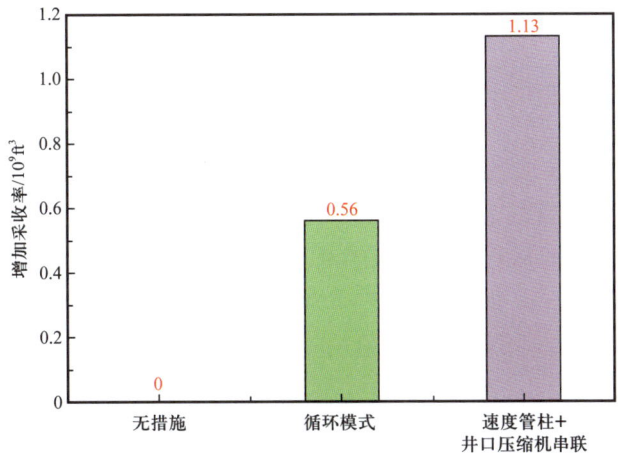

图 2-2-17　C 井增加采收率对比图

3）在 SR2-3 气井上的应用探讨

针对涩北气田近年气井积液越来越严重的问题，开展了以泡沫排水采气为主，柱塞气举、螺杆泵等为辅的排水采气工艺措施。涩北气田从 2012 年首次引进速度管柱排水采气工艺，并在少量井上试验中取得了较好的效果。

涩北气田 SR2-3 井于 2010 年 10 月投产，采用 ϕ60.3mm 油管生产，初期产气量为 $1.35\times10^4\text{m}^3/\text{d}$，不产水，生产至 2012 年 2 月出水量为 $3.5\text{m}^3/\text{d}$，由于气层部分水侵，气井开始积液，产量下降，现场通过不定期泡排维持气井生产。速度管柱试验前该井产气量为 $0.65\times10^4\text{m}^3/\text{d}$、产水量为 $0.55\text{m}^3/\text{d}$，根据涩北气田实际生产经验，通过对临界携液流量采用 0.836 的修正系数进行计算，通过计算，该井临界携液流量为 $1.005\times10^4\text{m}^3/\text{d}$，而产气量达不到临界携液流量的要求，造成井筒积液。通过对不同尺寸的连续速度管柱临界携液流量的模拟计算，推荐采用 1.5in 的速度管柱。

该井实施速度管柱排水采气前产气量为 $0.65\times10^4\text{m}^3/\text{d}$，产水量为 $0.55\text{m}^3/\text{d}$，油套差压为 1.3MPa，且生产不稳定，需要不定期泡排维持排液生产；试验后产气量为 $0.85\times10^4\text{m}^3/\text{d}$，比试验前增加 $0.2\times10^4\text{m}^3/\text{d}$，同时满足大于临界携液量的要求；产水量为 $1.95\text{m}^3/\text{d}$，比试验前增加 $1.4\text{m}^3/\text{d}$；油套差压为 0.7MPa，比试验前直接降低了 0.6MPa，且生产相对稳定，不需泡排即能连续排液和稳定生产，达到了增加气井携液能力的效果。图 2-2-18 为 SR2-3 井采气曲线图。

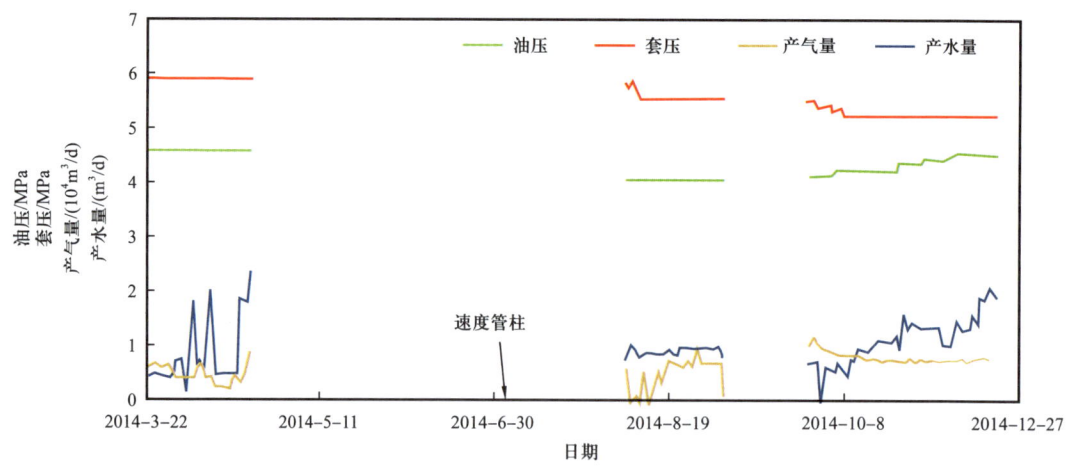

图 2-2-18　SR2-3 井采气曲线图

SR2-3 井实施速度管柱后排水采气达到了增加气井携液能力的目的，同时也带来直接的经济效益。该井试验后产气量增加了 $0.2\times10^4\text{m}^3/\text{d}$，已经连续稳定生产了 4 个月，累计产气量为 $71.82\times10^4\text{m}^3$，累计增产气量为 $27.66\times10^4\text{m}^3$，按照连续生产 1 年 310 天计算，可增产 $62\times10^4\text{m}^3/\text{a}$，按照天然气价格 1 元 $/\text{m}^3$ 计算，不到一年即可收回投资成本，经济效益比较可观。

第三节　国内外致密气藏高产水井强排工艺技术对比评价分析

一、射流泵强排

射流泵对于出砂等恶劣工况的井具有较强的适应能力；井下设备结构简单，维修费用低，维修作业工作量小；下泵深度和排量的变化范围大，可以满足不同井的生产要求；可用于斜井和弯井；耐磨和抗腐蚀，能在高温高气液比条件下工作。局限性：举升效率较低；必须有较高的吸入压力（沉没度）以防止气蚀；地面设备庞大，维护费用较高；地面操作复杂，特别对于边远气井管理难度大。

二、机抽强排

机抽排水采气工艺的基本原理是将深井泵下入井筒液面以下的适当深度，深井泵柱塞在抽油机的带动下，在泵筒内作上下往返抽汲运动，从而达到在油管内抽汲排水，降低液柱对井底的回压，从套管采出天然气的目的。该工艺装备简单可靠，可用天然气和电作动力，易于实现自动控制；设计简单、成熟；可使设备多井移运；工艺井不受采出程度影响，并能把气水井采至枯竭。缺点：需要深井泵、抽油机、抽油杆，使初上机抽投资较大，动力装置的配套在目前阶段困难较大；受井斜、井深和硫化氢影响较大，泵挂深度和排液量均受限制；鉴于气水井与油井性质差异较大，抽油杆和泵易损坏，尚未完全解决。

三、电潜泵强排

电潜泵排水可形成较大的生产压差，理论上可将气井采至枯竭；自动化程度高，操作管理灵活方便，容易实现自我控制；易于安装井下温度、压力传感元件。局限性：多级大排量高功率电潜泵机组比较昂贵，使得初期投资大；由于高温下电缆易损坏，使电潜泵机组的下入深度受到限制；由于气井中地层水腐蚀及结垢等影响，使得井下机组寿命较短，从而使得装备一次性投资较大，采气成本高；选井受套管尺寸限制。

四、连续气举排水采气

该工艺井不受井斜、井深和硫化氢等限制，最大排液量可达 1000 m^3/d，单井增产效果显著；可多次重复启动，与投捞式气举装置配套，可减少修井作业次数；设备配套简单，管理方便；易测取液面和压力资料，设计可靠，经济效益高（特别是邻井为高压气源时）。缺点：工艺井受注气压力对井底造成的回压影响，不能把气水井采至枯竭；闭式气举排液能力小，一般在 100 m^3/d 以下，工艺应用范围受限；需高压气井或工艺压缩机作高压气源；套管必须能承受注气高压；高压施工对装置的安全可靠性要求高。

五、泡沫排水采气

该工艺能充分利用地层自身能量实现举升，因而成本低、投资小、见效快、经济效益显著；设备配套简单，其举升流程与自喷生产完全相同；实施操作简便，实施过程中不需特殊的修井作业及关井；现有的起泡剂及泡沫助采剂对不同的生产井有较强的适应能力，能满足不同类型生产井的需要。

六、优选管柱

优选管柱排水采气是在有水气井开采的中后期，重新调整自喷管柱，减少气流的滑脱损失，以充分利用气井自身能量的一种自力式气举排水采气方法。该工艺理论成熟，施工容易，管理方便，工作制度可调，免修期长，投资少，除优选与地层流动条件相匹配的油管柱外，无须另外特殊装备和动力装置，是充分利用气井自身能量实现连续排液生产，以延长气井带水自喷期的高效、高经济开采工艺技术。缺点是：气井排液量不宜过大，下入油管深度受油管强度的限制，因压井后复产启动困难，起下管柱时要求能实现不压井起下作业。一般情况下，油管直径越大，气井产量也越高。但是，这种油管有可能不能连续携液。而油管直径越小，会提高天然气的流速，举升液的效率也越高，可以考虑通过更换小尺寸油管实现其连续携液。

第四节　小　　结

本章调研了国内外低渗气藏到致密气藏开发规律及目前国内外气田高产水井强排工艺技术，并对这几种强排技术进行了对比评价，可为优选强排技术提供一定借鉴作用。

调研发现国外广泛采用的排水采气工艺技术有优选管柱排水采气工艺技术、泡沫排水采气工艺技术、气举排水采气工艺技术、柱塞气举排水采气工艺技术、射流泵排水采气工艺技术、游梁式抽油机排水采气工艺技术和电潜泵排水采气工艺技术等，国内开展排水采气工艺技术研究和试验相对国外较晚，主要形成的排水采气技术主要有射流泵强排排水采气工艺技术、机抽强排排水采气工艺技术、电潜泵强排排水采气工艺技术、连续气举排水采气工艺技术、泡沫排水采气工艺技术、优选管柱排水采气工艺技术等（表2-3-1）。射流泵可用于斜井和弯井，对于出砂等恶劣工况的井具有较强的适应能力。机抽强排可用天然气和电作动力，易于实现自动控制，设计简单且成熟，但受井斜和井深影响较大。电潜泵自动化程度高，操作管理灵活方便，容易实现自我控制，但是电潜泵机组的下入深度受到限制，且设备寿命较短，采气成本高。连续气举不受井斜、井深和硫化氢等限制，经济效益高，但其对高压施工对装置的安全可靠性要求高。泡排成本低、投资小、见效快、经济效益显著。优选管柱排水采气可充分利用气井自身能量实现连续排液生产，但可能面临不能连续携液的问题，建议更换较小尺寸油管。

表 2-3-1 国内排水采气工艺技术主要技术指标

指标	机抽	气举	泡排	射流泵	电潜泵	优选管柱
目前最大井深或泵挂深度 /m	2500	5000	4500	2800	3000	4600
目前最大排液量 /（m³/d）	100	1000	120	300	1000	100
井身要求（斜井或弯<15° 3048m 曲井）	—	—	—	—	<10°	—
地面及环境条件	装置大且重一般适宜	适宜	装置小适宜	动力源可远离井口	装置小适宜 高压电源	适宜
维修管理	较方便	较方便	方便	方便	较方便	方便
投资成本	一般	较低	较低	较高	一般	较高
灵活性	产量可调	好	好	喷嘴可调	产量可调	喷嘴可调

第三章　长庆气区排水采气工艺评价

本章从长庆油田目前常用的强排工艺技术进行了适应性评价，包括射流泵强排、机抽强排、电潜泵强排、连续气举排水采气以及复合强排工艺技术，详细介绍了不同强排工艺技术的工艺原理、特点、流程以及在长庆各大油田的应用情况，最后对该工艺进行了适应性分析。

第一节　射流泵强排工艺适应性评价

一、工艺原理

1.液动力射流泵排水采气系统组成及其工作原理

液动力射流泵排水采气系统主要由地面装置、井下射流泵装置、流道管柱等三部分组成。

（1）地面装置主要包括：发电机（或电动机）、变频器、动力泵（柱塞泵）、分离器、压力计、流量计及其连接高压管线等。

（2）井下射流泵装置主要包括：射流泵、密封装置、单流阀及其连接装置等。

（3）流道管柱主要包括：进液管（小油管）、排液管（油—油管环空）。

液动力射流泵排水采气系统地面流程示意如图 3-1-1 所示。

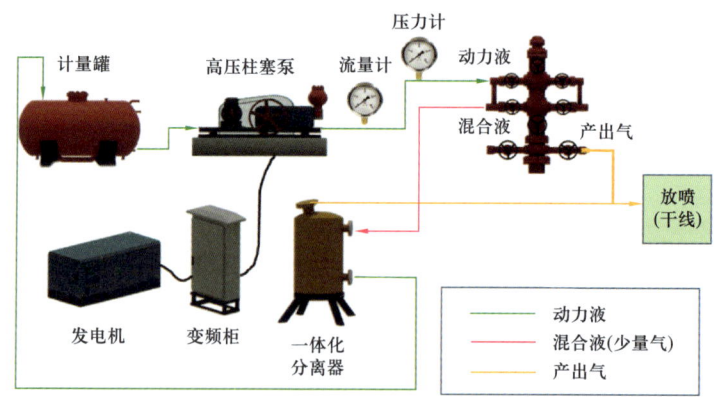

图 3-1-1　液动力射流泵排水采气系统地面流程示意图

射流泵排水采气系统的工作机理基于动量传递原理，工作时，地面动力泵通过地面管线将一定流量的高压动力液源，经采油树注入井筒管柱（小油管），到达井下射流泵，经节流喷嘴时，形成低压高速射流，此时，吸入室的压力低于井筒的压力，两者之间形成压差，单流阀打开，地层液被吸入喉管，动力液与井筒液在喉管混合，通过扩散管进一步混合降速增压，由油—油管环空排出通道返排至井口，经地面管线流入气液分离器和存储罐，如图3-1-2所示。

液动力射流泵数学模型假设如下：
（1）工作介质为水，即不可压缩；
（2）工作介质具有黏性，且为定值；
（3）射流泵内部流场为等温场，即无热量交换；
（4）射流泵内部流场为绝热场，即无能量外泄；
（5）射流泵内部流场为定常场，即不随时间变化。

排液射流泵系统中，射流泵采用正循环方式，动力液经油管进入泵芯，混合液经由油套环空返回地面，液流在管线内运动过程中存在沿程摩擦阻力损失和经过变径管的局部阻力损失，需要用到水力学公式如下：

系统中有流体机械的伯努利方程（α为截面1和截面2的动能修正系数，通过实验确定，工程计算取$\alpha_1=\alpha_2=1$）

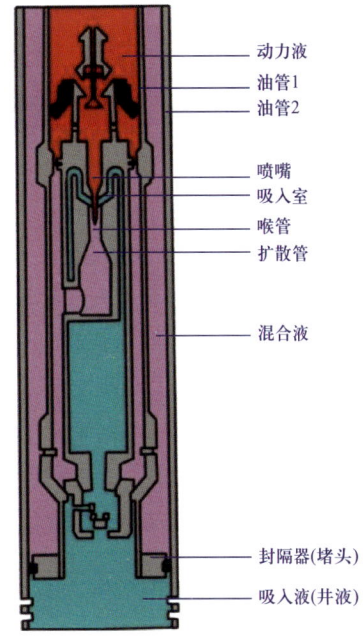

图3-1-2 射流泵排水采气系统工作原理示意图

$$Z_1 + \frac{p_1}{\rho g} + \frac{\alpha_1 v_1^2}{2g} + W = Z_2 + \frac{p_2}{\rho g} + \frac{\alpha_2 v_2^2}{2g} + h_f \quad (3-1-1)$$

雷诺数

$$Re = \frac{vd}{\nu} = \frac{4Q}{\pi d\nu} \quad (3-1-2)$$

沿程压力损失

$$h_f = \lambda \frac{L}{d} \frac{v^2}{2g} = \lambda \frac{L}{d} \frac{8Q^2}{\pi^2 g d^4} \quad (3-1-3)$$

局部阻力损失：
逐渐收缩

$$h_a = \varsigma \frac{v^2}{2g} = \varsigma \frac{8Q^2}{g\pi^2 d^4} \quad (3-1-4)$$

逐渐扩大

$$h_a = k \frac{(v_1-v_2)^2}{2g} \quad (3-1-5)$$

局部阻力系数：

逐渐收缩

$$\varsigma = \frac{\lambda}{8\sin\frac{\theta}{2}}\left[1-\left(\frac{A_0}{A_1}\right)^2\right] \quad (\theta<30°) \quad (3-1-6)$$

当角度较小且过渡圆滑时，$\varsigma=0.005\sim0.05$。

逐渐扩大时，式（3-1-5）中的 k 为经验系数，据吉布松（Gibson）实验数据，阻力最小的扩散角 θ 为 $5°\sim7°$，对应的 $k=0.135\sim0.15$，设计时，通常采用这类最优扩张角度。

式中　　v_1，v_2——控制体内任意两断面平均流速，m/s；

Z_1，Z_2——控制体内断面中心距离基准面的垂直高度，m；

p_1，p_2——控制体内任意两断面上的静压力，Pa；

W——单位重力流体从流体机械获得的能量，m；

Q——控制体内通过任意断面的流量，m³/s；

v——控制体内任意断面上的平均流速，m/s；

h_f——沿程压力损失，m；

h_a——局部阻力损失，m；

d——任意断面的半径，m；

υ——液体运动黏度，m²/s；

ς——局部阻力系数；

λ——沿程阻力系数，它是雷诺数和相对粗糙度（ε/d）的函数，详见表 3-1-1。

表 3-1-1　管道的沿程阻力系数 λ 的计算公式

流动区域		雷诺数范围		λ 计算公式
层流		$Re<2320$		$\lambda=\dfrac{64}{Re}$
紊流	水力光滑管区	$Re<22\left(\dfrac{\varepsilon}{d}\right)^{\frac{8}{7}}$	$3000<Re<10^5$	$\lambda=0.3164Re^{-0.25}$
			$10^5<Re<10^8$	$\lambda=\dfrac{0.308}{(0.842-\lg Re)^2}$
	水力粗糙管	$22\left(\dfrac{d}{\varepsilon}\right)^{\frac{8}{7}}<Re\leqslant 597\left(\dfrac{d}{\varepsilon}\right)^{\frac{9}{8}}$		$\lambda=\left[1.14-2\lg\left(\dfrac{\varepsilon}{d}+\dfrac{21.25}{Re^{0.9}}\right)\right]^{-2}$
	阻力平方区	$Re>597\left(\dfrac{d}{\varepsilon}\right)^{\frac{9}{8}}$		$\lambda=0.11\left(\dfrac{\varepsilon}{d}\right)^{0.25}$

2. 气动力射流泵排水采气系统组成及其工作原理

气动力射流泵排水采气系统主要由地面装置、井下射流泵装置、流道管柱等三部分组成。

(1)地面装置主要包括：发电机（或电动机）、变频器、动力泵（压缩机）、分离器、压力计、流量计及其连接高压管线等。

(2)井下射流泵装置主要包括：射流泵、密封装置、单流阀及其连接装置等。

(3)流道管柱主要包括：进液管（小油管）、排液管（油—油管环空）。

气动力射流泵排水采气系统地面流程示意如图3-1-3所示。

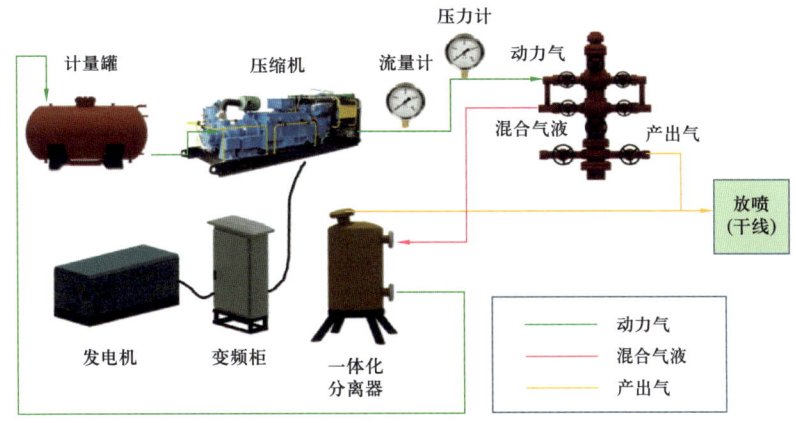

图3-1-3 气动力射流泵排水采气工艺地面流程示意图

射流泵排水采气系统的工作机理基于动量传递原理，工作时，地面压缩机通过地面管线将一定流量的高压动力气源经采油树注入井筒管柱（小油管），到达井下射流泵，经节流喷嘴时，形成低压高速射流，此时，吸入室的压力低于井筒的压力，两者之间形成压差，单流阀打开，地层液被吸入喉管，动力气与井筒液在喉管内混合，通过扩散管进一步混合降速增压，由油—油管环空排出通道返排至井口。

气动力射流泵数学模型假设如下：

(1)一维流动；

(2)井液不可压缩；

(3)动力气为理想气体；

(4)泵在等温且稳定状态下工作；

(5)泵入口处和出口处的动能可忽略；

(6)在喉道出口，气液完全混合；

(7)在喷嘴出口和喉管入口间平均射流速度不变。

3.射流泵结构组成及其工作原理

水力射流泵装置利用能量转换的原理，是一种广泛应用于流体输送的机械设备。苏里格气田进行了射流泵的应用研究，地面设备提供高压动力液体形成高速气流，与积液发生能量交换，为其提供排出井口的动力。这种装置可以改变井筒内气液比例，提高气井产量。在泵送过程中，地面泵提供的高压动力流体通过喷嘴将其位能压力转换成高速流体的动能，喷射流体将井液从汇集室吸入喉道混合，动力液把动量传递给井液增加其能量。在喉道末端，两种完全混合的流体具有高的流速动能，通过进入一扩散管，流速降低，部分动能转换成压能，最终流体获得足够的压力从井下返出地面[68]。

水力射流泵的井下系统工作时无动力部件，喷嘴和喉道用特殊材料制成，因此井下设备有较高的可靠性，且维修周期长、费用低，还能在高温、高气液比、出砂和腐蚀等复杂条件下工作。图3-1-4所示为射流泵井下结构示意图。

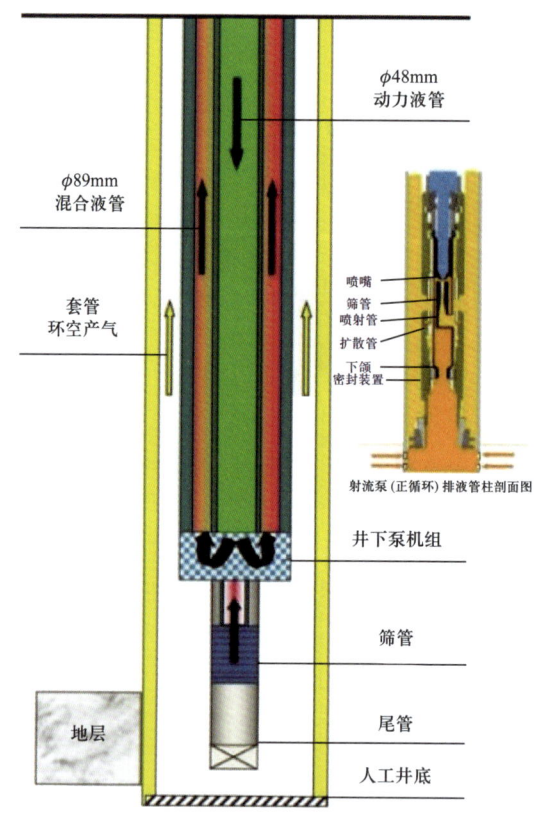

图3-1-4 射流泵井下结构示意图

泵挂深度和排量的变化范围大，通过更换不同的喷嘴、喉道组合调节流量，可满足不同的生产要求。井下泵的起下只需改变动力液的方向，而不必起出井内油管柱，检泵方便。动力液来源方便，可以用井下返出液通过净化处理而获得，不需要单独准备动力液。地面净化设备及地面泵可以整体橇装，具有较高机动性。主要设备在地面，维修方便。可用于部分井身质量不好的斜井和弯井。图3-1-5为水力射流泵结构示意图[69]。

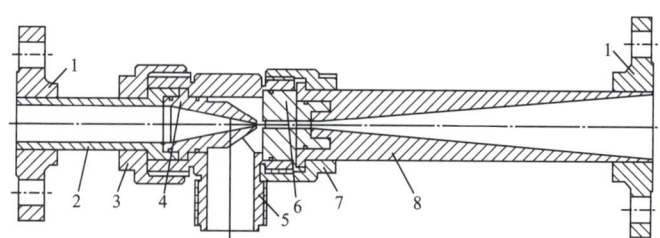

图3-1-5 水力射流泵结构示意图

1—端部法兰；2—入口管；3—入口卡套；4—喷嘴；5—混合室；6—密封块；7—出口卡套；8—出口管

以下为射流泵排水采气理论研究[70]。

1）气驱射流基本特性

射流可以被分为两个区域：紊流混合区和核心区。紊流混合区是从喷嘴出口开始扩散的紊动混合部分，而核心区是参与混合的中心部分，它保持出口速度。射流还可以被分为起始段、过渡段和基本段。起始段是从喷嘴出口到核心区的末端部分，基本段是紊动混合充分发挥的部分，而过渡段则是起始段和基本段之间的部分。在气驱射流泵中，射流流经具有一定速度和压力的流场，这使得问题更加复杂。因此，需要使用积分形式的动量方程来处理该问题。

$$\rho u \frac{\partial u}{\partial y} + \rho v \frac{\partial u}{\partial y} = \frac{1}{y} \cdot \frac{\partial (y\tau)}{\partial y} \quad (3\text{-}1\text{-}7)$$

$$\frac{\partial}{\partial x}(\rho u y) + \frac{\partial}{\partial y}(\rho v y) = 0 \quad (3\text{-}1\text{-}8)$$

式中切应力 $\tau = \rho \xi \frac{\partial u}{\partial y}$。

$$\frac{\partial}{\partial x}\int \rho u^2 - y \mathrm{d}y + \rho u v y = y\tau \quad (3\text{-}1\text{-}9)$$

$$\rho v y = -\frac{\partial}{\partial x}\int_0^y \rho u v y \mathrm{d}y \quad (3\text{-}1\text{-}10)$$

将式（3-1-9）式代入（3-1-7）和式（3-1-8）可得：

$$\frac{\partial}{\partial x}\int_0^y \rho u^2 y \mathrm{d}y - u\frac{\partial}{\partial x}\int_0^y \rho u y \mathrm{d}y = y\tau \quad (3\text{-}1\text{-}11)$$

y 为射流边界，设定：$\tau=0$，$u=u_s$，将式（3-1-10）代入参数，得：

$$\frac{\partial}{\partial x}\int_0^y \rho u(u-u_s)y \mathrm{d}y = 0 \quad (3\text{-}1\text{-}12)$$

对式（3-1-12）积分可得射流积分方程：

$$\pm \int_0^y \rho u(u-u_s)y \mathrm{d}y = C \quad (3\text{-}1\text{-}13)$$

式中　x，y——横纵坐标；

u，v——纵向、横向速度，m/s；

ρ——密度，kg/m³；

C——常数，由射流时所受阻力来决定。

2）气驱射流泵排水采气机理

气驱射流泵排水采气机理是基于将井筒内已有积液再次与气体混合，改变井筒内气液分布方式，使原已从气液混合流中滑脱的积液在喷射工具虹吸作用下进入喷射工具吸入口，使其在喉管内再次混合排出。喷射工具吸入口压力大小取决于节流喷嘴直径对气液混合物的加速降压，积液与高速气液流的混合程度取决于喉嘴距的大小和扩散管的角度。因此，喷射工具的关键在于喷嘴直径、喉嘴距与扩散管的优化匹配。

3）气驱射流泵的基本特性参数

在流速较大的气液流动中，对射流泵性能影响较大的主要因素是：泵的结构尺寸、压力和流量，在射流泵的性能研究中，由于规格没有标准化，一般在定义射流泵的基本特性时采用无量纲参数。

（1）流量比。

体积流量比 Q：

$$Q = \frac{Q_s}{Q_n} \tag{3-1-14}$$

式中　Q_s——被吸流体流量，m^3/s；
　　　Q_n——动力流体流量，m^3/s。

质量流量比 G：

$$G = \frac{G_s}{G_n} = \frac{\rho_s Q_s}{\rho_n Q_n} \tag{3-1-15}$$

式中　ρ_n——动力流体密度，kg/m^3；
　　　ρ_s——吸入流体密度，kg/m^3。

（2）压力比 p 和压头比 H。

压力比 p：

$$p = \frac{p_d - p_s}{p_n - p_d} \tag{3-1-16}$$

式中　p_d——动力流体在进入喷嘴入口压力，Pa；
　　　p_s——被吸流体压力，Pa；
　　　p_n——混合流体在扩散管末端压力，Pa。

压头比 H：

$$H = \frac{H_d - H_s}{H_n - H_d} \tag{3-1-17}$$

式中　H_d——动力流体在喷嘴入口压头，m；
　　　H_s——吸入流体的压头，m；
　　　H_n——混合流体在扩散管末端压头，m。

（3）面积比 R。

$$R = \frac{A_j}{A_t} \tag{3-1-18}$$

式中　A_j——喷嘴出口断面面积，m^2；
　　　A_t——喉管断面面积，m^2。

$$v_s = \frac{Q_s}{A_s} = Qv_j \frac{R}{1-R} \tag{3-1-19}$$

$$v_t = \frac{Q_s + Q_n}{A_s} = (1+Q)Rv_j \tag{3-1-20}$$

式中　v_j——动力流体在喷嘴出口断面的平均流速，m/s。
　　　v_s——被吸流体在喉管入口断面的平均流速，m/s。
　　　v_t——混合流体在喉管中截面的平均流速，m/s。

（4）密度比 ρ_r。

$$\rho_r = \frac{\rho_s}{\rho_n} \tag{3-1-21}$$

式中　ρ_s——吸流体的密度，kg/m^3；
　　　ρ_n——动力流体的密度，kg/m^3。

因此，混合流体密度 ρ_m 为：

$$\rho_m = \frac{\rho_n Q_n + \rho_s Q_s}{v_t A_t} = \rho_n \frac{1 + \rho_r Q}{1 + Q} \tag{3-1-22}$$

（5）喉嘴距 L_{jt}。

$$L_{jt} = \frac{L_{nt}}{d_j} \tag{3-1-23}$$

式中　L_{nt}——喷嘴末端到喉管入口的距离；
　　　d_j——喷嘴直径。

4）气驱射流泵的基本方程

射流泵的喉管内，流体的压力与速度的变化差异大且过程复杂，运用流体力学和湍流理论，对射流泵的基本方程进行推导。假定射流泵动力流体稳定、无黏性，在进入喷嘴前总压头全部为静压力，被吸流体进入泵前总压力全部为静压力，扩散管出口完全扩压。则可得射流泵基本流体方程：

连续性方程

$$Q = Q_1 = Q_2 = v_1 A_1 = v_2 A_2 \tag{3-1-24}$$

动量方程

$$\sum F = \rho Q_{12} v_{12} - (\rho Q_1 v_1 + \rho Q_2 v_2) = A(p_{12} - p_0) \tag{3-1-25}$$

即伯努利方程

$$Z_1 + \frac{p_1}{\rho g} + \frac{v_1^2}{2g} = Z_2 + \frac{p_2}{\rho g} + \frac{v_2^2}{2g} + H_W = C \quad (3-1-26)$$

式中　A_1，A_2——流场内任意两截面面积，m²；
　　　A——截面总面积，m²；
　　　v_1，v_2，v_{12}——流场内通过截面1、截面2及两截面的整体平均流速，m/s；
　　　Q_1，Q_2，Q_{12}——流场内通过截面1、截面2及两截面的整体体积流量，m³/s；
　　　Z_1，Z_2——流场内任意两截面中心距基准面的垂直高度，m；
　　　p_1，p_2，p_{12}——流场体内通过截面1、截面2及两截面的整体静压力，Pa；
　　　p_0——流场体初始静压力，Pa；
　　　H_W——摩擦总水头损失，m；
　　　g——重力加速度，9.8m/s²；
　　　ρ——密度，kg/m³；
　　　C——常数。

二、工艺特点

1. 射流泵排水采气工艺的优缺点

优点有以下几个方面：

（1）没有运动部件，适合于高气水比、高温、高含水、高含砂、高腐蚀流体的气水井；
（2）结构紧凑，适用于倾斜、水平井；
（3）自由投捞作业，安装和检泵方便，维护费用低；
（4）控制灵活方便并且产量范围大，目前最大泵深2800m，最大排水量300m³/d；
（5）对举升深度没有限制，适用于高温深井；
（6）还可用于非自喷井的钻杆测试和产能测试。

缺点包括以下几个方面：

（1）初期投资成本较高，设计较复杂，需要高压设备、动力液管线和井口装置，必须具备过滤、净化和处理液体的各种设备；
（2）吸入压力必须达到一定高度才能避免汽蚀，所以射流泵的应用受到限制；
（3）喷嘴会由于长时间的腐蚀和磨损而损坏；
（4）射流泵泵效与水力活塞泵相比较低，所需的输入功率较高。

2. 射流泵排水采气新技术

随着技术的不断发展，射流泵排采工艺不断进步，由单管管柱、双管并列管柱，发展到双管同心管柱。

1）同心管管柱的特点

利用高速流动的流体作为工作动力来传递能量，整个举升过程通过压能和动能的转换完成，不像其他类型的泵一样，必须有机械能量和流体能量的转换。以高压水为动力液驱动动力液由井口通过ϕ48mm油管到达井下射流泵装置。以动力液和采出液之间的能量转换，实现排水采气。地层产出液携地层水通过尾管被吸入井下射流泵的喷嘴、喉管之间并随动力液一起进入喉管，在喉管内动力液和地层产出液混合形成混合液，增压后的混合液沿ϕ48mm油管和ϕ73mm~ϕ89mm油管之间的环空到达地面。

2）同心管管柱的优势

排砂能力强，井口和井下设备无运动，采用特殊材质及流道设计，适用于地层砂含量小于10%，砂粒直径小于2.8mm。不卡泵、埋油气层，吸入口位于油气层下界之下，吸入口有绕丝管保护，保证排水采气生产。无偏磨问题，设备无杆、无运动件，适应斜井、水平井。维护方便，作业免修期长，正常情况下检泵周期在一年及以上。使用寿命长，机组主要部件均采用特殊材料，目前平均寿命在4年，最长的已达10年。

3）同心管射流泵排水采气工艺生产要求

同心管射流泵排水采气工艺设备，依据所在气井在排水采气生产过程中的产气量、产水量、井底流压、液面深度、井口回压和动力液压力等参数，根据生产要求，进行生产参数调整（图3-1-6）。生产过程中应控制井底流压降低速度，以防止地层砂流出地层。取全取准产气量、产水量、井底流压、液面深度、井口回压和动力液压力等各项生产资料，及时根据实时数据资料调整生产参数。同心管射流泵系统额定压力为35MPa，生产过程中工作人员要穿戴好劳保用具，非工作人员不得进入现场，所有人员不得随意进入高压区，防止发生危险。井场内严禁吸烟和明火，做好安全防喷防火工作。

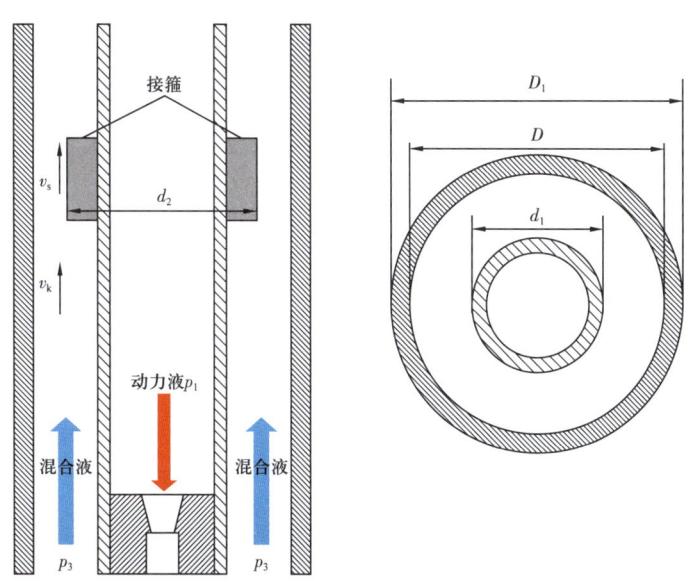

图3-1-6　同心双管管柱结构示意图

d_1—内管外径；d_2—接箍处内径；D—外管内径；D_1—外管外径

三、工艺流程

水力射流泵排水采气是一个独立井场动力站系统，由地面动力装置和地面净化装置组成，设备主要包括多缸泵、电动机、动力液罐、气液分离器、固体分离器，图3-1-7为射流泵地面布局示意图。

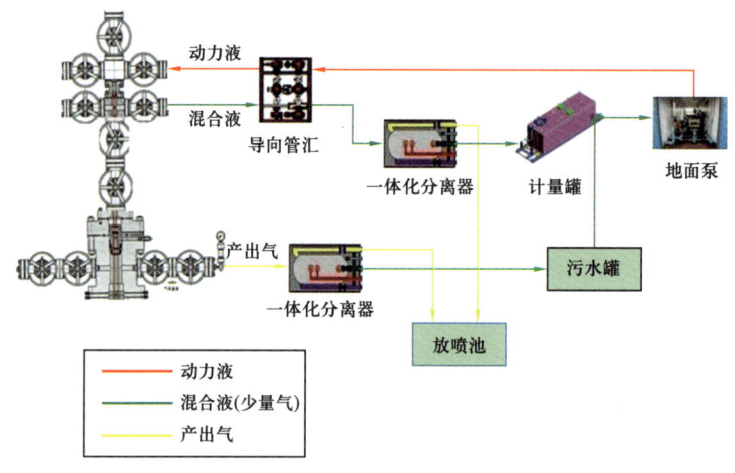

图3-1-7 射流泵地面布局示意图

由地面动力泵出来的动力液从油管进入井下，在井下泵内与井内流体混合后，从套管返出地面后进入一级气水分离器，分离后的液体进入地面净化系统的立罐，再通过旋风分离器将大颗粒固体去掉后进入卧罐，作为地面动力液供给地面泵，立罐和卧罐中多余的液体可通过差压阀和回压阀进入二级分离器后排入污水池（图3-1-8）。从一级分离器出来的气体在二级分离器中再次分离，气体进入输气管线外输，少量液体排入污水池。井口控制阀可方便地改变动力液进入井下的通道，即从套管进入油管返出，将井下泵返出地面[71]。

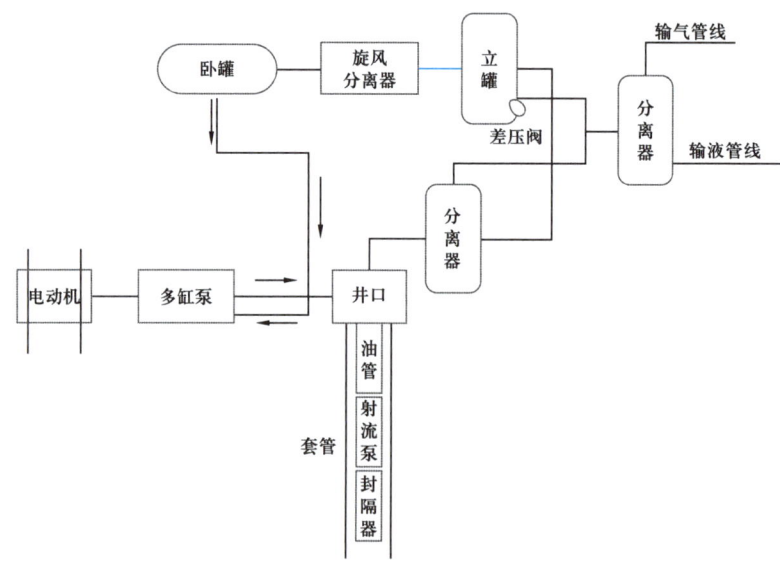

图3-1-8 水力射流泵排水采气工艺流程示意简图

1. 水力射流泵排水采气的工艺设计步骤

（1）计算地面泵在最高工作压力下能提供的动力液量；
（2）根据多相流关系式由井口压力向下计算喷嘴上游压力；
（3）计算在预计排水量下的井底流压；
（4）由井底流压从下向上根据多相流关系式计算泵的吸入压力；
（5）计算出射流泵的喷嘴面积，根据计算数据选择标准喷嘴；
（6）计算出泵的最小汽蚀面积，并计算出喷嘴与孔道的面积比；
（7）选择标准孔道，可得到孔道面积与喷嘴孔道面积比；
（8）假定吸入压力；
（9）计算井的产水量；
（10）计算泵的汽蚀流量和泵的吸入功率；
（11）计算实际动力液量和喷嘴上游压力；
（12）计算泵的吸水量和流体返出压力；
（13）比较和预先假定产量是否接近，否则回到第（1）步，直至迭代误差在允许范围内，最终确定排水量；
（14）计算地面泵的实际需求功率；
（15）计算泵效；
（16）计算结果。

图3-1-9所示为射流泵下泵深度计流程框图。

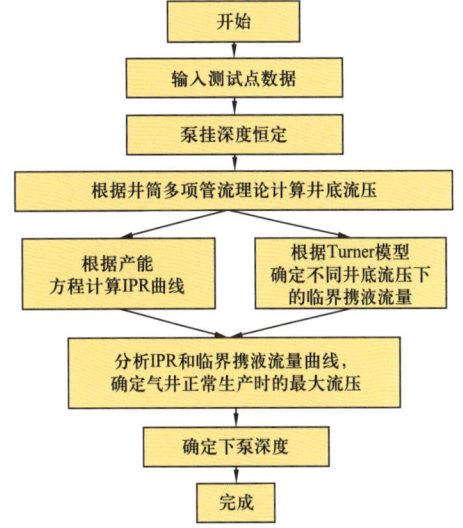

图3-1-9　射流泵下泵深度设计流程框图

2. 选井原则

为防止汽蚀，射流泵排水采气工艺必须有较高的沉没度和较高的吸入压力，气水比也不能太大，所以射流泵排水采气时应满足下述条件：

（1）井底流压≥6MPa；
（2）排液量≤350m³/d；
（3）产气量≤5×10⁴m³/d；
（4）适用井温≤120℃；
（5）泵挂深度≤3500m；
（6）工作介质：油、气、水混合物，其中H_2S含量≤100/m³，水的矿化度≤50g/L。

四、应用情况

1. 同心双管射流泵排水采气工艺在SN11-40H1井的应用

1）试验井概况

SN11-40H1井位于陕西省定边县砖井镇任圈村，补心海拔1396.91m。该井位于苏里格气田南部苏110井区，同井场有SN11-40井和SN11-40C1井。该井处于石盒子组盒$_8$河道主砂带上，砂体局部连续性好，平面分布范围有限（图3-1-10）。

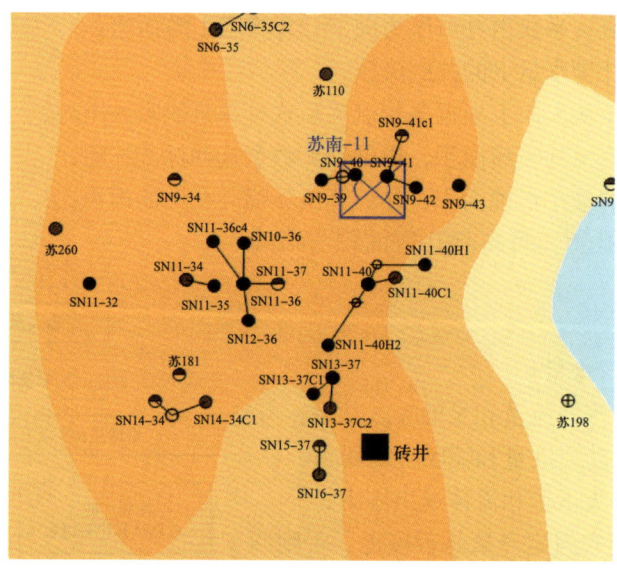

图3-1-10 SN11-40H1井平面位置及盒$_8$砂体厚度图
图中颜色越深处砂体厚度越厚

2014年3月8日投产，生产层位盒$_8$段，初期油压和套压为4.6MPa/16.8MPa，日均产气量为$6×10^4m^3$，日均产水量为$85m^3$；因气井产水严重造成气井无法正常生产，目前长关短开间歇生产，开井日产气量为$0.3×10^4m^3$，油压/套压为2.25/2.95MPa，累计产气量为$192×10^4m^3$，累计产水量为$2048m^3$，水气比为$10.68m^3/10^4m^3$。

2）现场试验情况

同心双管射流排采工艺现场试验所需工具、物料和设备于2021年5月上旬开始陆续到位，至6月初完成修井作业。现场试验自7月5日正式投产运行，至11月9日气动射流泵现场试验结束（表3-1-2）。

表3-1-2 SN11-40H1井同心双管射流泵排水采气工艺现场试验进度一览表

序号	时间	内容
1	2021-5-10	完井工具、1.9in油管、井口配套、地面配套设备等发运至现场
2	2021-5-18—2021-6-1	修井作业：下完井管柱、试压、安装采气树等
3	2021-6-2—2021-6-30	地面配套设备安装、流程管线连接、试压、验收等
4	2021-6-30—2021-7-4	系统调试与设备试运行
5	2021-7-5	通过项目验收，液驱射流排水采气工艺投产运行
6	2021-7-5—2021-9-15	液驱现场试验，泵芯组合/喷嘴直径/喉管直径：2.57mm/4.36mm、2.88mm/4.88mm
7	2021-9-28—2021-11-9	气驱现场试验，泵芯组合/喷嘴直径/喉管直径：4.02mm/12.5mm、4.02mm/19mm

现场试验期间，累计产液 3200m³，累计产气 39.3×10⁴m³。其中，液动射流泵试验 63 天，期间累计产液 2350m³，累计产气 25.5×10⁴m³；气动射流泵试验 16 天，累计产液 850m³，累计产气 13.8×10⁴m³。

3）液动射流泵试验分析

液动射流泵累计生产 63 天：7 月 5 日至 9 月 15 日（8 月 2—9 日，11 号站检修停）、10 月 13—21 日（压缩机未到位继续液动试验），注入压力为 26～28MPa，日产液 30～50m³（图 3-1-11），累计产液 2350m³，累计产气 25.5×10⁴m³。

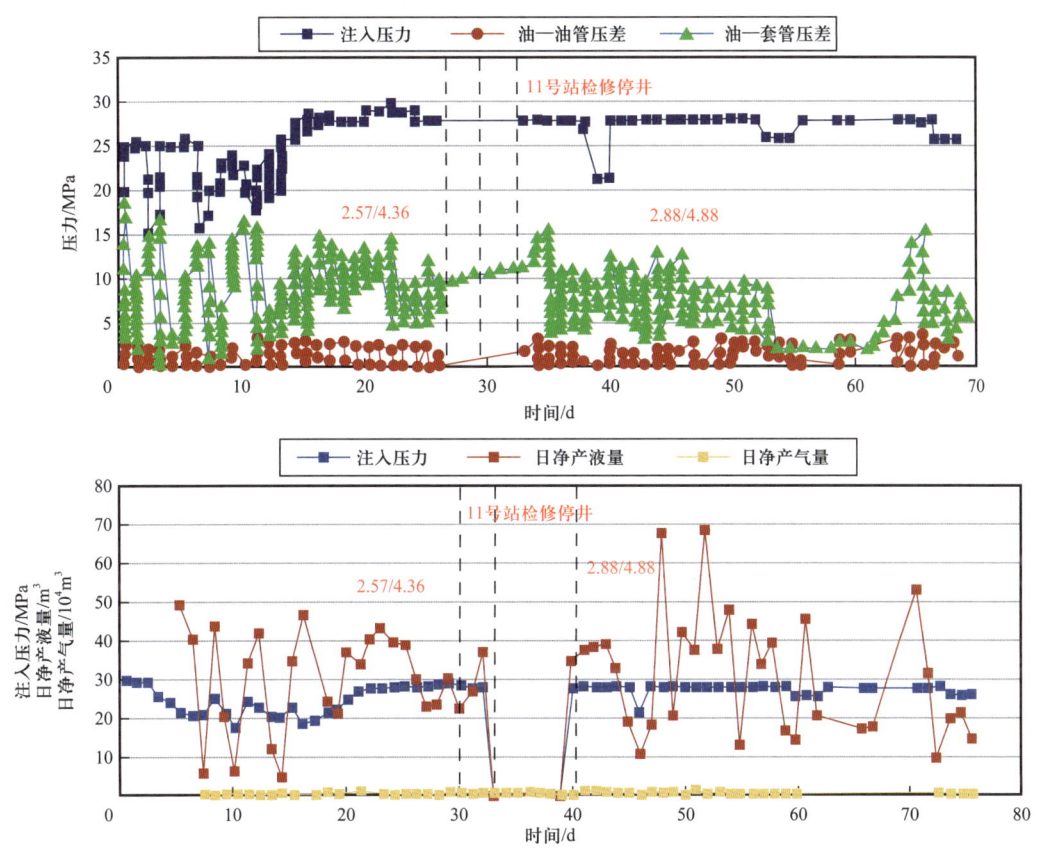

图 3-1-11　液动射流泵试验生产曲线

（1）第一阶段。

采用喷嘴直径 2.57mm/喉管直径 4.36mm 的泵芯组合一，动力液注入压力为 26～28MPa，日均产气量 5635m³，日均产液量 30.2m³，累计产气 12.4×10⁴m³，累计产液 931.2m³。通过特性曲线查找其效率为 20%～21%（图 3-1-12）。

（2）第二阶段。

采用喷嘴直径 2.88mm/喉管直径 4.88mm 的泵芯组合二，动力液注入压力为 28～26MPa，日均产气量 3993m³，日均产液量 35.5m³，累计产气 13.1×10⁴m³，累计产液约 1420m³，其效率为 22%～23.5%（图 3-1-13）。

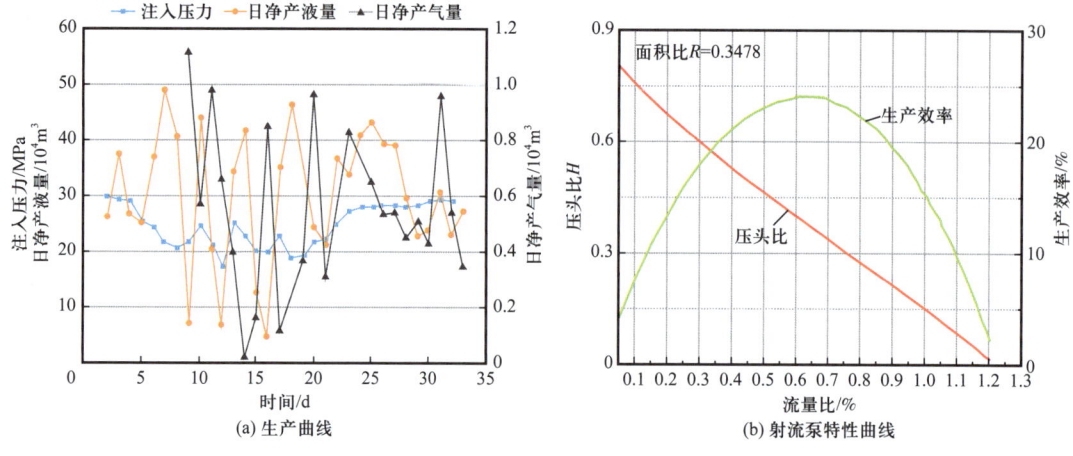

图 3-1-12　SN11-40H1 井液动射流泵试验第一阶段

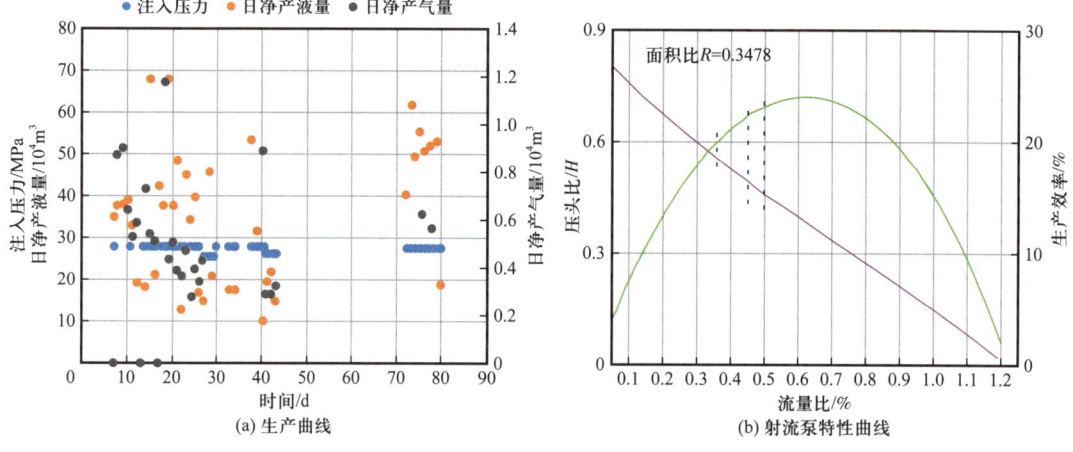

图 3-1-13　SN11-40H1 井液动射流泵试验第二阶段

（3）不同阶段对比分析。

试验井液动生产过程分两个阶段：第一个阶段采用 2.57mm/4.36mm 泵芯组合一进行生产，第二阶段采用 2.88mm/4.88mm 泵芯组合二进行生产，通过生产数据分析（表 3-1-3），在生产制度相同、泵吸入口压力较大的条件下，泵芯组合二具有更好的适应性，其流量比（0.5 左右）、注入产出比（2.1 左右）均优于前一阶段。

通过射流泵特性曲线，可以直观地体现出两种泵芯组合的生产特点。各个阶段数据比较集中说明生产均较为稳定。第二阶段生产效率为 22%～23.5%，要略优于第一阶段的 20%～21%（图 3-1-14）。

（4）动液面数据比较。

根据特性曲线，对生产过程中的动液面数据进行了拟合与液面测量仪测量数据进行对比（表 3-1-4），其中最大绝对误差为 20.85%，最小值为 0.71%，平均绝对误差为 8.25%。通过对比，测量仪数据与拟合数据匹配较好，均具有一定的参考价值。图 3-1-15 所示为试验现场安装的气井动液面测量仪。

表 3-1-3 SN11-40H1 井生产数据分析表（部分）

喷喉组合	日期	日运行时间/h	注入压力/MPa	注入液量/(m³/d)	油—油压力/MPa	日净产液量/m³	流量比	折算日产液量/(m³/d)	注入/产出比
2.57mm/4.36mm	7月22日	24	28.1	108.3	1.7	40.6	0.375		2.67
	7月23日	24	28.1	109.7	2.17	43.3	0.395		2.53
	7月24日	24	28	107.5	2.14	39.5	0.367		2.72
	7月25日	24	28	107.7	1.99	38.9	0.361		2.77
2.88mm/4.88mm	8月17日	24	28	131	1.085	68	0.519	68	1.93
	8月18日	11	28	60	1.3	21	0.35	45.8	2.86
	8月19日	15	28	82	1.4	42	0.512	67.2	1.95
	8月20日	16	28	81.8	1.46	37.9	0.463	56.9	2.16
	8月21日	24	28	128	1.67	68	0.531	68	1.88
	8月22日	14	28	73	2.41	38	0.521	65.1	1.92
	10月16日	22	28	106	1.5	56	0.528	61.1	1.89
	10月17日	21.5	28	101	1.46	51	0.505	56.9	1.98
	10月18日	21.5	28	105	1.67	52	0.495	58	2.02
	10月19日	16	28	75	1.23	41	0.547	61.5	1.83
	10月20日	22	28	106	1.98	53	0.5	57.8	2

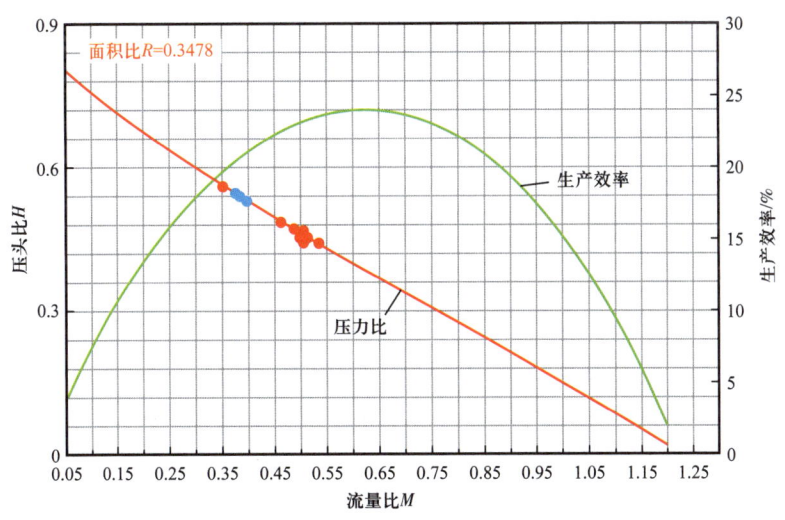

图 3-1-14 液动射流泵两个生产阶段生产效率对比图
（红色：2.88mm/4.88mm，绿色：2.57mm/4.36mm）

表 3-1-4 动液面拟合值与测量值对比表

日期	拟合液面/m	测量液面/m	绝对误差/%
7月22日	2949.52	2678	10.14
7月23日	2664.68	2460	8.32
7月24日	2697.43	2425	11.23
7月25日	2731.74	2425	12.65
8月17日	2380.73	2337	1.87
8月18日	2421.92	2004	20.85
8月19日	2401.86	2419	0.71
8月20日	2149.47	1836	17.07
8月21日	2236.68	2341	4.46
8月22日	1964.58	2094	6.18
10月16日	2738.43	3105	11.81
10月17日	2087.91	2061	1.31
10月18日	2596.35	2757	5.83
10月19日	2037.06	2073	1.73
10月20日	2503.74	2771	9.64

图 3-1-15 试验现场安装的气井动液面测量仪

4) 气动射流泵试验

累计生产 16 天：9 月 27—29 日（10 月 1—7 日停井，10 月 8—12 日待设备，10 月 13—21 日

液动生产），10月27日至11月9日。最高日产气量16800m³，日产液量53.1m³。试验期间累计产气13.8×10⁴m³，累计产液850多立方米。通过试验证明，大直径喷喉与喉管组合在排水采气上是有效的，其效率较气举提升50%以上（图3-1-16和图3-1-17）。

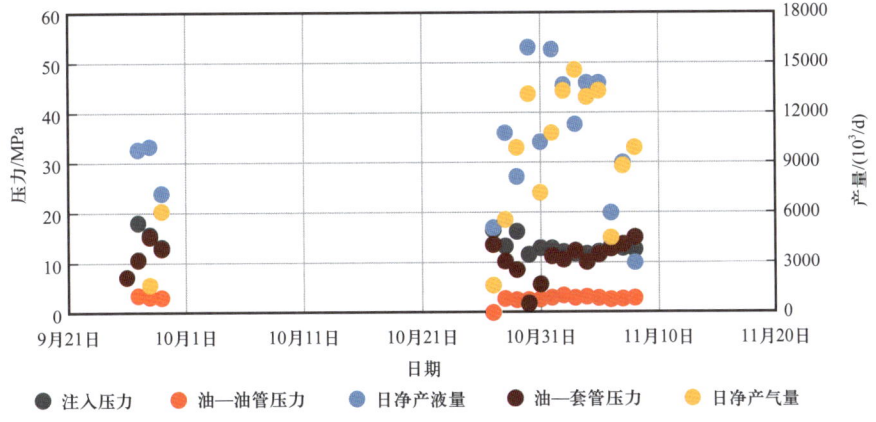

图3-1-16　射流泵气驱试验生产数据散点图

图3-1-17　气驱生产设备与管线连接图

5）现场试验结果分析

通过试验井现场试验的开展，同心双管射流排采工艺实现了试验井的连续产水与生产，证明工艺对于气井排水采气是适用的。

2.同心管柱射流泵排水采气工艺在苏77区块的应用

如图3-1-18所示为配制射流泵工艺参数流程图。

已知喷嘴/喉管尺寸，设计能达到特定产液量需求下的井口注入压力、注入动力液量及泵效等参数（步骤1～步骤15）。

在特定的产液量要求情况下，设计泵效最高时的喷嘴/喉管尺寸、井口注入压力、注入动力液量及泵效等参数组合（步骤1～步骤16）。

在特定喷嘴/喉管尺寸和井口注入压力情况下，设计能实现的最大产液量（步骤1～步骤12）。

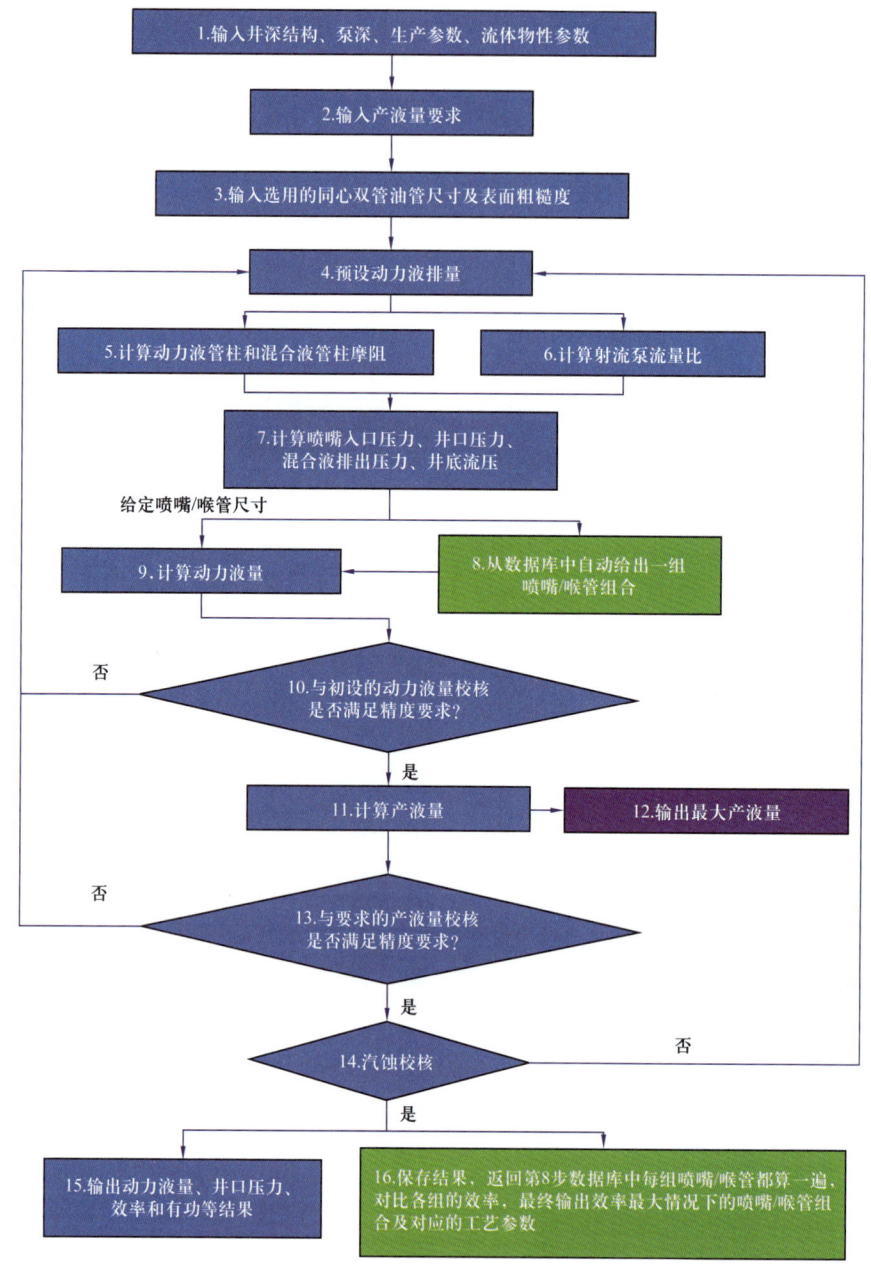

图 3-1-18　配制射流泵工艺参数流程图

同心管射流泵排水采气工艺流程在所选的 4 口井现场都已经安装完成,并生产了 1 年以上,排水采气效果显著。现场产水由分离器标产计量,产气由气体流量计计量,各井累计产水与产气量见表 3-1-5。气井在应用同心管射流泵排水采气工艺后,产气量由此前的零产量快速恢复,增产效果明显。同心管射流泵排水采气工艺很好地解决了苏 77 区块井底积液严重的问题,使水淹井复产,并可以实现扬程 3000m 井的持续生产,但在现场生产时出现井下管柱结垢情况,影响了气井连续生产。针对管柱结垢这一问题,采用地面水处理技术防止射流泵结垢，套管内加注缓蚀阻垢剂，有效地延缓了结垢问题，提高了运行效率。目前，同心管射流泵排水采气工艺是长关井项目中，实施效果较显著，气井复产较快的工艺技术。

表 3-1-5 苏 77 区块同心管射流泵排水采气工艺施工累计产水与产气统计表

井号	累计产水量/m^3	累计产气量/m^3	平均日产气量/m^3
S77-10-39	702.9	591232	1500
S77-8-40	573.2	1773276	4930
S77-9-37	533.4	1088183	3000
S77-7-8	939.44	742214	1556

3. 射流泵排水采气工艺在长庆气区的应用

射流泵排水采气工艺目前在长庆气区已在 3 口井应用，排水采气效果显著，很好地解决了区块井底积液严重的问题，使水淹井复产，并可以实现扬程 3000m 井的持续生产。以陇 A 井为例。

1）设计要求及基本参数

（1）基本参数。

设计泵下深 2500m（考虑到内管油管强度，泵挂深度设计为 2500m），目标排量 20~150m^3/d；

采气井口装置：KQ65/78；

管柱结构类型：同心管柱；

起下方式：投入式；

循环方式：正循环。

（2）射流泵技术参数。

型号：SPB3.5×1.9×2；

泵工作筒最大钢体外径：ϕ102mm；

沉没泵最大钢体外径：ϕ37mm；

适用油管：外管 ϕ89mm，内管 ϕ48mm；

扬程范围：≤3000m；

排量范围：0~150m^3/d；

适用温度：≤150℃。

2）现场试验效果

2020 年 6 月试验投运，下泵深度 3250m。液面高度持续下降，排液增产效果显著。日均增产 4600m^3，日均产液 32m^3，日最高产液 115m^3，累计产气 38.4×10^4m^3，累计产液 2800m^3，试验前后生产情况对比见表 3-1-6，试验后采气曲线如图 3-1-19 所示。

表 3-1-6　苏 77 区块同心管射流泵排水采气工艺试验前后生产情况对比

项目	油压/MPa	套压/MPa	产气量/(m³/d)	产液量/(m³/d)	累计产气量/10⁴m³	累计产液量/m³	累计液气比/(m³/10⁴m³)	稳产时间/d	备注
试验前	2.2	2.95	—	—	192	2048	10.6	—	关井
试验后	2.9	14.5	6839	26	24.2070	1658.51	68.5	52	2021-6-30试验开始

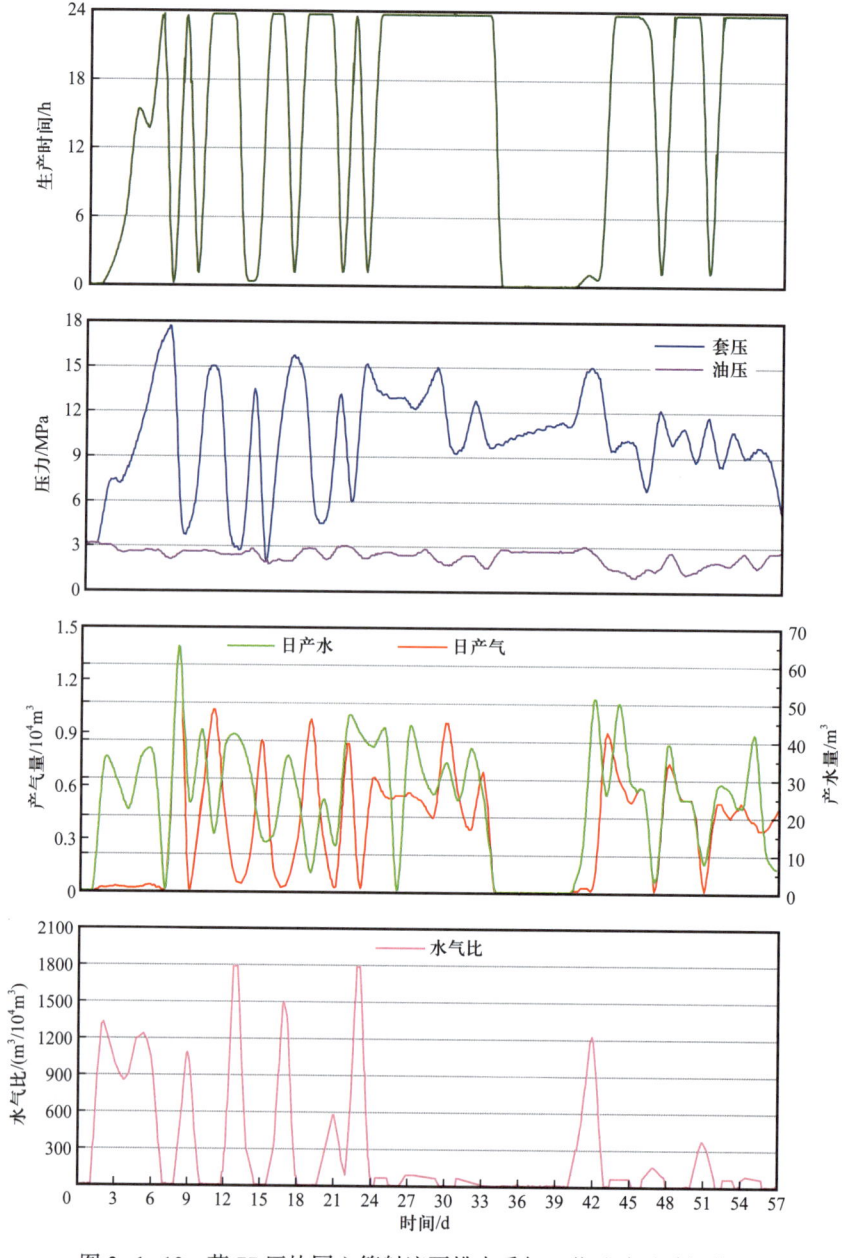

图 3-1-19　苏 77 区块同心管射流泵排水采气工艺试验后采气曲线

五、工艺适用性

结合上述对射流泵强排工艺相关机理的调研,射流泵排水采气的排水适应范围如下所述。

为了避免汽蚀,射流泵排水采气工艺必须具有较高的沉没度以及较高的吸入压力,因此该工艺应具备以下条件:

(1)井底流动压力不低于 6MPa;
(2)排液量不超过 350m³/d;产气量不小于 5.0×10^3 m³/d;
(3)气水比也不能太大;
(4)适用井温在 120℃以下;
(5)泵挂深度不超过 3500m;
(6)地面泵功率为 22.0~460.0kW;
(7)H_2S 含量不大于 100g/m³,水的矿化度不大于 50g/m³。
(8)射流泵举升效率高,检修时不需起出油管,现场只需更换喷嘴和喉管。在水平井中适用于倾斜角大的气井。现场试验表明,油管造斜率不超过 20°/30.48m 时起下不会出现任何问题。

结合射流泵强排工艺在长庆油田现场应用实例来看,可以得出如下认识(表 3-1-7):总体上看,无论是液体驱动还是气体驱动,射流泵排水采气工艺均可满足试验井的生产需求;从现场试验情况看,在获得相同日产液量的情况下,气动射流泵更具优势,具体表现在:从举升方式上看,气动射流泵既具有气举的作用,又兼有射流泵的优势,由于高压气流在管柱中的沿程摩阻损失小,因此注入压力要小得多;气动射流泵可有效避免管柱结垢现象的发生以及对起泵芯作业的影响;在气源充足的情况下,地面流程较简单;但是,相较于气动射流泵,液动射流泵工艺更加成熟,配套更完善,也具有更好的成本优势。

表 3-1-7 液驱与气驱射流泵排水采气工艺适应性分析参数列表

参数	液驱射流泵	气驱射流泵	说明
工作压力	35MPa	8~35MPa	基于 N80 油管(ϕ76mm 或 ϕ88.9mm)强度限制
工作流量	60L/min	1.5×10^4~4.5×10^4 m³/d	液体柱塞泵基于 350 型压裂车;气体压缩机基于 290kW 往复式
排液量	400m³/d (下泵深度 500m)	200m³/d	液驱主要受地面动力源功率限制;气驱主要受返排通道临界携液流量限制
下泵深度	4500m (排液量 90m³/d)	4000m	主要受管柱强度与地面动力源功率限制
井底压力	最低 6MPa	10MPa	受节流喷嘴临界流速影响,保证正常吸入

第二节　机抽强排工艺适应性评价

一、工艺原理

抽油机是一种基于机械降压原理的设备，抽油机排水采气技术是通过驱动井下深井泵的柱塞上下运动，将旋转运动转化为抽油杆的往复运动，不断抽汲并排出井筒内积液，恢复气井生产。深井泵工作原理如图 3-2-1 所示。

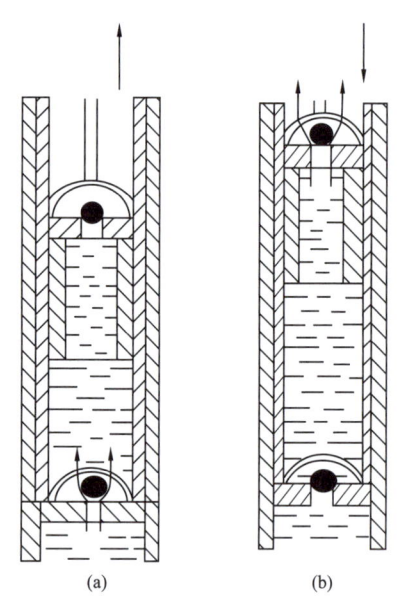

图 3-2-1　深井泵工作原理示意图

如图 3-2-1 所示，柱塞向上运动时，安装在柱塞上的游动阀受上部液柱的压力作用而关闭，柱塞上部的液体则随柱塞向上运动，与此同时，安装在泵筒底部的固定阀在柱塞向上的抽吸作用下，泵腔压力变小而被打开，井筒内的液体由此进入泵筒内。在柱塞向下运动时，柱塞挤压泵筒内的液体，使泵筒底部的固定阀关闭，泵筒内压力回升使得柱塞上的游动阀打开，泵筒内的液体通过游动阀进入柱塞上部油管内，此时液体的全部重量都压在固定阀上。柱塞随着抽油杆不断地上下往复运动将液体不断提升到地面（图 3-2-1 中箭头方向即为柱塞运动方向）。

在需要排水的气井中，首先将深井泵连接在油管上并下放到井内适当的深度，将柱塞连接在抽油杆下端，通过安装在地面的抽油机带动油管内的抽油杆不停地作往复运动。上冲程，泵的固定阀打开，排出阀关闭，泵的下腔吸入液体，油管向地面排出液体。下冲程，固定阀关闭，排出阀打开，柱塞下腔吸入的液体转移到柱塞上面进入油管。抽油机装置不停地将地层和井筒中的液体从油管排到地面，井筒中的液面将逐渐下降，结果降低了井筒中液体对气层的回压。产层气则向油套环形空间聚积、升压，当套压超过输压一定值后，即可将套管内的天然气通过地面气水分离器进入输气干线到用户，这样就实现了气井抽油机排水采气的目的[73]。图 3-2-2 所示为机抽排水采气结构图。

机抽排水采气抽汲参数确定方法如下[74]：

用加速度因子（C）计算初选冲数（N），加速度因子由式（3-2-1）计算：

$$C = \frac{SN^2}{1790} \quad (3\text{-}2\text{-}1)$$

式中　N——抽油机的冲数，次/min；
　　　S——抽油机的冲程，m；
　　　C——加速度因子。

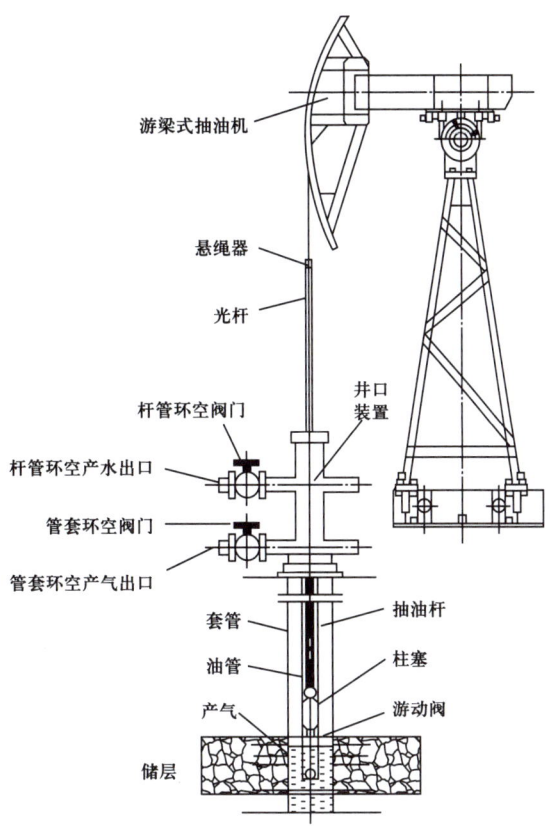

图 3-2-2 机抽排水采气结构图

泵径计算：

$$D_{pi} = 0.0297\sqrt{\frac{Q_w}{SN\eta\rho_1}} \qquad (3-2-2)$$

式中 Q_w——理论排液量，m^3/d；
　　　ρ_1——井液密度，t/m^3；
　　　η——泵效（一般取 50%）；
　　　D_{pi}——泵径，mm。

理论排量计算：

$$Q_1 = 1440 A_p SN \qquad (3-2-3)$$

$$A_p = \frac{\pi(D_{pi} \cdot 10^{-3})^2}{4} \qquad (3-2-4)$$

式中 Q_1——理论排量，m^3/d；
　　　A_p——泵截面积，m^2。

机抽三级杆柱设计方法如下：

$$X_1 = \frac{W_{\max}}{B} \cdot \frac{d_1^2 - d_2^2}{d_1 d_2} \quad (3-2-5)$$

$$X_2 = \frac{W_{\max}}{B} \cdot \frac{d_2^2 - d_3^2}{d_2 d_3} \quad (3-2-6)$$

$$X_3 = 1 - X_1 - X_2 \quad (3-2-7)$$

其中

$$B = 0.065878 L(1 - 0.128 \rho_L + 0.225) \quad (3-2-8)$$

式中 X_1，X_2，X_3——各级抽油杆长度比例；
d_1，d_2，d_3——各级抽油杆直径，mm；
$W_{\max}$——悬点最大载荷，kN；
L——泵深，m；
ρ_L——油管内液体相对密度。

二、工艺特点

1. 机抽排水采气工艺优点

该工艺装备简单、可靠，可用天然气和电作动力，易于实现自动控制，以实现有人管理，无人操作；设计简单、成熟；可使设备多井运移；工艺井不受采出程度影响，并能把气水井采至枯竭。

2. 机抽排水采气工艺缺点

需要深井泵、抽油机、抽油杆，初上机抽设备投资较大，动力装置的配套在目前阶段困难较大；受井斜、井深和硫化氢影响较大，泵挂深度和排液量均受限制；鉴于气水井与油井性质差异较大，如气体干扰使泵效降低，抽油杆和泵易损坏，尚未完全解决[75]。

3. 机抽排水采气技术改进

结合致密气田低成本开发需要，采用空心抽油杆对机抽工艺进行了改进，形成机抽—速度管复合排水采气工艺。机抽排水采气是气田进入中后期维持气井生产的重要措施之一。其工作原理与抽油相同，区别是从油管排水、油套环空采气[76]。

为了实现速度管柱和机抽排水采气，根据速度管柱和机抽排水采气的各自特征，使用空心抽油杆对机抽工艺进行了改进，改进后的结构如图3-2-3所示。工作原理如下：当井筒积液严重需进行机抽排采时，阀门和单流阀为关闭状态，流体则通过小四通进入外输管线，实现机抽排采；当机抽强排一段时间后，若积液减少，则停止机抽，打开阀门和单流阀，利用空心抽油杆尺寸小的特点，实现速度管柱排采，此时井内流体可同时从小四通和高压软管进入外输管线。

为避免气锁发生,机抽—速度管复合排水采气工艺使用了空心防气排水采气专用泵,如图 3-2-4 所示。防气泵是在普通抽油泵基础上改进而来,是排水采气专用泵,它用环形承载阀替代了普通抽油泵的上游动阀,因此承载阀的启闭不但受油管内液压的作用,同时还受到拉杆对它的摩擦力作用,这样提高了环形承载阀启闭的及时性,改善了井液进出泵的状况,大大提高了抽油泵对高气液比油井的适应性,从而提高了抽油泵的抽汲效率。

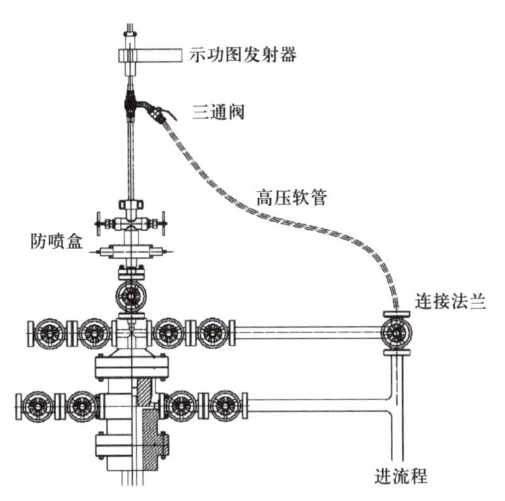
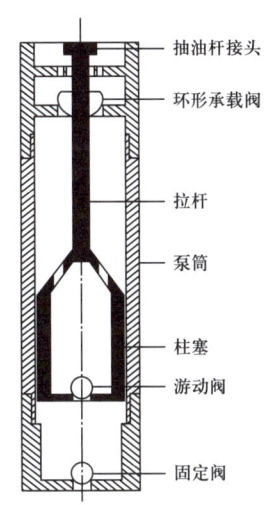

图 3-2-3　机抽—速度管复合排水采气井口示意图　　图 3-2-4　防气泵结构示意图

机抽—速度管复合排水采气工艺有以下特点：一是实现了多种排采工艺的联合使用,增加了工艺的适应性；二是根据气井的产水量多少,可以灵活调整排水采气工艺,无需更换排采设备,降低了调整排采工艺所产生的成本,具有显著的经济效益；三是当气井不需要机抽进行强排而转为速度管柱或其他工艺进行排采时,抽油机可移至其他井口,实现了抽油机的重复利用；四是可采用气举的方式清除井底脏物,减小了"砂卡"导致机抽失效的可能性；五是游动阀及固定阀均由抽油机的动力及空心泵上部空心抽油杆的重力带动以实现强制启闭,避免了由于气锁、砂卡导致游动阀、固定阀无法正常启闭而使机抽失效。

三、工艺流程

油管排水的流程气层水由井下分离器经过分离将气排到油套管环空,将水排到软密封深井泵。地面抽油机连接抽油杆和柱塞。由于抽油机抽吸使水通过油管、油管头、高压三通、油管出口管线到地面排液计量池。气的流程从井下分离器和地层排出的气水混合物经过油套管环空、大四通、高压输气管线进入地面气水分离器。如果压力不够,必须加压生产分离后的气进入干线输送到用户,分离出的水进入排污池。机抽排水采气主要工艺技术参数包括抽油机排量、泵效、泵挂深度、抽油杆组合、抽汲参数等。其工艺设计步骤简介如下[77]：

（1）计算驴头最大载荷、曲柄轴最大扭矩；
（2）抽油机理论排量及泵效的计算；
（3）确定抽油杆组合并进行强度校核；

（4）确定下泵深度；
（5）确定抽油机及抽汲参数；
（6）计算电动机功率。

图 3-2-5 所示为常规有杆泵排水采气工艺流程简图。

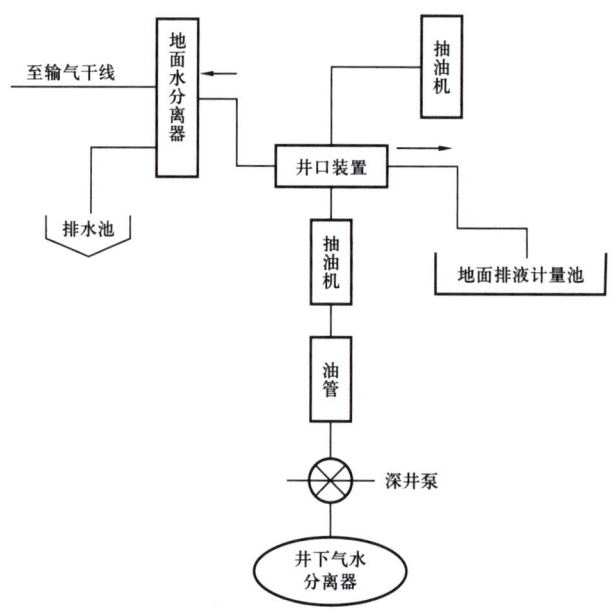

图 3-2-5　常规有杆泵排水采气工艺流程简图

1. 工艺选井原则

抽油机深井泵排水采气工艺适用于水淹井复产、见喷井及低压小产水量气井排水，一般应用条件如下：

（1）排水量 10～100m³/d；
（2）泵挂深度小于 2700m；
（3）产层中部深度 1000～2900m；
（4）压力：目前地层压力为 2.4～26MPa、变产后套管压力为 1.5～20MPa；
（5）温度：小于 120℃；
（6）腐蚀介质：矿化度（Cl⁻含量）为 10000～90000mg/L、二氧化碳不大于 115g/m³、不含硫管串适用于 0～300mg/m³ 的低含硫气井，防硫管串基本使用于 26g/m³ 以下的含硫气井。

2. 工艺参数设计

1）设计思路

对于机抽排采，主要包括抽油机型号规格、泵径、泵挂深度、抽油杆组合、冲程、冲次等参数。抽油机参数设计流程如图 3-2-6 所示。

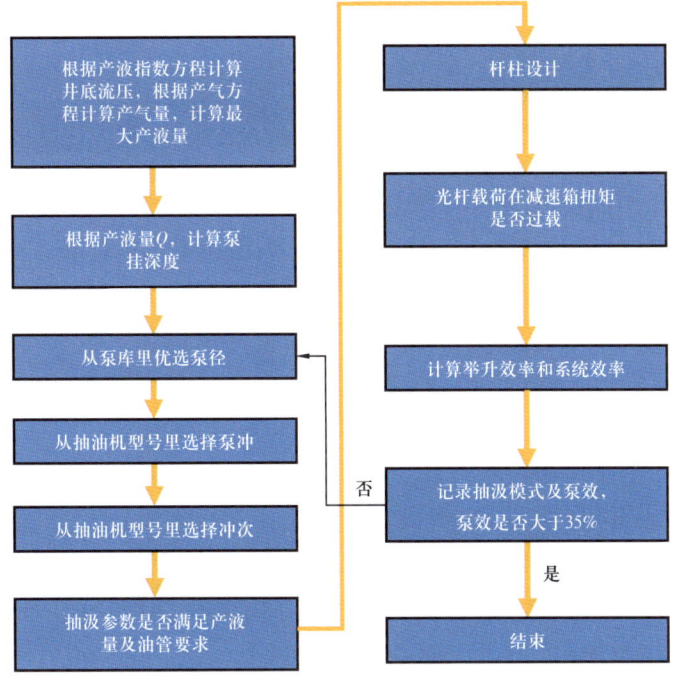

图 3-2-6　抽油机参数设计流程图

2）初期参数设计

现场抽油机型号已经确定，在进行工艺设计时，尽可能让抽油机在最大负荷、最大冲程下工作。根据气井目前地层压力、停产前产水量，应用软件公式进行抽汲参数初选。

3）参数优选

优化重点在优化最大下泵深度和最大冲程最大下深。最大下泵深度是有杆泵工艺优化设计的关键技术，受三方面影响和限制：抽油机驴头悬点最大载荷、减速箱输出轴最大允许扭矩、抽油杆的许用应力。

4）生产阶段预测

第一阶段为油管采液套管不采气。该阶段初期采用发挥采能生产制度，第一阶段井底积液严重，考虑系统整体效率，采用发挥采能排液制度，此阶段井筒油套压反应迅速，运行时，油套压近乎相同。

第二阶段为油管采液套管采气。此阶段实施初见成效，计算井底积液下降到射孔段周围即可进入第二阶段生产。在抽汲过程中预计底层水会进入井中，经过发挥采能制度预计有效抽汲一段时间可将井底积液抽到射孔段附近，从而进入第三阶段生产。

第三阶段为利用空心抽油杆采气。此阶段是通过第一阶段和第二阶段机抽运行，可以得到一定产量，套压明显上升时，开始进入第三阶段生产。预计此阶段气井恢复正常生产，并使得气井通过自身能量将井底积液排出。当气井产量升至临界流速后，即可使用速度管柱工艺。

四、现场应用

1. 机抽排水采气工艺在苏里格气田召××井的应用[78]

1）井区概况

苏里格气田召51区块累计投产气井343口，目前停喷气井46口，其中地层出水严重、井底积液导致长关气井33口，占比71.7%。地层产出水量增多已经成为导致该区块低产井、长关井的主要原因，该区块已从2017年开始探索长关井复产工艺，通过老井气举、查层补孔、速度管柱、储层解水锁等工艺解决了部分低产、长关气井难题，但仍有部分气井无法复产。

2）工艺选择

召××井是2014年投产的直井，井深3055m，产层位于井深2882~2886m处和2903~2907m处，气层套管为ϕ139.7mm，ϕ73油管下深2888m，试气产量为$2.0\times10^4\text{m}^3/\text{d}$，试气产水量为$4.2\text{m}^3/\text{d}$，无阻流量为$3.1\times10^4\text{m}^3/\text{d}$，投产初期采用间歇生产，日生产40~60min，油套压差持续增大，井底积液无法有效排出，2017年2月28日柱塞工艺生产，2天生产40~50min，产水4~6m^3，因地层出水严重，井底逐渐积液，油套压力恢复缓慢，井口放空多次无效，于2018年初停喷停产，累计产气量约$300\times10^4\text{m}^3$。2019年5月测试动液面2200m，产层上方有约680m积液段，积液体积约13m^3。针对召××井井况，开展排水采气工艺论证。分别对比分析泡排、N_2气举、速度管柱和机抽4种工艺（表3-2-1），最终决定采用机抽排水采气复产工艺。机抽排水采气的原理是将深井泵下入井筒液面以下的设计深度，利用抽油杆带动深井泵柱塞，在泵筒内做上下往返抽汲运动，从而达到在油管内抽汲排水，降低液注对井底的回压，达到套管采出天然气的目的，该工艺是解决积液停喷井复产难题的有效技术手段之一。

表3-2-1 苏里格气田召××井机抽排水采气工艺论证表

工艺	适用条件	投入成本	适用性	是否可行
泡排	产水量<13m^3/d；水气比8m^3/10m^3；地层水含油<30%	注剂设备	地层出油，不能有效解决	否
N_2气举	井底积液；气举后气量满足正常携液	气举车	地层持续出水，单次气举不能有效解决	否
速度管柱	实际产量大于速度管柱临界携液流量；井筒通畅	速度管柱	气井停产，不满足速度管柱携液要求油管内卡定器失效，油管不通畅	否
机抽	气井产液量在20~50m^3/d；井深<4000m；优选直井	抽油机、抽油泵、发电机	可持续抽汲、排水，单井单套设备	是

3）机抽排水采气难点

抽油泵应合理下深，抽油泵下深如果泵深选择不当，则会影响整个深抽的效果。根据气井状况和设备能力，选择最佳的泵挂深度和抽汲参数，以保证深井泵有合理的沉没压力，使泵的充满系数尽可能接近 1，以获得尽可能多的排液量；常规密封填料密封性能差。常规密封填料与光杆长期滑动摩擦极易失效，不能长期密封，尤其是在未正常出水前的干磨阶段，密封填料橡胶组件老化严重，导致密封失效，这将造成地层液渗漏，甚至外刺，易引起环保问题和抽油杆柱与抽油机匹配性问题。因为机抽工艺投入设备多，迁移不便，单井实施该工艺是长期、持续过程，抽油杆柱不仅要考虑整体强度，同时要尽可能减少管柱偏磨因素，并且要结合经济性匹配抽油机；气、液如何输送。召 51 区块集输属于低压混输，机抽排液与产气如何有效输送，是该工艺实施前需考虑的问题。

4）解决措施

常见的机抽井口设计如图 3-2-7 所示。由于最终采取环空生产方式，泵挂深度决定最终排水采气效果，所以泵挂位置应最大限度靠近产层顶部，同时管柱下端与产层顶部应留一定的安全距离，防止产层出砂，该井产层顶界面深度为 2882m，因此，选定下泵深度 2877m，泵下设计 20m 的沉砂尾管。

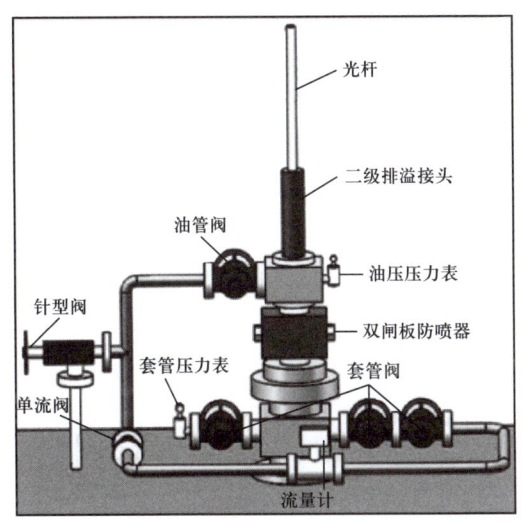

图 3-2-7　机抽井口设计图

为了解决传统抽油机密封填料耐磨性差的问题，设计双级排溢接头，同时中部设计有放空阀，在一级密封失效时，可通过放空阀将渗漏气液混合物排泄至固定容器或下游输气管线。加装双闸板防喷器，用于更换二级排溢接头中的密封组件时密封井口（图 3-2-7）。

套管阀后端安装流量计，流量计后端安装单流阀，用于隔断油管排出的液体，防止液体倒流入井内，井口气、液管线在针型阀前端汇合，通过下游输气管线进入主输气管线，针型阀后端安装紧急切断阀。

根据气井日排水量需求，设计 ϕ38mm 防砂过桥抽油泵，外管上接箍留有沉砂通道，外管与泵筒之间有环形沉砂空间，可存放油管中沉降的泥砂，柱塞体外壁设计有螺旋沉沙槽，可有效防止砂卡。

根据最大应力优化原则，经计算选用 H 级抽油杆三级杆柱组满足现场需求，抽油杆柱设计：抽油泵柱塞 +ϕ19mm 抽油杆 +ϕ22mm 抽油杆 +ϕ25mm 抽油杆 + 光杆。柱塞与中和点之间每根抽油杆加装一只扶正器，为减少运行摩阻，中和点以上每 2 根抽油杆加装 1 只扶正器。

采用 ϕ73mm 全新油管，下深 2869m，下接抽油泵组合。为防止产层泥砂进入抽油泵泵筒，泵下设计 4m 防砂筛管，筛管内部安装气锚，防止气体进入泵腔发生气锁、影响泵效，从而延长检泵周期。油管柱组合：丝堵 + 加厚油管 +ϕ73mm 筛管（气锚）+ 固定阀 + 销钉式泄油器 +ϕ38mm 抽油泵泵筒 + 加厚油管。

经计算最大悬点载荷 12.7tf，需采用 16 型游梁式抽油机，抽油机动力装置为 55kW 燃气发电机。

5）现场实施

召 ×× 井于 2019 年 9 月 15 日完成设备安装工作，正式投入运行，动力装置初始燃气来源于输气管线，该井液面降低油套环空压力升高到 4MPa 后燃气发电机所用气转为该井环空气，发电机配有无极变频控制装置，初始运转冲次 2～2.5 次 /min，冲程 3.2m，平均排量 0.3m^3/h，截至 2019 年 9 月 29 日累计运转 109.5h，排水效果显著，验证抽油泵运行正常，密封完好，套压由 0 上涨至 5.8MPa，试产 2h，产气 2130m^3。

6）认识

机抽排水采气工艺是一种机械排水采气方式，可有效排出井筒积液，针对地层出水量大、依靠地层自身能量无法正常排水低产井、长关井是最为直接的一种解决手段。机抽排水采气影响其最终采收率的关键因素是泵挂深度的合理选定，合理的泵挂深度不仅有利于该工艺的正常实施，同时可最快实现气井复产，防止井下设备砂卡等故障。机抽排水采气工艺投入设备多，设备迁移不便，如何实现设备车载、转移快捷，单套设备实现多井共用将是该工艺的一个发展方向。

2. 机抽排水采气工艺在苏里格气田 Y29 井区的应用

1）实验井积液速度的判断

图 3-2-8 所示为实验气井 2014 年至机抽工艺实施前油套压变化图。通过油套压数据显示可以看出，该井的油套压差有逐渐增加的趋势，说明井底积液越来越多，这是导致气井停产的主要原因。

2）机抽排水采气工艺应用效果评价

对机抽排水采气工艺进行效果分析，结合套压、油压、产气量和产液量生产曲线分析机抽排水采气工艺的效果，如图 3-2-9 所示。

Y29 井于 2018 年 6 月 28 日至 2018 年 10 月 25 日试验生产以来，经过 120 天试运行，工作油压上升至 7MPa 左右。开机 51 天，排液的工作时间为 39 天，不排液工作时间为 12 天，日均排液 12.1105m^3，共排液 472.31m。经施工前几天实际排量计算排液泵效为 66.94%。51 天中均有气体产出，日均产气 0.056×10^{4}m^3，共产气 2.2053×10^{4}m^3。

Y29 井机抽排水采气工艺应用前后数据对比见表 3-2-2。

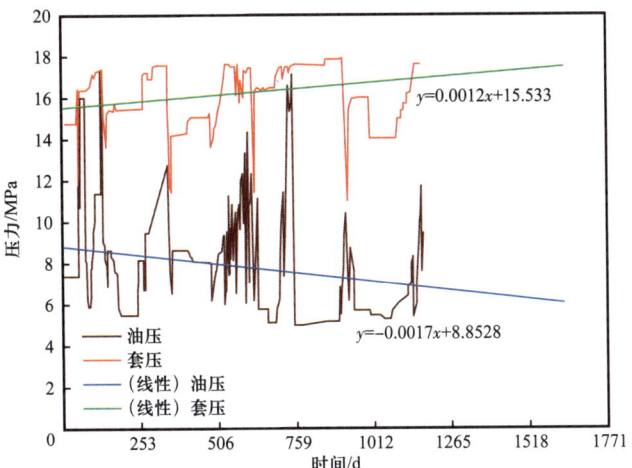

图 3-2-8　实施机抽工艺前油套压变化图

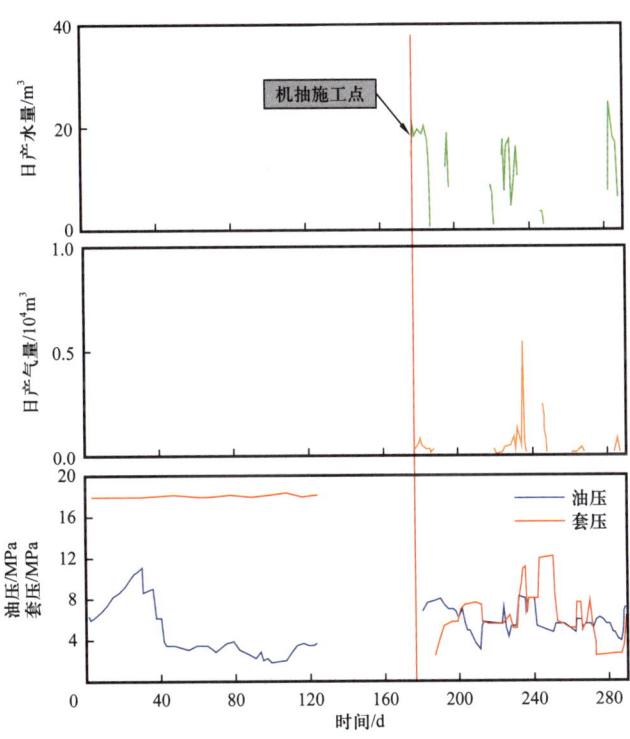

图 3-2-9　机抽排水采气工艺效果分析图

表 3-2-2　Y29 井机抽排水采气工艺应用效果分析表

工艺前			工艺后			累计增气 / $10^4 m^3$	累计产水 / m^3
油压 / MPa	套压 / MPa	日产气 / m^3	油压 / MPa	套压 / MPa	日产气 / m^3		
3.88	18.12	0	7.68	7.72	560	2.2053	472.31

机抽工艺运行之前，实验井的油压为 3.88MPa，套压为 18.12MPa，这表明实验井在机抽运行之前积液严重，事实也是如此。由于井底积液，井无法正常生产。当机抽工艺运行之后，实验井油压升到 7.68MPa，套压为 7.72MPa，日均产气由不生产变为日均产气 560m³。工艺运行期间，累计产气量 2.2053×10⁴m³，累计产水 472.31m³，气井由不采转为间歇生产。这标志着机抽排水采气工艺在这个气田的试验取得初步成功。相对于其他排水采气工艺，机抽排水采气工艺能够通过机抽泵，持续将井底液体带出井筒。

（1）油套压分析：图 3-2-10 所示为机抽排水采气工艺实施期间，机抽生产与否与油套压变化关系图。

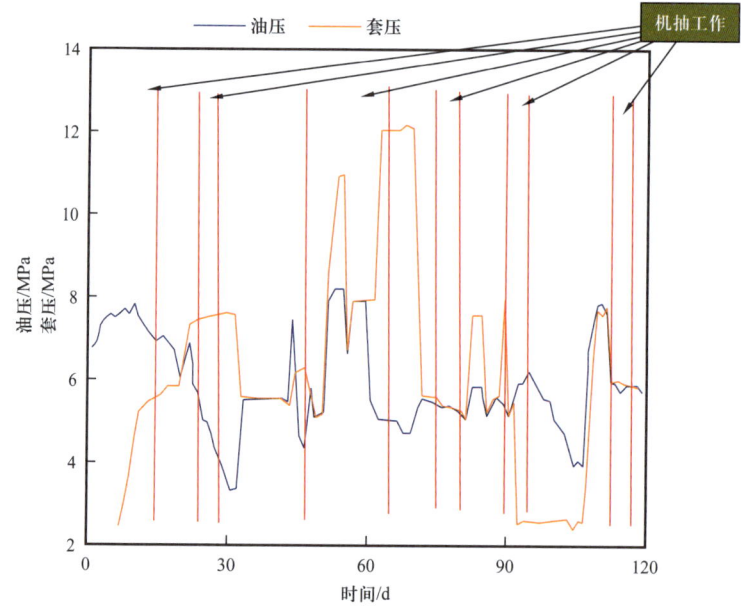

图 3-2-10　Y29 井机抽工艺油套压与机抽工作关系图

可以看出，在工艺运行期间，井筒油套压反应迅速。刚开始运行时，由于工艺对井底液体抽汲的作用，使得油套环空里的液面下降，套压得到升高，而油压则由于泵筒的抽汲而有下降的趋势。由于初期问题较多，导致油套压变化规律不明显。但有效工作期间机抽工艺试验效果良好。前期生产模式以油管挟液、套管采气为主，井底液体减少后，可通过空心抽油杆实现速度管柱生产模式。

（2）产液量分析：Y29 井日产水量分布如图 3-2-11 所示。

Y29 井自 2018 年 6 月 28 日至 2018 年 10 月 25 日试验生产以来，统计 51 天数据，共生产液量为 472.31m³，有效工作时间为 39 天，平均每天抽液 12.1105m³。机抽运行期间，抽液效果良好，平均采液达到正常生产期间出液水平。

Y29 井日产气量分布如图 3-2-12 所示。

Y29 井自 2018 年 6 月 28 日至 2018 年 10 月 25 日试验生产以来，统计 51 天数据，共生产气量为 2.2053×10⁴m³，有效工作时间为 39 天，平均每天抽气大于 0.056×10⁴m³。机抽运行期间，效果良好，气井由不采转为间歇生产。

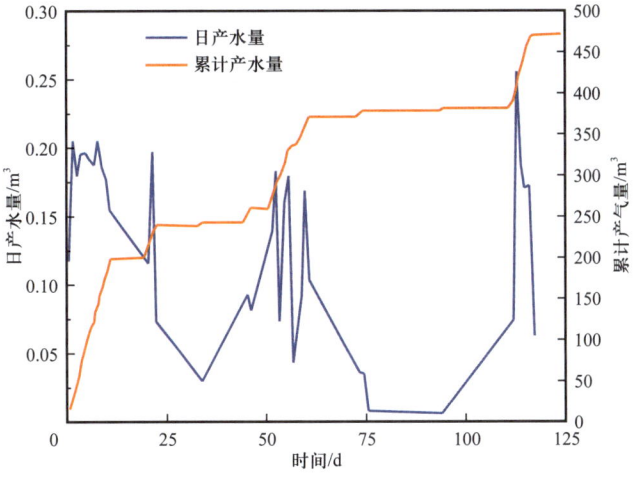

图 3-2-11　Y29 井日产水量分布图

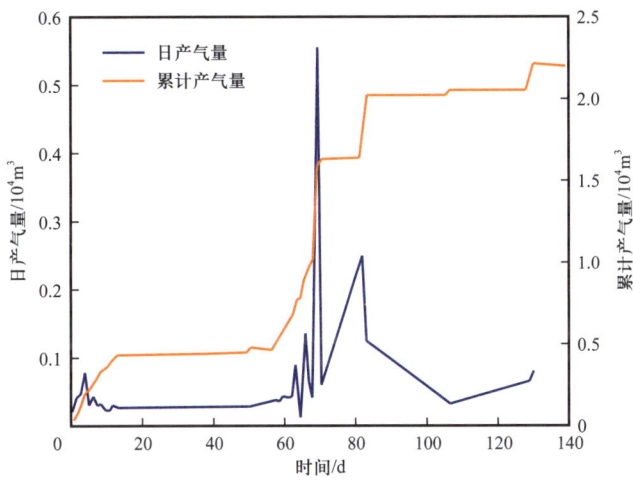

图 3-2-12　Y29 井日产气量分布图

3. 机抽排水采气工艺在长庆气田 X 井的应用

为探索速度管—机抽排水采气工艺的适应性，在长庆气区 X 井进行了试验验证。根据气井参数及地质特点，考虑气井排水采气工艺，泵效按 50% 计算，泵径为 ϕ38mm，最大理论排量达到 32.66m^3/d，最大排液量达到 16.3m^3/d。

X 井于 2018 年 6 月 28 日至 2018 年 10 月 25 日试验生产以来，经过 120 天试运行，工作油压上升至 6MPa 左右（图 3-2-13）。累计排液的工作时间为 34 天，日均排液 15m^3，共排液 472m^3，日均产气 $0.05×10^4$m^3/d，共产气 $2.2×10^4$m^3/d。机抽运行期间，抽液效果良好，平均采液达到正常生产期间出液水平。气井由不采转为间歇生产。通过机抽强排地层水，降低了相对富水区地层压力，影响水体推进方向，提高邻井产能，两口邻井产量由 $2.6×10^4$m^3/d 增至 $6.9×10^4$m^3/d，两口邻井累计增产 $342.3×10^4$m^3，效果明显。该工艺对富水区高效开发具有重要的指导意义，前景广阔。

图 3-2-13　X 井机抽排水采气现场

五、工艺适应性

结合上述对机抽强排工艺技术相关机理的调研,该工艺技术的适应范围如下:

首先,机抽排水采气是气田进入中后期维持气井生产的重要措施之一,具有工艺井不受采出程度的影响、理论上能把天然气采至枯竭、特别适合低压井等特点。

其次,特别是对储层产水量大、动液面高、具有一定产气能力的水淹气井,用泡排、气举等排水采气工艺已经不经济,采用井下分离器、深井泵、抽油机等配套设备排水采气,一次性投入,有效期长。机抽排水采气是气田进入中后期维持气井生产的重要措施之一,具有工艺井不受采出程度的影响、理论上能把天然气采至枯竭、特别适合低压井等特点。

机抽排水采气工艺是针对具有一定产能,动液面较高,邻近无高压气源或采取气举法已不经济的水淹井,采用井下分离器、深井泵、抽油杆、脱节器、抽油机等配套机械设备,进行排水采气的生产工艺。

相较于射流泵适用于直井,机抽排水采气技术多用于在斜井和水平井中。由于可以通过控制动液面控制生产压差,所以也适用于压力敏感气井中。

第三节　电潜泵强排工艺适应性评价

一、工艺原理

电潜泵排水采气是一种高效的举升方式。电潜泵由 7 个部分组成:电机、保护器、分离器、泵、动力电缆、控制柜和变压器。与其配套使用的还有小扁电缆护罩、电缆保护器、传感器、单流阀、泄油阀等[80]。

电潜泵排水采气工艺是将电潜泵井下机组(图 3-3-1)随油管一起下放至井底,将井下积液通过油管排出,降低对井口回压,使气井重新获得正常生产所需要的压差,使其复产的一种排水采气工艺。其工艺原理是通过地面变压器、控制柜将交流电通过动力电缆传至井下电机，在电机的带动下多级离心泵和分离器高速旋转，在井下进行气液分离，水从油管举出地面，气体从油套环空进入输气管线，达到排水采气的目的。

与其他排采工艺技术相比，电潜泵排采工艺具有设备结构简单、效率高、产量大、好控制等优点。在非自喷高产井、高含水井和海上油田应用广泛，是油气藏开采中后期强采的主要手段之一，能有效实现油气田的稳定生产，达到更高经济效益。目前最大泵深2700m；参数可调性高；但经济投入相对较高。对气水比较高的气井，井下气液分离器的分离效率的要求较高。同时对含硫气井受限[81]。

电潜泵相关理论模型如下[82]：电潜泵属于复杂三维不可压缩湍流流动，复杂内部流场控制方程包括连续性方程和动量方程。图3-3-2所示为高温潜油电泵流场区域轴截面三维模型。

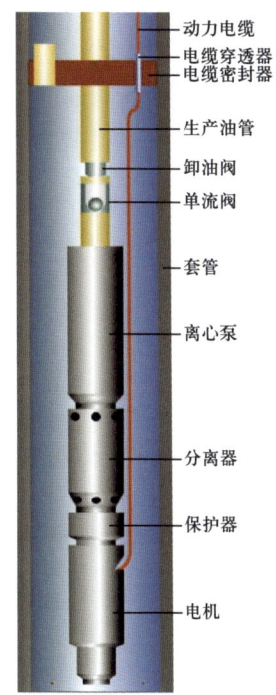

图3-3-1 井下电潜泵排水工具组成及结构图

由连续介质假设可知，流体在所占空间可以认为是连续无间隙充满着整个流动空间，流体质量不会凭空产生和消失。所以根据守恒原理，在流体空间的任意控制体中质量的增加和减少与控制体表面质量流入和流出净值相等。在流体力学中也称为连续性方程，即：

$$\frac{\partial \rho}{\partial t}+\frac{\partial (\rho u_j)}{\partial x_j}=0 \quad (3-3-1)$$

式中 ρ——流体密度，kg/m³；

t——时间，s；

u_j——流体介质在笛卡尔坐标轴 x_j 平行的速度分量，m/s。

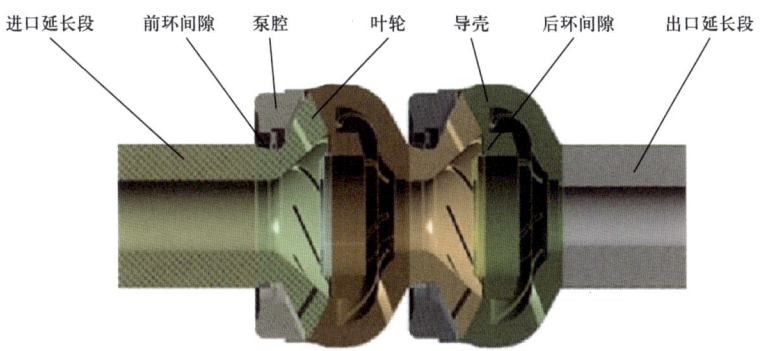

图3-3-2 高温潜油电泵流场区域轴截面三维模型

动量方程在流体力学中也称Navier-Stokes方程（N-S方程）。表示为微元体中动量对时间的变化率等于外界各力对微元体作用之和。表达式为：

$$\frac{\partial(\rho u_i)}{\partial t} + \frac{\partial(\rho u_i u_j)}{\partial x_j} = \frac{\partial \tau_{ij}}{\partial x_j} + F_i \qquad (3-3-2)$$

其中，τ_{ij} 为黏性应力张量，表示为：

$$\tau_{ij} = -p\delta_{ij} + \mu\left(\frac{\partial u_i}{\partial x_j} + \frac{\partial u_j}{\partial x_i}\right) + \lambda\frac{\partial u_k}{\partial x_k}\delta_{ij} \qquad (3-3-3)$$

其中

$$\lambda = -\frac{2}{3}\mu \qquad (3-3-4)$$

式中　p——流体热力学压强，Pa；

　　　δ_{ij}——单位张量（当 $i=j$ 时，$\delta_{ij}=1$；$i \neq j$ 时，$\delta_{ij}=0$）流体黏性系数；

　　　μ——流体的动力黏度，Pa·s；

　　　u_i，u_j，u_k——流体速度的三个分量，表示在三个空间坐标方向上的速度分量，m/s；

　　　x_i，x_j，x_k——空间坐标，表示三个空间方向上的位置，m。

F_i 项为在 i 方向体积力分量，张量表示为：

$$F_i = -2\rho\varepsilon_{ijk}\Omega_j u_k - \rho(\Omega_n u_n)\Omega_i + \rho(\Omega_m u_m)x_i \qquad (3-3-5)$$

式中　u_n，u_m——沿着旋转矢量 Ω_n 和 Ω_m 方向的速度分量。

　　　ε_{ijk}——列维-奇维塔符号，是一个描述在三维空间中张量反对称性质的函数；

　　　Ω_i，Ω_j，Ω_n，Ω_m——旋转矢量的分量，和角速度有关联，单位是秒的倒数，s^{-1}；

质量方程和动量方程可以在笛卡尔坐标系中统一写为如下形式：

$$\frac{\partial(\rho u_j \phi)}{\partial x_i} = \frac{\partial}{\partial x_j}\left(\Gamma_\phi \frac{\partial \phi}{\partial x_j}\right) + S_\phi \qquad (3-3-6)$$

式中　ϕ——通用变量；

　　　Γ_ϕ——扩散系数；

　　　S_ϕ——源项。

泵中湍流在连续时间和空间上随机不规则流动，流场中存在无数大尺度涡和小尺度涡，其中大尺度涡是流场特征涡结构，产生和存在时间长，对流场影响大，而小尺度涡是无序存在流场中。但在实际工程应用中，不必对流场中流动要素随时间推进来详细分析湍流现象，而是更加关注流动要素时均值，对脉动量可以不必过多关注。所以目前在工程中雷诺时均方程被更多的科研人员应用在湍流计算中。时均化后，有：

连续性方程

$$\frac{\partial \rho}{\partial t} + \frac{\partial(\rho u_j)}{\partial x_j} = 0 \qquad (3-3-7)$$

动量方程

$$\frac{\partial(\rho u_j)}{\partial t}+\frac{\partial(\rho u_i u_j)}{\partial x_j}=\frac{\partial}{\partial x_j}(\tau_{ij}-\overline{\rho u'_i u'_j})+F_i \qquad (3-3-8)$$

式中　$\overline{\rho u'_i u'_j}$——时均化后的平均质量；

　　　u_i——流体介质在笛卡尔坐标轴 x_i 的速度分量，m/s；

　　　u_j——流体介质在笛卡尔坐标轴 x_j 平行的速度分量，m/s。

τ_{ij} 表示为：

$$\tau_{ij}=-p\delta_{ij}+\mu\left(\frac{\partial u_i}{\partial x_j}+\frac{\partial u_j}{\partial x_i}-\frac{2}{3}\delta_{ij}\frac{\partial u_k}{\partial x_k}\right) \qquad (3-3-9)$$

时均化后通用方程为：

$$\frac{\partial(\rho\phi)}{\partial t}+\frac{\partial(\rho u_j\phi)}{\partial x_j}=\frac{\partial}{\partial x_j}\left(\Gamma_\phi\frac{\partial\phi}{\partial x_j}-\overline{\rho u'_i u'_j}\right)+S_\phi \qquad (3-3-10)$$

二、工艺特点

电潜泵强排工艺特点：排量范围大，能大幅度降低井底压力，从而增大生产压差。设计、安装较为方便，但经济投入大，不适用于含硫气井。电潜泵一般适合举升以液体为主的产出流体。若产出流体中气体含量较高，且电泵参数设计不合理，将引起气锁。气体会降低泵的扬程，甚至影响流体的产出。

电潜泵排水采气工艺技术关键在于成套机组选型要与储层和流体性能相匹配：

（1）选用电动机质量好、耐温等级适合、抗腐蚀强的变频机组；

（2）电缆的改进：选用耐温等级高，隔极式电缆或铅封电缆；

（3）选用高效气体处理器；

（4）要求供电电源连续可靠；

（5）设计、施工、管理应配套完善[83]。

以普通的工频为前提条件，生产厂家可以利用纯水对各种类型的电潜泵在出厂前进行特性曲线的测试。测试内容主要是得到基于不同的排量扬程、电潜泵泵效以及电潜泵的功率。虽然利用纯水可以将电潜泵特性曲线求解出来，但是真正的现场油田电潜泵抽采过程中，井筒内的多相流体并非纯水那么简单，其中不乏气体含量较高、水含量较高以及高黏度流体含量较高的问题，这就影响电潜泵的特性曲线的走向。因此若想正确使用电潜泵的特性曲线进行生产指导，则必须对其进行校正。为了确保其准确性在充分考虑到以上井筒流体的影响因素之后，做出了电潜泵特性曲线的校正，其特性曲线如图 3-3-3 所示[84]。图 3-3-4 所示为电潜泵特性曲线修正图。

电潜泵的工作特性曲线是在固定转速下，泵在相对密度为 1.0、黏度为 1.0mPa·s 的清水中运转的情况下测得的。但在实际生产过程中，泵可以用来抽取不同相对密度和黏度的多种液体，还可以在不同转速下正常工作。因此，在实际生产中，电潜泵的工作特性曲线有一定不确定性，体现在以下几个方面[85]：

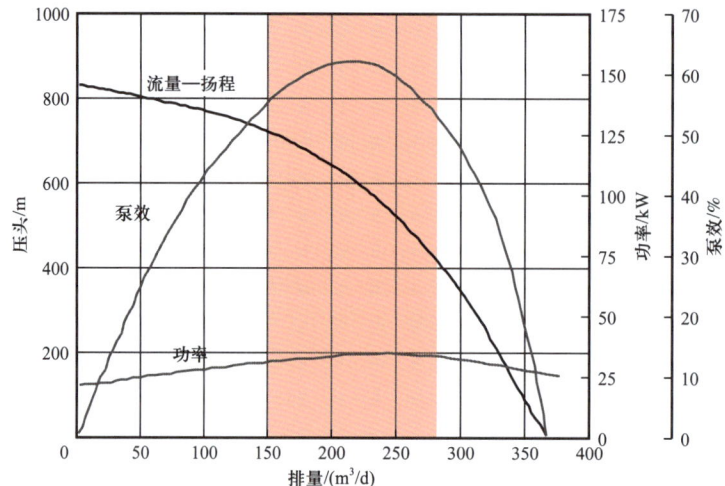

图 3-3-3　典型的电潜泵工作特性曲线

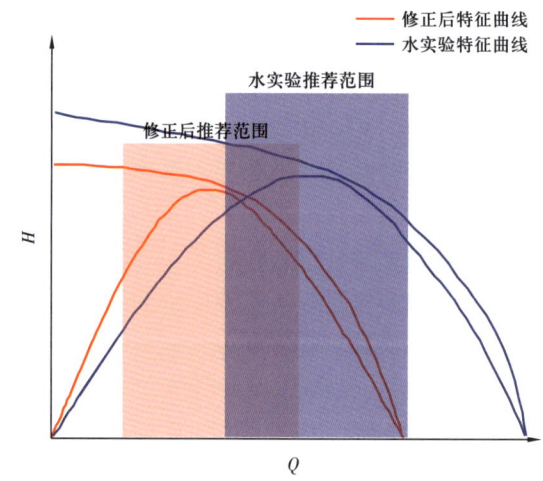

图 3-3-4　电潜泵特性曲线修正图

（1）泵的转速对特性曲线的影响。

泵的转速不会恒久不变，排量会随着转速成正比例关系变化，这时所产生的压头正比于转速的平方；功率则正比于转速的立方；泵效不受转速的影响而改变。

（2）液体的相对密度对特性曲线的影响。

离心泵是一种利用泵缸内容积的变化来输送液体的泵，其产生的压头仅与泵的容积有关，所以压头与相对密度无关；叶轮压头也与相对密度无关；泵的功率会随相对密度的改变而变化，但是其泵效都不会改变。

（3）叶轮直径的变化对特性曲线的影响。

实验证明，对叶轮直径进行微小的改变即可满足对压头的要求，这时，排量正比于叶轮的直径，压头正比于叶轮直径的平方，而功率正比于叶轮直径的立方，但泵效不变[86]。

即存在以下关系：

$$Q_2 = Q_1 \frac{n_2}{n_1} \frac{D_2}{D_1} \quad (3-3-11)$$

$$H_2 = H_1 \left(\frac{n_2}{n_1}\right)^2 \left(\frac{D_2}{D_1}\right)^2 \quad (3-3-12)$$

$$N_2 = N_1 \left(\frac{n_2}{n_1}\right)^3 \left(\frac{D_2}{D_1}\right)^3 \left(\frac{\delta_2}{\delta_1}\right) \quad (3-3-13)$$

式中 Q_1——变化前离心泵的排量，m^3/d；
Q_2——变化后离心泵的排量，m^3/d；
H_1——变化前离心泵的压头，Pa；
H_2——变化后离心泵的压头，Pa；
N_1——变化前离心泵的功率，kW；
N_2——变化后离心泵的功率，kW；
n_1——变化前离心泵的转速，r/min；
n_2——变化后离心泵的转速，r/min；
D_1——变化前离心泵的叶轮直径，m；
D_2——变化后离心泵的叶轮直径，m；
δ_1——变化前离心泵的相对密度；
δ_2——变化后离心泵的相对密度。

将式（3-1-13）归纳为表 3-3-1 的结果[87]。

表 3-3-1 几种相似关系的归纳式

只直径变化	只转速变化	直径和转速都变化
$Q_2 = Q_1 \frac{D_2}{D_1}$	$Q_2 = Q_1 \frac{n_2}{n_1}$	$Q_2 = Q_1 \frac{D_2}{D_1} \cdot \frac{n_2}{n_1}$
$H_2 = H_1 \left(\frac{D_2}{D_1}\right)^2$	$H_2 = H_1 \left(\frac{n_2}{n_1}\right)^2$	$H_2 = H_1 \left(\frac{D_2}{D_1} \cdot \frac{n_2}{n_1}\right)^2$
$N_2 = N_1 \left(\frac{D_2}{D_1}\right)^3$	$N_2 = N_1 \left(\frac{n_2}{n_1}\right)^3$	$N_2 = N_1 \left(\frac{D_2}{D_1} \cdot \frac{n_2}{n_1}\right)^3$

（4）黏度对特性曲线的影响。

以离心泵在水中的工作特性曲线为基础，从表 3-3-2 查出扬程、排量和泵效的校正系数，利用校正系数和式（3-3-13）确定在黏稠液体中工作时的扬程、排量和泵效。

表 3-3-2　泵性能参数随排液黏度变化修正表

泵入口处原油黏度 / （mPa·s）（SSU）	与泵清水时最高效率相比的实际效率			备注
	排量系数 /%	扬程系数 /%	新的泵效 /%	
50	100.0	99.5	57.5	（1）最大泵效为 60%。 （2）50SSU 为修正的起点
80	98.5	98.5	54.0	
100	98.0	98.0	52.0	
150	96.0	96.0	47.5	
200	94.0	94.0	44.5	
300	91.0	91.0	40.0	
400	88.0	89.0	37.0	
500	85.0	86.0	34.0	
600	83.0	84.5	32.5	

$$Q_{\text{vis}}=C_Q Q_{\text{w}} \tag{3-3-14}$$

$$H_{\text{vis}}=C_H H_{\text{w}} \tag{3-3-15}$$

$$E_{\text{vis}}=C_E E_{\text{w}} \tag{3-3-16}$$

式中　Q_{vis}——举升黏度液体的排量，m^3/d；

H_{vis}——举升黏度液体的扬程，m；

E_{vis}——举升黏度液体的效率，%；

Q_{w}——所计算的排量，m^3/d；

H_{w}——所计算的扬程，m；

E_{w}——所计算的效率，%；

C_Q——排量的校正系数，m^3/d；

C_H——扬程的校正系数，m；

C_E——效率的校正系数。

三、工艺流程

电潜泵排水采气工艺的核心是运用伴随天然气资源从油气层运输到地表的管道一同下入井底段的专业化离心泵设施，将气井中的积液从专项管道中极速化排除，以有效控制对井底的回压，全新获取相应的生产压力差，从而让气井全面恢复生产的一种机械化采气生产技术[88]。

1. 选井原则

由于电潜泵具有排量大、扬程高的特点，同时电潜泵机组本身对井况的要求较高，因此，使用电潜泵进行排水采气应遵循一定的选井原则。

1）地质要求

气藏排水：气井位于水侵方向、渗透率高、水量大。

单井排水：剩余储量大、压力低、井深、水量大。

2）井筒要求

泵机组最大投影尺寸与套管内径匹配；原先生产油管未断落；套管具有抗腐蚀能力与较长使用年限。

出砂不严重；井底温度不高于150℃；井下流体腐蚀性有限。

机组入井通过狗腿度小于15°/30m，泵挂处狗腿度小于3°/30m。

3）场站要求

具有符合电潜泵机组正常运转的电源；完备的水处理系统。

2. 工艺设计

在电潜泵工艺设计过程中，考虑到气井"变气液比，变产液指数"的生产特点，在泵分离器选择上进行了优选。

1）泵型优选

对于低压气水同产井，离心泵采用多种类型离心泵串联组合，一组泵采用排量稍大的多相流泵或增压泵，二级泵采用排量稍小的常规泵。当富含气体的流体进入第一级泵时，多相流泵的特殊叶轮设计能够将游离气打成气泡混在水中，同时超大平衡孔能提高气体通过泵的能力，从而整体提高多相流泵对气体的适应能力。当流体进入第二级泵时，气体体积已经被压缩，需要的泵的排量相比第一级泵小，这种径向流、混向流及气体处理泵组合的方式，有效解决了单一径向流泵对高气液比影响大和单一混向流泵扬程低的问题。同时随着FLEX系列宽幅泵的出现，泵能够在更宽的范围内进行工作，从而更好适应井下气水产出情况的变化。

2）分离器优选

针对排水采气工艺井，在优选分离器方面，选择了有交叉流道，大角度螺旋导流叶轮，能处理不同气液比的高效分离器，并使分离器工作效果覆盖设计井整个可能出现的产能范围。

3）电潜泵专用井口装置

井口装置安全系数方面充分考虑泵挂深度及电缆、电机、油管自重和满井筒水重量等因素；国内采用国外最先进的BIW井口穿越系统，保护了电缆的整体性，大幅度提高了电潜泵专用井口的整体承压等级，快速插座式连接，使操作更方便、快捷。电潜泵机组正常运行期间，井口套压达8.5MPa，较过去电潜泵井口3MPa的压力等级有显著提高，并在井下机组出现故障后，为了维持气井的排水采气要求，利用电潜泵完井管柱进行气举排水生产，井口套压最高达18MPa，并且避免以往气体特别是含硫气体沿电缆上窜至井口，造成人员伤害，降低了安全风险。

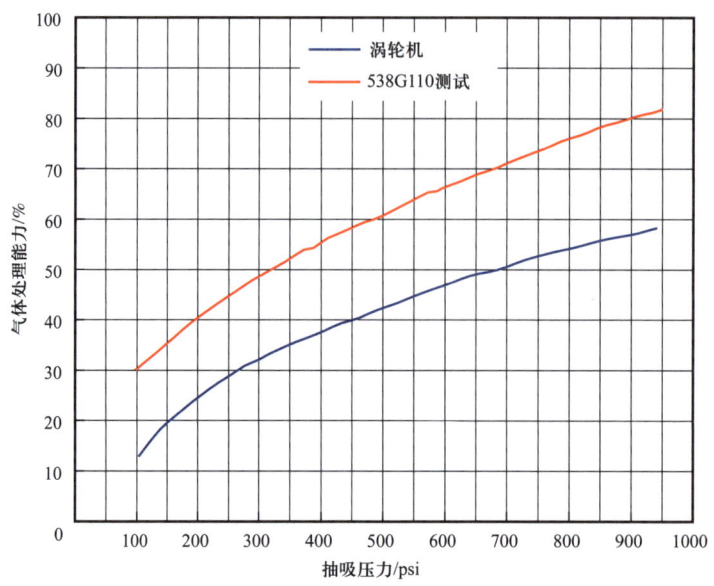

图 3-3-5　气体处理能力曲线图（红色曲线代表多相流泵）

4）自动换向阀

自动换向阀安装在泵出口处，或者根据需要安装在油管的任何部位，取代传统的单流阀和泄油阀。电潜泵排水初期，关闭油管与环空：若气井能够复活一段时间则通过油管自喷生产；可以根据产能情况确定油管或套管生产，最大限度地保持气井最大携液自喷生产；若电潜泵停止运转，油管与环空可在此处连通，可以注入泡沫剂，或者实施气举排液（电潜泵出现故障停机时）来维持气藏排水，不致因电潜泵检泵或待料期间导致气藏水浸加剧。

5）井下监测系统

传统的井下监测系统只能监测井下电机温度，采用先进的井下监测系统，在变频器或二次仪表上实时显示电机温度、机组振动、泵吸入口压力、泵出口压力、运行电流、电压等参数，帮助技术人员更好地分析井下机组工况，及时调整运行参数，合理地制定工作制度等。

6）电缆保护器

在管柱下入过程中，电缆与套管之间的摩擦无法避免，特别是在油管接箍位置，容易摩擦造成电缆的损坏，采用在接箍位置对电缆实施保护的电缆保护器上下两端螺栓固定，可利用气动扳手快速装卸，操作方便。

3. 工艺运作流程

电潜泵排水采气工艺运作流程是在地面"变频管控器"的自动化管控之下，电力通过变压器等专业设备的协同作用，让井下电机有效带动专业离心泵装置高速率运作。井液借助多样化的设施被有效举升到地面排水管线，开展计量并且开展规范化的处理，并恢复生产之后，混合物通过井口装置等进入地面的分离器，分离完成之后的天然气资源则有效灌注到输气管线实现规范化的运输操作。此项工艺主要包括以下两方面的技术：

（1）井筒离心式气体分离技术。此项技术的运作机理是：当井中的气液两相流体借助专业分离设备被传输到导轮增压之后，再行进入导向叶轮，此设备让流体非直线状态瞬间转变成为直线运动状态进入分离腔扩容，其内部高效率运作的分离设备转子所产生的离心力让流体中密度较高的液体被传输到转子外部，而密度相对较小的则集合在轴周边，被分离而开的液体与气体借助交错导轮分别传输到专业离心泵的油套环空当中。

（2）变频管控技术。此项技术借助变频管控器得以有效运作，此项设备是保障电潜泵平稳化运作的基础防护装置，对于井下电机具有反相防护等多样化的功能，管控器上配备有多样的记录仪表，可实现自动化记录井下电机的多项参数，其中变频管控器作为电潜泵的无极控速设备具有以下几个方面的优势特征：一是全面扩张了相同类型泵送的运作范围，借助调控频率的方式可以有效转变泵送的排量，可以针对黏稠度较高的液体运用多样化的运行模式；二是可以有效实现8～12Hz的软启动器，显著控制了电力系统的开启应力，以进一步提升了井下机组的使用周期；三是可以让井下电机不再受限于地面供应电源的非正常情况影响；四是因为有效实现了多级调速，可以让泵工作在高效点，全面提升了电泵系统的运作效率[89]。

四、工艺现场应用

1. 电潜泵排水采气工艺在长庆气区 Y 井的应用

为探索电潜泵排水采气工艺的适应性，在长庆气区 Y 井进行了试验验证。根据气井参数及地质特点，电潜泵设计时，选择采用外径101.6mm 离心泵配合外径114.3mm 电机，将泵挂深度确定为垂深3190m，主要设备见表3-3-3所示。

2017年1月，Y井开始试验，截至2017年6月故障停运，累计运行2236h，累计产水2800m^3，累计产气25.1×10^4m^3，停运前日均排水30m^3，日均产气0.37×10^4m^3。机泵整体运行分为5个阶段。试验井阶段机泵运行参数如图3-3-6所示。

低频试运行阶段：41.5Hz 运行时，泵吸入口压力为16.95～17.61MPa，运行电流为159～176A，电机温度为113～145℃，日产水量由30m^3 降至12m^3，基本不产气。因产水不连续，提频至41.8Hz，泵吸入口压力为16.71～17.27MPa，运行电流在160～180A 间波动，电机温度为113～143℃，日产水量由20m^3 降至10m^3，分离器呈间歇排液规律，且排液间隔周期逐渐变大。该阶段累计运行92h，排液68m^3。

逐步提频、提高排量阶段：该阶段逐步提高频率，以0.5～1Hz 幅度由43Hz 提频至50Hz，产水量为28～64m^3，提频初期水量增幅为4～6m^3，之后逐渐下降；产气量逐渐上升至0.3×10^4m^3/d；井底流压由16.21MPa 降至10.48MPa。

50Hz 下运行阶段：日产水量由初期40m^3 逐渐降至28m^3，日均产气量0.26×10^4m^3，运行电流170-211A，泵吸入口压力在10.34～10.89MPa 间波动。整体运行平稳，但产水量程持续下降趋势。

表 3-3-3　试验井（长庆气区 Y 井）电潜泵主要设备列表

		数量	单位
一、泵系统			
1	电机 MSP1 180HP/1175V/59A	1	台
2	保护器 FSB3DB X H6 FER SSCV AB/AB PFSA	1	台
3	分离器 400GSV X M FRS FER NO_PNT	1	台
4	离心泵 G12SSD 219 ST	1	台
5	泵出口 DSCHG B/O PMP 400 $2^{7}/_{8}$in BGT 416SS	1	个
6	主电缆 4SOLBC CELF 5kV 90 LD B SS F	3500	米
7	小扁电缆 MLE450 120 5KLHT 2P MNL2REPLACES S	2	盘
二、井下监测			
8	井下传感器	1	个
9	引压管线 TBG SS 1/4 X .049" 316-L	1	盘
三、地面变频设备			
10	升压变压器 260kV·A 480/969-3837 3PH PAD OIL	1	台
11	变频器 2150 4GCS 260kV·A 6P	1	台
四、小扁电缆保护卡			
12	高压井口电缆穿越 5kV 100A，12ft 电缆 SST	1	套
13	高压防爆地面电缆接头 5kV 100A，328ft	1	套
14	过油管电缆保护器 $2^{7}/_{8}$in BGT-1#4 FLAT	300	个
五、电潜泵专用井口			
15	KQ65-35 电潜泵专用井口	1	套

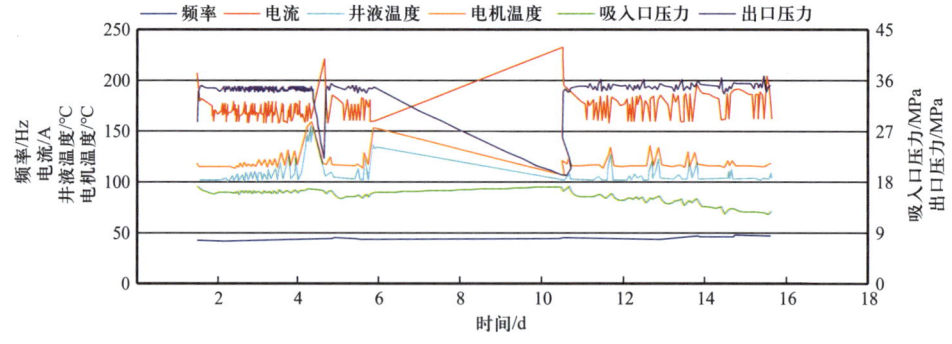

图 3-3-6　试验井（长庆气田 Y 井）阶段机泵运行参数

50.5Hz 下运行阶段：进站压力为 2MPa 时，日产水量为 32～38m³，水量整体平稳，日均产气量为 $0.34×10^4$m³，运行电流为 168～215A，泵吸入口压力在 9.99～10.78MPa 间波动。后站内增压生产，系统压力升至3~3.2MPa，该阶段日产水量由28m³降至24m³，日均产气量为$0.32×10^4m^3$，泵吸入口压力在10.97~11.45MPa间波动。

51.3Hz/52Hz下调试运行阶段：日产水量为26~32m³，日均产气量为$0.39×10^4m^3$，运行电流为170~220A，泵吸入口压力在11.05~11.55MPa间波动。

2. 电潜泵双管排水采气工艺在苏里格气田的应用

常规的电潜泵排水采气工艺是将电潜泵井下机组随油管一起下放至井底，将井下积液通过油管排出，降低井底压力，使气井重新获得正常生产所需要的压差，助力复产的一种排水采气工艺。其工艺原理是通过地面变压器、控制柜将交流电通过动力电缆传至井下电机，在电机的带动下多级离心泵排出井筒液体，通过井筒内油管与套管的环形空间产气。配套的主要装置由8个部分组成：电机、保护器、分离器、泵、动力电缆、控制柜、变压器、井口装置。与其配套使用的还有电缆护罩、电缆保护器、传感器、单流阀、泄油阀等。本次实验采用的是一种全新的电潜泵双管排水采气工艺，井口部分设计特殊的同心双管悬挂采气树（图3-3-7），不仅能够满足$\phi 73mm+\phi 48.3mm$油管同心悬挂，同时设计在采气树底部六通部位设计了特有的毛细管及电缆通道，电缆通道位置配套电缆穿越器，密封能力达34.5MPa，毛细管通道位置密封能力超40MPa，

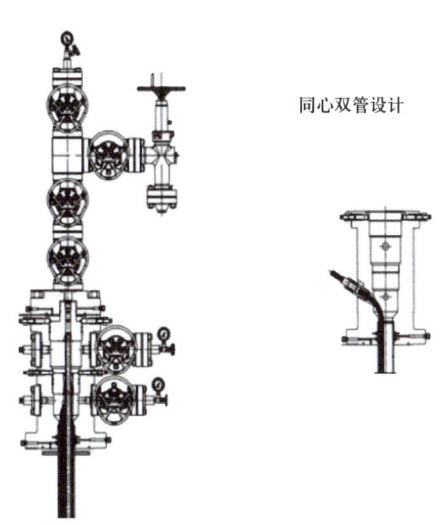

图3-3-7 双管井口设计

毛细管下部出口设计于电潜泵位置，用于定期加注阻垢剂，保护电潜泵组合；井下采用专利机构设计的排液产气通道转换短节，上部连接于$\phi 73mm$油管柱，下部连接电潜泵工具组合，试验优选387系列直径98mm电潜泵，最大投影直径118.3mm，设计扬程2900m（三节泵组成），轴功率36kW，排量适用范围20~100m³/d，耐温等级120℃，$\phi 48mm$油管连接回插接头，回插入转化短节内通道上部，密封性能超40MPa，采气通道直径大于25.4mm，排液通道为$\phi 8mm×6$的通孔均匀设计，可实现小油管生产，小环空排液，同时可结合泡沫排水采气工艺实现气井合理开采。

五、工艺适用性

结合上述对电潜泵强排技术相关机理的调研，讨论电潜泵强排技术适应范围。

1. 电潜泵排水采气优势应用

电潜泵以其扬程高、排量范围大，可从日产十方至几千方，一般的产量在4100m³/d以内，最高已达15000m³/d，井深一般在3000m以内，最深已达4572m，井温一般在120摄氏度以下，最高已达242摄氏度，平均检泵期2年左右，因此电潜泵排水采气工艺尤其适用于产水量大、井温较高、地层压力低、剩余储量多的水淹井，是目前举升设备中排量

最大的一种。在电压保护装置、电缆、气体处理器等的研究方面有很大进展,实现了电潜泵用于高气液比井的排水采气,使电潜泵的泵效和使用寿命大大得到提高[90]。

2. 电潜泵排水采气技术适应局限性

电潜泵排水采气工艺虽然具有可控性好、排量大的特点,但是开发初期投入成本太高,特别对于水平井而言,不但需要正常开采直井所需要的设备,同时还需安装温度以及压力传感器和地面操作的电机变速控制器。同时将该工艺应用到水平井在技术上主要存在以下两个方面的问题:

(1)电潜泵在水平井中的安装比较困难,特别对于短曲率半径的水平井,电潜泵很难通过弯曲段,从而导致特殊电潜泵装置的损坏;

(2)电潜泵在水平段工作中,由于水平段具有分层流的特点,会造成泵气锁;

(3)电潜泵的管理和维护比较繁琐,不易于操作[91]。

3. 电潜泵排水采气技术选井原则

相较于射流泵及机抽对井型的限制,电潜泵排水采气的工艺技术适用于各种类型的水淹气井,由于电潜泵有扬程范围较广和排量范围大的特点,能大幅度地降低井底流压,扩大了气井生产压差,是产水量大的气井强排水的重要手段。

一旦产水气井进入开发的中后时期,由于地层压力较低,产水量大,如果采用气举和优选管柱都不能使其复产的水淹井,电潜泵就是较理想的接替工艺,因为电潜泵具有排量大、扬程高的特点。

但同时电潜泵机组本身对井况的要求较高,因此,使用电潜泵进行排水采气应遵循以下选井原则[91]:

(1)选择剩余储量大、地层压力低、气水两相流量波动不太大的井,要避免选择气水交替产出的井;

(2)井深一般在3000m以内,最深不超过4500m;

(3)井温不超过149℃;

(4)排量不小于80m³/d,具备配套的水处理措施。

美国曾将电潜泵用于西得克萨斯一口中曲率半径较大的水平井中。采用了专用电泵,下泵深度恰好位于弯曲段水平部分,还下入了专用气体分离器、变频驱动电动机和压力传感器。产液量比安装在垂直井段的造斜点处增加了50%。但是对于压力敏感气藏,一般产液量不大,生产压差并不是越大越好,而是控制在一定的范围内。所以对于电潜泵在压力敏感气藏中,可能会使渗透率下降较大[91]。

4. 结合长庆油田相关试验适应性分析

(1)气藏排水采气:对于边水、底水水体封闭的产水气田的气藏,利用电潜泵排水量大的特点,通过强排水,达到控制水侵,阻止边底水干扰气藏其他气井生产,从而提高有水气藏的最终采收率[91]。

(2)单井排水采气:将变频电潜泵用于复活各类水淹井和单井排水采气井。特别适用于产水量大、扬程高、单井控制的剩余储量大的水淹气井。通过强排水，降低井底回压，使这类"气水同产井"保持足够的"生产压差"生产，实现边排水，边采气的目的。

第四节 连续气举工艺适应性评价

一、工艺原理

气举排水采气工艺是利用高压气井的能量或天然气压缩机为气举动力，借助于井下气举阀的作用，向产水气井的井筒内注入高压天然气，补充举升能量，逐级排除井筒和井底附近的积液，恢复气井能量的一种人工举升工艺。[92]

气举排水采气按照注气方式的不同，可以分为两大类：连续气举和间歇气举。连续气举是利用气举采油卸荷的工作原理，通过向井内注入高压气体来降低注气点以上液柱梯度，从而将液体举升至地面，实现恢复气井采气的目的。间歇气举通常采用柱塞气举，借助外来高压气体的能量或气井自身能量推动油管内柱塞运动，达到排水采气的目的。[92]

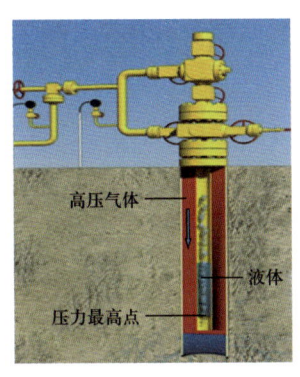

图 3-4-1 气举示意图

一般来说，工艺参数合理，则气举举升效率就高；反之，则举升效率差。气举设计的目的，是确定各个阀的位置及各阀的工作参数，使之能够成功地对油井进行举升。连续气举设计的原则是尽可能深地注入气体和尽可能高地保持注气压力，这样才能达到高产和低耗气量的要求。以下讨论几种最常用的气举设计方法。[93]

1. 变流压气举设计

变流压气举设计即可变流压梯度设计方法，这种方法不要求降低地面注气压力，在气举卸载过程中，地面注气压力保持恒定。当需要充足的通气量来卸载和气举一口井时，需采用其有大阀即高油压系数的气压控制阀时，应采用此方法。此时应采用至少20%～25%的油压系数的气压控制阀，也可采用油压控制阀。由于地面注气压力保持不变，所以阀的打开与关闭就取决于阀处的流动油压的变化。若考虑到要充分利用地面注气压力以达到深举的目的，以及简化地面操作，也可用变流压梯度设计方法。

可变流压梯度设计法设计的具体过程如下。

1) 确定注气点

用已知的地层压力、采液指数和含水率等条件，从地层起算，用IPR方法和上述的多相管流压力梯度计算方法，求出井筒中流动压力与井深的关系；从井口的工作套压开始，用油套环空中压力分布预测方法，求出工作套压与深度的关系；求出油套平衡点；取工作压差 $\Delta P=0.7\mathrm{MPa}$，求出注气点。

2) 阀分布

顶部阀深度 $h(1)$ 计算：

$$h(1) = (p_{ko} - p_{wh}) / (\gamma_s - \gamma_g) \qquad (3\text{-}4\text{-}1)$$

式中　p_{ko}——注气启动压力，MPa；

p_{wh}——井底流压，MPa；

γ_s——压井液压力梯度，MPa/m；

γ_g——套管内气柱的压力梯度，MPa/m。

其他阀的深度 $h(i)$ 计算：

$$h(i) = [h(i-1)\gamma_s + p_{so} - p_t(i-1) - 0.35] / (\gamma_s - \gamma_g) \qquad (3\text{-}4\text{-}2)$$

其中

$$\gamma_g = (p_{cin} - p_{so}) / l_{in} \qquad (3\text{-}4\text{-}3)$$

式中　p_{so}——工作注气压力，MPa；

p_{cin}——注气点处的压力，MPa；

l_{in}——套管内气柱长度，m；

$p_t(i-1)$——气举阀处油压，MPa。

3）求出阀深度处的压力和温度

$$p_c(i) = p_{wh}\left(1 + \frac{\rho_{g0} g T_0 h(i)}{p_0 T_{av} Z_{av}}\right) \qquad (3\text{-}4\text{-}4)$$

式中　ρ_{g0}——标准状况下气体密度，kg/m³；

g——重力加速度，m/s²；

T_0——标准状况下的温度，℃；

p_0——标准状况下的压力，MPa；

T_{av}——平均温度，℃；

Z_{av}——平均温度和平均压力下的气体压缩因子。

采用 JPI 法井筒温度计算方法来确定阀深度处的温度 $T(i)$：

$$T(i) = T_a - g_\Gamma h(i)\cos\theta \qquad (3\text{-}4\text{-}5)$$

式中　$T(i)$——阀深度处的温度，℃；

T_a——油层中部深度的温度，℃；

g_Γ——地温梯度，℃/m；

θ——井筒与水平面的夹角，(°)。

4）工作阀注气量的确定

用确定出的产液量，假定一注气量，求出总的气液比。从井口开始，用所选用的垂直管多相流压力梯度预测方法，求出不同注气量下在注气点处的压力。当所算出的压力与原记录的注气点处的流动油压相等时，计算停止。此时用总注气量减地层产出气量，即是所要求的注气量。否则重新假定注气量，重复计算，直到求出注气量为止。

5）阀孔径 $d_v(i)$ 的确定

$d_v(i)$ 的大小由计算出的通气量及阀的上游压力和下游压力决定。先用 Thomhill craver 公式求出阀孔面积 $A_v(i)$，则阀孔径 $d_v(i)$ 为：

$$d_v(i) = 1.1284 A_v(i)^{1/2} \qquad (3-4-6)$$

6）阀打开压力和关闭压力的确定

采用气压控制阀，取地面打开压力不变。除工作阀以外，所有阀的打开压力 $p_{vo}(i)$ 都等于该阀处的注气压力。而阀的关闭压力由式（3-4-7）求出：

$$p_{vc}(i) = p_{vo}(i)^* R + p_{tf}(i)(1-R) \qquad (3-4-7)$$

其中

$$R = A_V / A_b$$

式中　$p_{vc}(i)$——阀的关闭压力，MPa；

　　　$p_{vo}(i)^*$——该阀处注气压力，MPa；

　　　A_b——风包有效总面积，cm^2；

　　　A_V——阀处有效面积，cm^2；

　　　$p_{tf}(i)$——该阀处的转移油压，MPa。

7）实验架打开压力 $p_{tr}(i)$ 的计算

$$p_{tr}(i) = p_{vd}(i) C_t / (1-R) \qquad (3-4-8)$$

式中　$p_{vd}(i)$——阀处风包压力，与阀的关闭压力 $p_{vc}(i)$ 相等；

　　　C_t——基准温度为 15.6℃时的氮气温度校正系数。

2. 等注气压力降气举设计

等注气压力降气举设计是降低注气压力设计方法的一种，这种方法就是在卸载过程中，为保证上下阀的顺序关闭和打开，即在下一级阀打开的瞬间，上一级阀关闭，必须对每一个下部阀都采用降低地面注气压力 0.75~1.75kgf/cm^2 的办法。它要求采用小油压系数的气压控制阀，以便对注气压力的变化很敏感。当可利用的注气压力大于气举深度所需要的压力时，适合采用此种设计方法。

下面介绍采用降压气举设计法进行设计的具体过程。

1）确定注气点

用已知的地层压力、采液指数和含水率等条件，从地层起算，用 IPR 方法和选定的多相管流压力梯度计算方法，求出井筒中流动压力与井深的关系；从井口的工作套压开始，用油套环空中压力分布预测方法，求出工作套压与深度的关系；求出油套平衡点；取工作压差 $\Delta p = 0.7$MPa，求出注气点。

2）阀分布

在卸载过程中，各阀间的地面打开压降取为定值，即等地面打开压降，分布阀时，按最终注入气的条件进行。顶部阀深度 h（1）计算：

$$h(1) = (p_{ko} - p_{wh} - \Delta p)/(\gamma_s - \gamma_g) \quad (3-4-9)$$

其他阀的深度为：

$$h(i) = \left[h(i-1)\gamma_s + p_{so}(i) - p_{tf}(i-1) - \Delta p\right]/(\gamma_s - \gamma_g) \quad (3-4-10)$$

式中　p_{ko}——注气启动压力，MPa；

　　　p_{tf}（i-1）——上级阀的转移油压，MPa；

　　　p_{so}（i）——第 i 个阀的地面注气压力，MPa；

　　　Δp——过阀压差，MPa。

其他符号含义同前文。

3）卸载液量和所需注气量

每级阀的卸载液量是根据该级阀以下的供液量所确定的。当此级阀进气后，阀深度处的油压会从接近注气压力的值降低到与转移油压值相等，从而导致井底流压相应地降低。假定阀进气前后阀深度处油压降低压差为 Δp，如果假设阀深度下的压力仍按静液柱计算，则井底压降值也为 Δp，则阀的卸载液量为：

$$q_{li} = \Delta p J \quad (3-4-11)$$

式中　q_{li}——阀的卸载液量，t/d；

　　　J——地层的采液指数，t/（d·MPa）。

如果考虑原始地层气液比，则阀深度 W 下的压力应按多相流计算。设定一组产液量，从阀深度处油压向下按多相流计算至井底，会获得一组井底流压，绘制产液量与井底流压关系曲线，同时绘制地层的流入动态曲线即 IPR 曲线，二曲线的交点即为卸载液量和相应的井底流压。

对于注气量 q_{gi} 的确定，仍可采用相同的方法。假设一组注气量，从井口卸载油压按多相管流计算至阀深度，得到阀深度处油压然后绘制注气量和阀深度处油压的关系曲线，找出与设定转移油压相对应的注气量即为所求注气量。

4）阀打开压力和关闭压力的确定

$$p_{vo}(i) = p_{op} - (i-1)\mathrm{d}p \quad (3-4-12)$$

$$p_{vc}(i) = \left[p_{vo}(i) + h(i)\gamma_g\right]\left[1 - R(i)\right] + p_{tf}(i)R(i) - h(i)\gamma_g \quad (3-4-13)$$

其中

$$R = A_V/A_b$$

式中　A_b——风包有效总面积，cm^2；

A_V——阀处有效面积，cm^2；
p_{op}——地面注气操作压力，MPa；
dp——阀间压降，MPa；
$p_{tf}(i)$——该阀处的转移油压，MPa。

其他参数的计算方法与可变流压法计算方法相同。

2. 等关闭压力降气举设计

等关闭压力降气举设计，是降低注气压力气举设计方法的一种，使用的气举阀是套管压力控制阀。PIPESIM 软件就是使用这种方法编制的。

下面介绍采用等关闭降压气举设计法进行设计的具体过程。

1）确定阀分布

在卸载过程中，各阀间的关闭压降取为定值，分布阀时，按最终注入气的条件进行。顶部阀深度 $h(1)$ 计算：

$$h(1) = (p_{ko} - p_{wh} - \Delta p)/(\gamma_s - \gamma_g) \qquad (3-4-14)$$

其他阀的深度计算：

$$h(i) = [h(i-1)\gamma_s + p_{so}(i) - p_{tf}(i-1) - \Delta p]/(\gamma_s - \gamma_g) \qquad (3-4-15)$$

式中 p_{ko}——注气启动压力，MPa；

$p_{so}(i)$——第 i 个阀的地面注气压力，MPa；

Δp——过阀压差，MPa。

2）确定阀参数

阀打开压力 $p_{vo}(i)$ 和关闭压力 $p_{vc}(i)$ 的确定。

阀打开压力：

$$p_{vo}(1) = p_{op} \qquad (3-4-16)$$

$$p_{vo}(i) = \left[p_{vc}(i) + h(i)\gamma_g - p_{tf}(i)R(i)\right]/\left[1 - R(i)\right] - h(i)\gamma_g \qquad (3-4-17)$$

阀关闭压力：

$$p_{vc}(1) = \left[p_{vo}(1) + h(1)\gamma_g\right]\left[1 - R(1)\right] + p_{tf}(1)R(1) - h(1)\gamma_g \qquad (3-4-18)$$

$$p_{vc}(i) = p_{vc}(l) - (i-1)dp \qquad (3-4-19)$$

目前连续气举是被我国各大油田普遍采用的气举方式。连续气举方式主要有三种：开式气举、半闭式气举和闭式气举[93]。三种气举方式的井下管柱结构主要分为开式管柱、半闭式管柱、闭式管柱，如图 3-4-2 所示。

（1）开式管柱。油管管柱不带封隔器且被直接悬挂在井筒内，气举阀安装在油管柱一定深度上。井下工具简单、施工作业方便，适用于直井、斜井和定向井，对不带单流阀的气举阀还能改变气井的举升方式，但每当气举井关井后再重启时，由于液面重新升高，必须将工作阀以上的液体重新排出去，不仅延长了开井时间，而且液体反复通过气举阀，容易对气举阀造成冲蚀，降低其使用寿命。同时，高压气体直接作用到井底，对地层产生一定的回压，不能最大限度降低井底流压。开式管柱只适用于连续气举。

（2）半闭式管柱。在开式管柱基础上，在最末一级气举阀以下安装封隔器，将油管和套管环空分隔开。半闭式管柱能防止油管下部的液体再次进入套管环空，避免了每次关井后重新开井时的重复排液过程，减少对气举阀的冲蚀。但封隔器下井作业对井斜有一定要求，作业难度大，在井下安装时间较长，易造成封隔器失效或检阀作业时解封困难，增加修井作业难度，甚至难以起出，无法继续作业。适用于连续气举，也适用于间歇气举，是气举井较好的管柱结构。

（3）闭式管柱在半闭式管柱基础上，在油管底部装有单流阀。闭式管柱除具有半闭式管柱特点外，举升过程中无论注入的高压气体还是进入油管内的地层流体均不会对地层造成回压，能最大限度降低井底流压，增大生产压差，但气举阀设计相对复杂。一般用于间歇气举，应用较少。从最大限度降低井底流压满足气井生产需要方面，闭式管柱是较好的管柱结构。由于地层流体杂质易在封隔器处堆积、地层水因温度变化结垢等因素，检阀作业时起出封隔器存在一定风险。

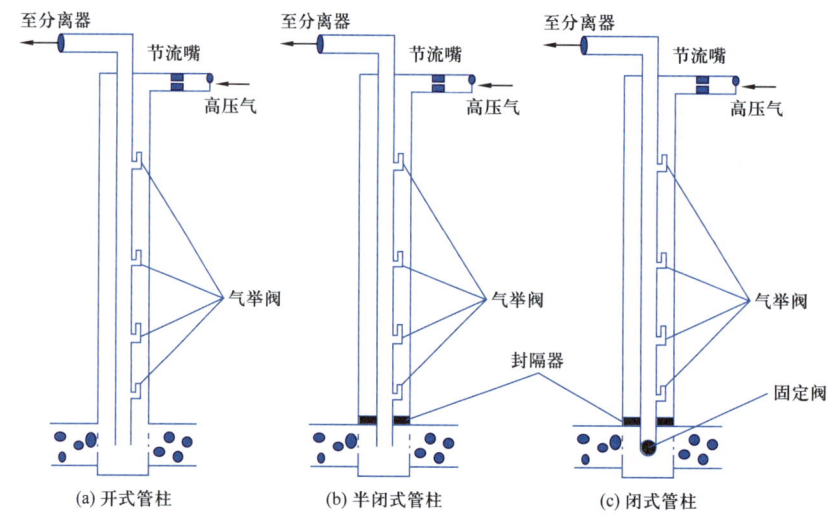

图 3-4-2　三种气举方式下的井下管柱结构

二、工艺特点

气举排采最重要的优点包括：（1）排液量大，最大排水量为 400m³/d，最大举升高度为 3500m，单井增产效果显著；（2）气举能够应用于大斜度井中并无磨损，并且气液比对气举系统影响小；（3）多次重复启动，通过钢丝作业投捞，可减少修井次数；（4）设备配套简单，管理方便，气举系统不受砂和固体杂质的影响；（5）便于测试、设计可靠、经济投入较低。

缺点包括：（1）注气压力对井底会造成回压的影响，而且对于压力敏感气藏，无法保证井底流压的稳定性；（2）需要高压气井或工艺压缩机作为高压气源，而且对于压力气藏进行压缩，产气量只有小幅度的提高，且有效期很短；（3）要有能够承受注气高压的套管；（4）在高压施工中，安全可靠性对装置来说要求较高。连续气举适用于连续大量出水或水淹井的气井恢复生产、助喷。

三、工艺流程

1. 连续气举

高压气通过增压机增压后经井口采气树进入油套环空，经过连续气举排出井筒中的积液、地层流体以及高压气，排出的流体经井口采气树流到分离器，通过分离器的作用分离出气液两相流体，分离出的气体中，天然气外输，而高压气体则继续返排至增压机继续工作。

一般设计在油管柱外壁装有6支气举阀，上面4支为卸载阀，第5支为工作阀，第6支为备用阀。根据U形管顶替井液的流动机理来实现将井底积液排出井外。顶阀（第一个卸载阀）的作用是初期卸载，以降低注气启动压力；剩下几个卸载阀的作用是工作阀以上压井液柱的卸载、排空；工作阀的作用是注气点以上持续卸载，正常举升或诱喷，维持正常生产；备用阀的作用是对于深井和高产液指数的井，安置备用阀，加深排空深度。其工作流程如图3-4-3所示[93]。

如图3-4-3（a）在顶阀露出前，在环形空间注气压力的作用下，套管环空液体通过打的所有的阀以上的U形管原理流入油管，此时，产层没有压降发生，即没有地层流体流入。

图3-4-3（b）中顶阀露出，其余阀仍全打开，在第二支阀露出前，环形空间气体经过顶阀进入油管，气液混合并举升到地面。顶阀处的油压继续下降，环型空间液面按U形管原理继续下降，直到第二个阀露出。

图3-4-3（c）中第二支阀露出，其余阀仍全打开，注入气通过顶阀和第二支阀继续卸载。

图3-4-3（d）中顶阀关闭，其余阀全打开，在第三支阀露出前，注入气通过第二支阀进入油管并卸载。

图3-4-3（e）中第三支阀露出，顶阀仍关闭，第四支阀仍打开，注入气通过第二支阀和第三支阀进入油管。

图3-4-3（f）中顶阀和第二支阀关闭，第三支阀和第四支阀打开，注入气进入油管，卸载继续进行，第四支阀仍在液面以上，若在此注气压力和注气量条件下，排液能力已达到装置设计的生产能力，表明连续举升成功，底阀不会露出液面[93]。

2. 工艺流程

正举法气举工艺：积液停产井进行循环气举，由于井筒内液柱高，井下液量大，强排液阶段一般需要正反举交替进行，进入稳定生产阶段选则反举法进行循环气举排液生产。图3-4-4所示为正举法气举工艺流程图。

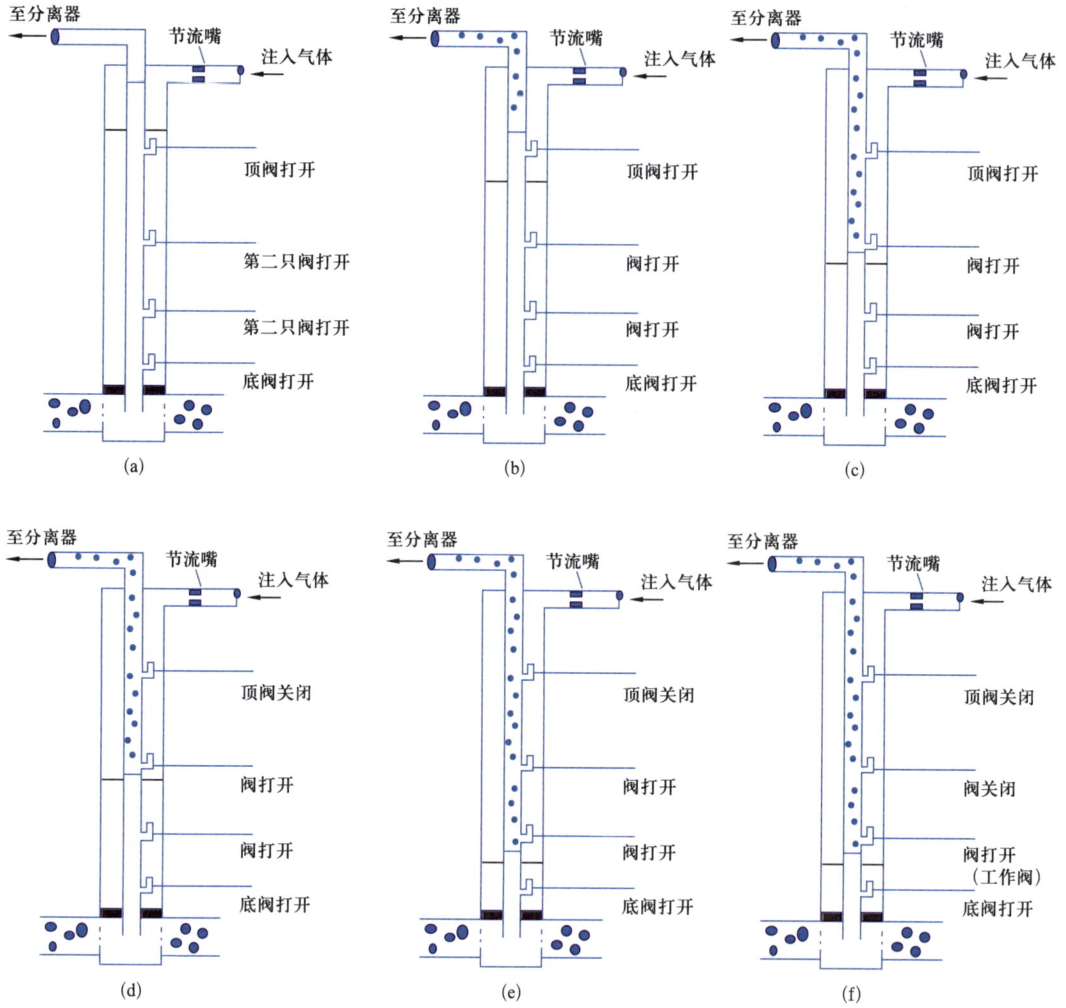

图 3-4-3　连续气举工作流程

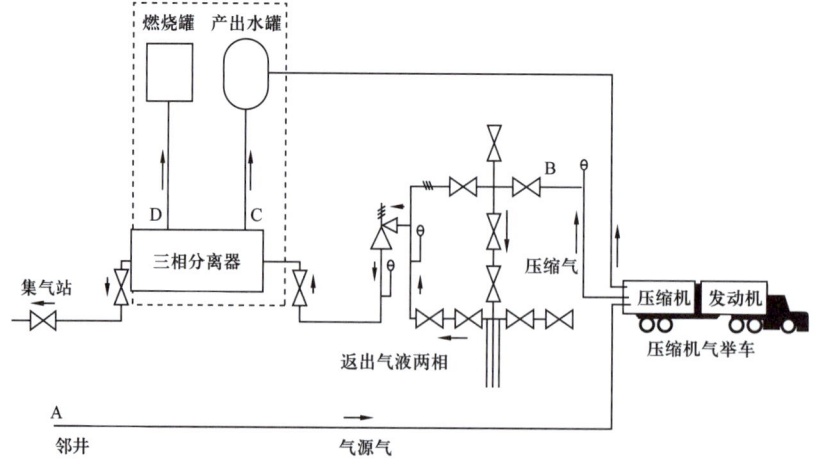

图 3-4-4　正举法气举工艺流程图

反举法气举工艺：采气管线天然气—压缩机—被举井油套环空—油管返出—生产针阀—分离器气液两相分离—气体现场点燃或进站（污水进罐）。图3-4-5所示为反举法气举工艺流程图。

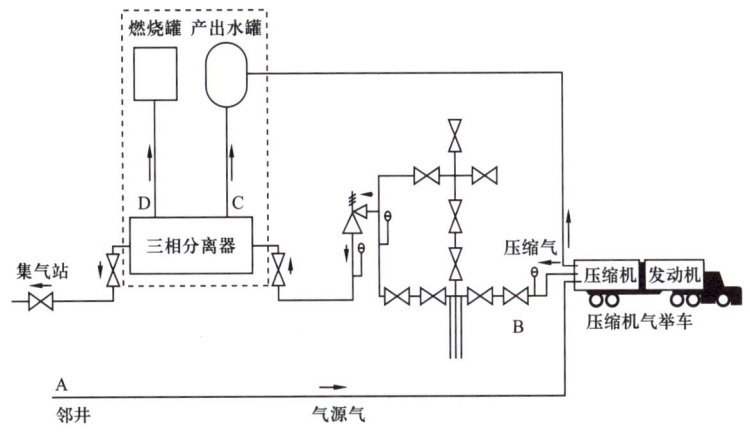

图3-4-5　反举法气举工艺流程图

集气站增压工艺流程如图3-4-6所示，集气站多井集中连续排水。在集气站建设增压站，沿输气干管铺设高压注气管线，将高压气配送至单井。

集中建压缩机站：集气站取气增压→集气站计量和配气→单井连续气举。

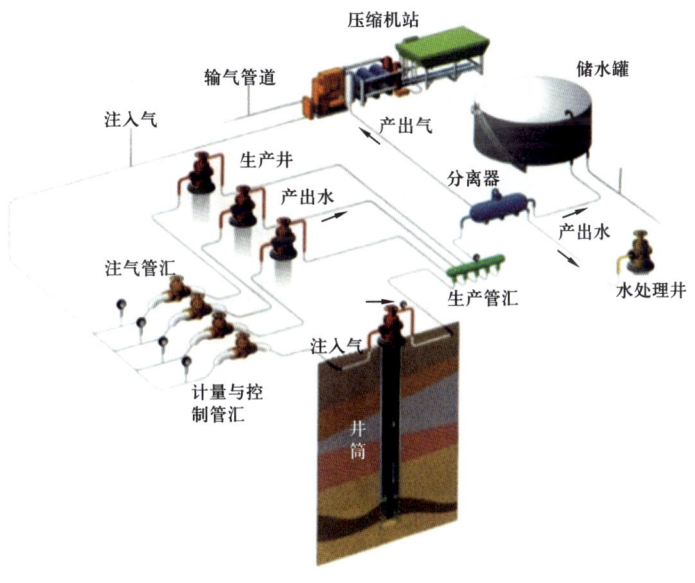

图3-4-6　集体站增压工艺流程图

四、压缩机气举排水采气主要装置与压缩机选型

1. 主要装置

压缩机气举排水采气工艺装置设备见表3-4-1和图3-4-7至图3-4-9。

表 3-4-1　压缩机气举排水采气设备准备

序号	名称	数量	单位	压力等级
1	大型车载天然气压缩机	1	台	35MPa
2	小型压缩机	1	台	25MPa
3	橇装式三相分离器	1	具	25MPa
4	产出水罐	2	具	

图 3-4-7　小型压缩机型压缩机 25MPa

图 3-4-8　三相分离器

图 3-4-9　污水罐

2. 压缩机选型

井口增压气举复产时，考虑逐井复产，压缩机出口压力取最高关井压力 25MPa，按照瞬时注气量 1200m³/h，即注气量大于 $3×10^4$m³/d，满足单井气举复产注气量[94-115]。

考虑到长庆气田地层流压、井深、携液生产气量以及气源压力等因素，压缩机技术指标如下：

（1）排气压力≤25.0MPa；
（2）进气压力 0.5～5.0MPa；
（3）最小排量 $5×10^4$m³/d。

集气站增压注气增压压缩机设置于集气站内，压缩机气源取自集气站增压后中压天然气，吸入压力为 0～5.0MPa，分别按以下工况参数计算压缩机功率：

气举复产时，压缩机出口压力取最高关井压力 25MPa，按照瞬时注气量 1200m³/h，注气量大于 $3×10^4$m³/d，满足单井气举复产注气量。

连续气举生产时，多口气井同时生产，压缩机出口压力仍按 25MPa，按不积液生产时携液流量大于 5000m³/d 考虑，即注气量应在 $5×10^4$m³/d 以上，满足 $0.5×10^4$m³/d 的 10 口气井单井气举注气量。

综合以上两方面情况，以 5 口井核算，机组总压气量 $3×10^4$m³/d 以上；以 10 口井核算，机组总压气量 $5×10^4$m³/d 以上，其他注气量气井同理计算满足数量。

五、工艺现场应用

1. 靖 58-05H1 试验井

1）试验井基本情况

靖 58-05H1 试验井于 2015 年 12 月 6 日投产，生产层位为盒$_8$段，无阻流量为 $11.7194×10^4$m³/d，投产前地层压力为 29.46MPa。生产至 2017 年 10 月 15 日，打捞节流器成功，进行无阻生产，套压为 3.96MPa，日均产气 $1.2×10^4$m³/d 左右，日产水 0.5m³ 左右。2017 年 12 月 13 日采取柱塞排水采气措施，日均产气 $2×10^4$m³/d 左右，日产水 0.6m³ 左右。生产至 2020 年 6 月该井井筒积液，无法正常生产。图 3-4-10 所示为靖 58-05H1 井试验前采气曲线。

2）试验情况

2021 年 5 月 24—30 日，靖 58-05H1 试验井现场流程采用天然气压缩机井口注气增压，截断阀后端增加三相分离器装置气液分离计量气液量。关井后井口天然气压缩机套管注气，26 日上午 10 时 30 分开井，套管持续增压注气，开井时油套压为：5.75MPa/10.50MPa。开井后 15min 开始上液，当天产液 5.58m³。后续小排量持续增压至 29 日，油套压降至 1.16MPa/3.57MPa，该井能自主携液生产，停止施工。

该井 2021 年 5 月 20 日搬家至井场，5 月 24 日开始气举，油压 0.84MPa，套压 8.35MPa。关井，先油管增压后套管注气增压，瞬时注气量为 930m³/h，套压持续上升至上升速率平稳，5月26日，套压为9.05MPa，油压为4.86MPa，压力平稳，开井油管排液，排液3m³。5月27—30日，开井生产平稳，持续排液产气，日均产水5m³，30日产气$1.38×10^4m^3$，气井举通，停止气举观察，气井生产连续，目前生产良好。

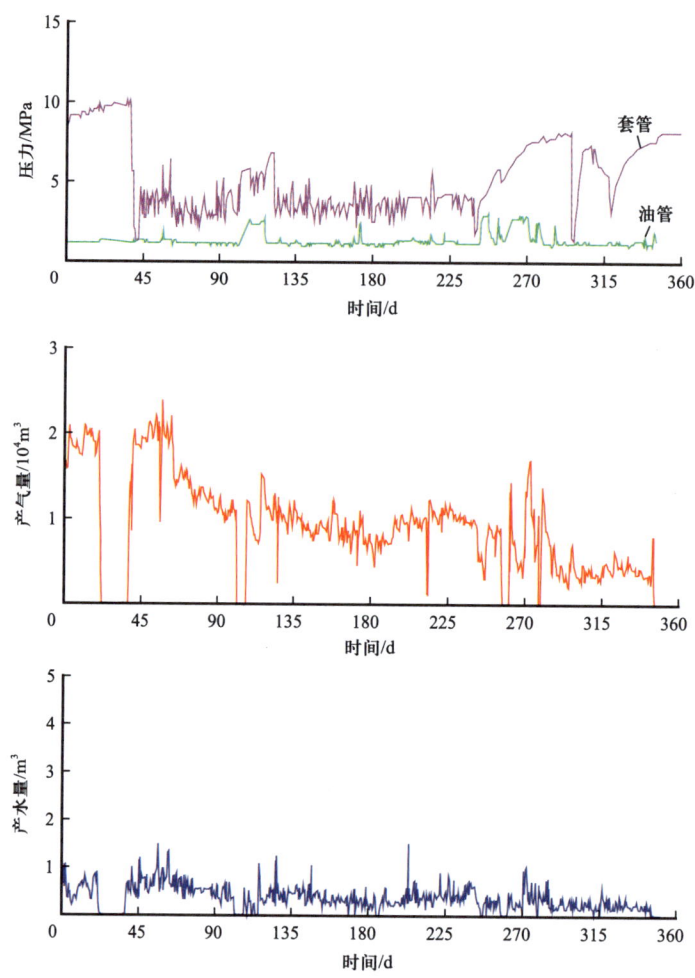

图3-4-10 靖58-05H1试验井试验前采气曲线

2. 靖58-05H2试验井

1）试验井基本情况

靖58-05H2试验井于2015年12月6日投产，生产层位为盒$_8$段，无阻流量为$58.23×10^4m^3/d$，投产前地层压力为28.62MPa，生产至2018年3月26日，打捞节流器成功，进行无阻生产，套压为4.88MPa，日均产气$2.51×10^4m^3/d$左右，日产水0.9m³左右。2018年8月21日采取柱塞排水采气措施，日均产气$1.78×10^4m^3/d$左右，日产水0.6m³左右。生产至2020年5月该井井筒积液，无法正常生产。图3-4-11所示为靖58-05H2试验井试验前采气曲线。

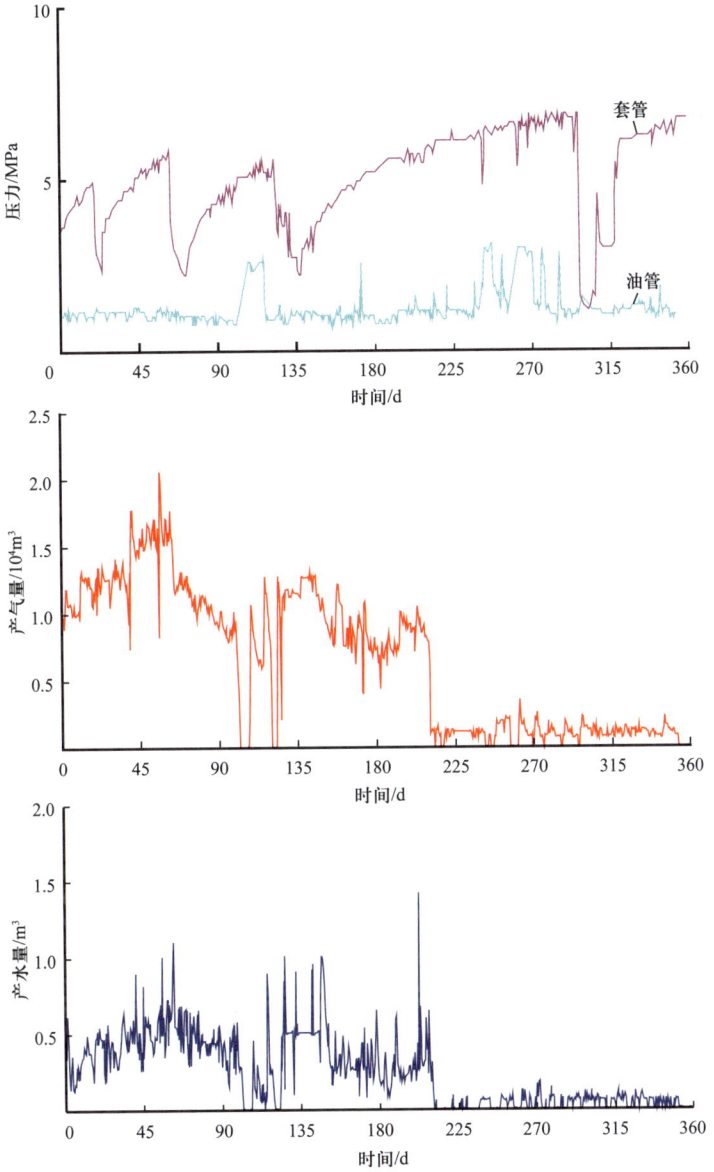

图 3-4-11 靖 58-05H2 试验井试验前采气曲线

2）试验情况简报

该井 2021 年 5 月 20 日搬迁至井场，为靖 58-05H1 邻井。5 月 31 日开始气举，油压为 1.01MPa，套压为 6.78MPa。关井，先油管增压后套管注气增压，日均瞬时注气量为 937m³/h，套压持续上升平稳，关井气举两天，于 6 月 2 日开井生产，产气 $0.08 \times 10^4 \text{m}^3$，排液 1.2m³，观察套压与油压变化程度，气井举通，暂停气举观察，气井生产连续，原地待命 7 天后，气井生产正常，目前生产良好。

靖 58-05H1 井和靖 58-05H2 井在按照试验方案实施后，举出地层液 25m³，产出气 $3.64 \times 10^4 \text{m}^3$。在气举后观察，此两口试验井目前生产正常，均已复活。

3. 靖 31-22H1 施工井

1）施工井基本情况

靖 31-22H1 施工井位于内蒙古自治区鄂尔多斯市乌审旗嘎鲁图镇斯不扣村，构造属于鄂尔多斯盆地伊陕斜坡，是长庆油田第一采气厂开发井。靖 31-22H1 于 2016 年 11 月 10 日投产，生产层位为盒$_8$段，无阻流量为 $3.8384×10^4 m^3/d$，投产前地层压力为 25.03MPa，生产至 2017 年 11 月 11 日，打捞节流器成功后柱塞气举工艺生产，套压为 12MPa，日均产气 $0.2×10^4 m^3/d$ 左右，日产水 $0.1m^3$ 左右。生产至 2021 年 7 月该井进行气举复产效果不佳，井筒积液加重，无法正常生产。

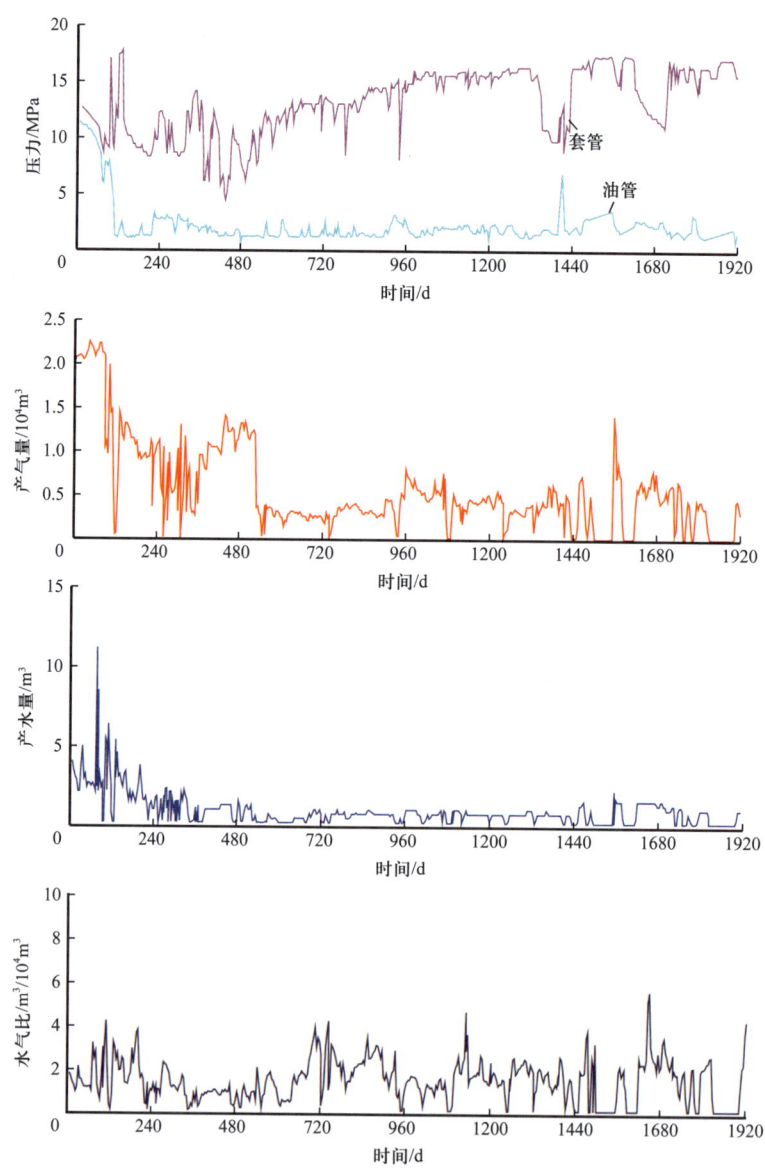

图 3-4-12　靖 31-22H1 施工井试验前采气曲线

2）试验过程

9月12日开始加载施工，至9月15日，因设备故障停机。10月13日大排量间歇增压注气，日净产气量降低，产液量减小。10月20日连续注气，间歇生产，产量降低，产液量减少。10月21日间断性注气，长开生产，产量比较之前有所增长。10月29日更改注气流程，油管加注，套管生产。油套压差与9月施工期间一致，无明显变化。10月2日，打捞柱塞未成功，关井油管注起泡剂原液100L，持续油管增压注气。11月3日上午10时开井，套管生产，13时30分瞬流为零，不能自主生产。总结原因为该井地层产液较高，积液严重，无法通过气举工艺连续生产。靖31-22H1施工井试验过程曲线如图3-4-13所示。

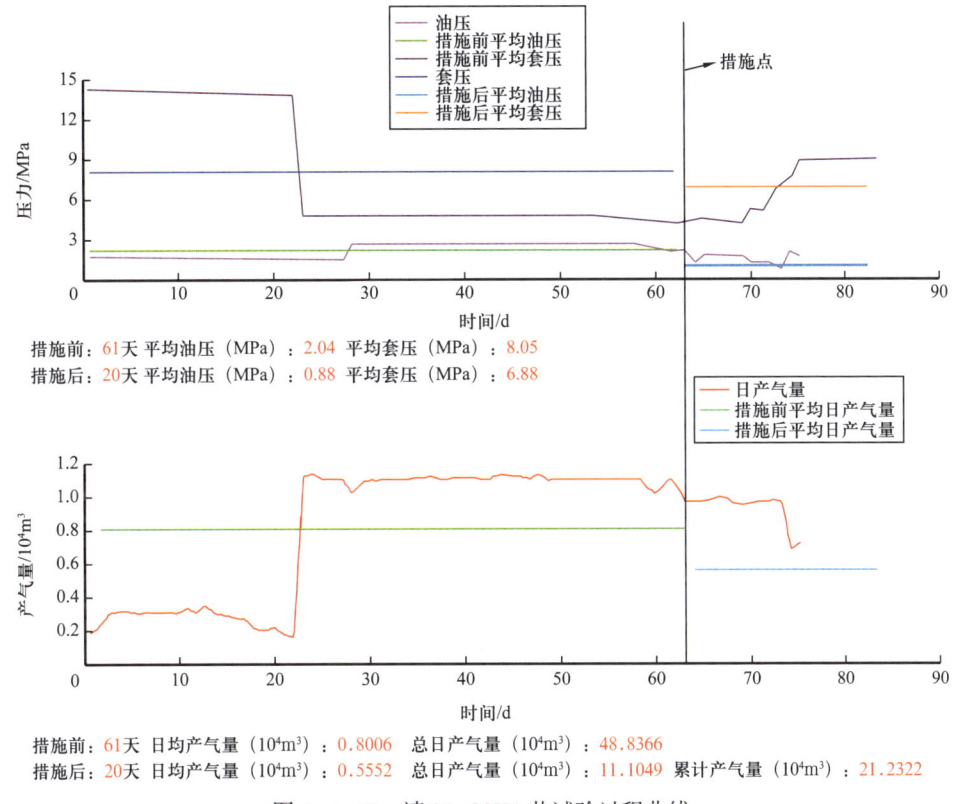

图3-4-13 靖31-22H1井试验过程曲线

4. 对连续气举的认识

注气量：在其他条件和工作制度一定的情况下，注气量达到：注入气量+井本身的产量不小于临界携液流量即可，气量太大会出现冰堵现象，严重影响排水采气效果，该井注气量选择400m³/h施工阶段，采注比最高，表明最经济，气举效果最佳，增产效率最高。

注气压力：连续循环阶段，压缩机加载压力对排水采气的效果影响也很明显，压缩机出口压力比井口套压高2MPa即可满足现场工作，实现连续循环气举，过高的注气压力会导致背压情况出现，导致发生水锁。

注气时机：连续循环气举持续时长、气举频次也会对气举效果产生显著的影响，每口井工况不一样，不可一概而论。同时，注气时机的优选关系到排水采气的经济性。

六、工艺适应性

结合上述对连续气举工艺技术相关机理的调研，以及通过对长庆油田采用连续气举工艺进行的相关矿场实践，可以得出如下适应性评价。

（1）开式气举：井底静压 $p_r \geqslant 15MPa$，产水量 $50\sim250m^3/d$；

（2）半闭式气举（正举）：井底静压 $p_r \geqslant 10MPa$，产水量 $50\sim250m^3/d$；

（3）半闭式气举（反举）：井底静压 $p_r > 14MPa$，产水量 $300\sim400m^3/d$，最高可超过 $1000m^3/d$；

（4）闭式气举：井底静压 $p_r \geqslant 8MPa$，产水量 $50\sim150m^3/d$；

（5）井深 $<4200m$；

（6）单井控制储量大于 $0.5\times10^8m^3$，剩余开采储量大于 $0.1\times10^8m^3$；

（7）被选井完钻后投产初期产量大，稳定状况好，气井不产水或气井产少量水，并且带水稳定、连续，反映出单井供给储量大，连通范围广，目前井底静压力较高，见水后气水同产期产量大幅度递减的气水同产井均可列为气举工艺实施井；

（8）气水同产因"水锥"或者"水窜"造成对气藏的水封或者切割，使微细裂缝和基质孔隙中的气体无法流出或者流动困难，造成气井间歇或者停产的水淹井；

（9）新区新井：刚完钻投产即出水的井，造成水淹的"假死"，且酸化、泡排效果不理想，为了排液找气，可采用气举工艺诱喷试采；

（10）气井位于气藏水侵区内，气藏边水或底水不活跃，需要进行强排液的出水气井或水淹井，可列为气举工艺实施井[116]。

第五节　复合强排工艺适应性评价

随着油井举升高度的增加，单一的举升方式往往表现出一定的局限性和低效性。如有杆泵工况变差、事故增多、免修期缩短；水力泵和气举需要的地面增压设备压力等级升高，设备投资增大。目前，在单项深抽工艺没有取得革命性突破的条件下，组合接替工艺用于深抽成为必然选择[117]。

从举升工艺原理与工艺管柱结构看，可能构成组合接替举升的工艺和组合方式有：水力泵（包括水力活塞泵和水力喷射泵）（下）+有杆泵（上）、电潜泵（下）+有杆泵（上）、水力泵（下）+电潜泵（上）、电潜泵（下）+气举（上）、有杆泵（下）+气举（上）、水力泵（下）+气举（上）等[118]。

为了发挥组合工艺的优势、提高效率，选择组合工艺时建议遵循以下原则：（1）组合接力举升时两单项工艺的排量差异尽量小；（2）组合工艺管串结构尽量简便以提高其可靠性；（3）上部接力工艺的排量可调节性能好，能适应下部工艺的排量变化；（4）组合工艺的免修期应不低于单项举升工艺；（5）组合后有利于增加下泵深度或排量；（6）组合后具有良好的经济效益。

一、机抽—速度管柱复合排水采气

气井产水将严重影响其稳产,排水采气工艺是气井开采中后期提高有水气藏采收率的有效措施。目前常用的排水采气工艺主要包括:(1)优选管柱排水采气;(2)气举、柱塞气举;(3)电潜泵、射流泵、有杆泵排水采气;(4)泡沫排水采气等。上述各种工艺均有其适用性,不同井况下适合的排采工艺不同。一般而言,气井出水中期采用的排采工艺主要有柱塞、间歇气举及速度管柱,出水末期则采用机抽、电潜泵强排。由于各种排采工艺下使用的排采设备比较单一,如果排采效果不好,需进行工艺调整,工艺设备则需改变。这将导致额外的成本开销[119]。

鄂尔多斯盆地苏里格气田气水关系复杂,部分气井的产水量逐渐增加,产水对气田开发的不利影响逐渐增大,因而对排水采气工艺有效性提出了更高的要求。为了降低成本、提高工艺的适用性,研发了复合排水采气工艺装置,该装置能同时实现机抽排水采气和速度管柱排水采气,并且井内空心杆又可以作为化学剂和气体的注入通道,从而使机抽与速度管柱、气举、泡排等多种排采工艺可以自由组合应用,极大地提升了各种排采工艺技术的适应性[120-121]。

1. 工艺原理

为了同时实现速度管柱和机抽排水采气,增加设备的适用性,根据速度管柱和机抽排水采气的工艺特征,利用空心抽油杆对机抽工艺进行了改进,改进后的新型流程如图 3-5-1 所示。

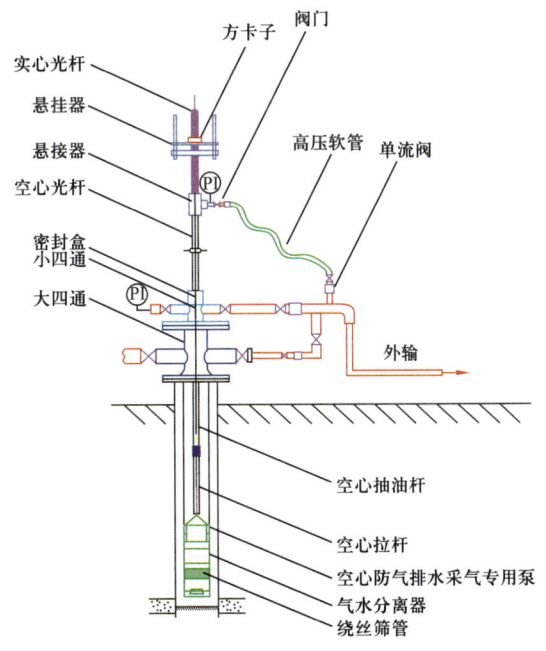

图 3-5-1 机抽—速度管柱复合排水采气系统流程示意图

工作原理如下：（1）当井筒积液严重需进行机抽排采时，阀门和单流阀为关闭状态，流体则通过小四通进入外输管线，实现机抽排采；（2）当机抽强排一段时间后，若积液减少，则停止机抽，打开阀门和单流阀，利用空心抽油杆尺寸小的特点，实现速度管柱排采，此时井内流体可同时从小四通和高压软管进入外输管线。

传统的机抽排水采气泵停抽后由于柱塞、阀和泵筒密封，使得泵下流体不能通过泵进入油管，导致空心抽油杆作为速度管柱进行排水采气的功能不能完全实现；若气液比较高，传统采气泵易发生气锁，导致机抽失效。为完善机抽—速度管柱复合排水采气工艺，同时避免气锁发生，研发了空心防气排水采气专用泵用于机抽—速度管柱复合排水采气工艺配套使用。如图3-5-2所示，区别于传统的抽油泵，该专用泵建立了油套环空、空心抽油杆与空心泵的U形通道，是针对排水采气特点的专用泵。机抽时空心防气排水采气专用泵的工作原理如下：（1）空心拉杆向上运动时，分别带动游动阀强制关闭、固定阀打开，继而带动游动阀上部的流体向上运动，同时泵下流体进入泵内空间；（2）空心拉杆向下运动时，则分别带动游动阀强制开启、固定阀关闭，继而带动游动阀以下流体进入流动阀以上泵内空间，为下一冲程做好准备。

2. 工艺特点

新工艺使机抽和速度管柱排水采气工艺可以结合使用，同时由于空心抽油杆可以作为气体和化学剂的注入通道，从而使以前不能组合使用的泡排、气举、机抽、速度管柱等工艺可自由组合。具体来说，新工艺具有以下5个特点：（1）实现了多种排采工艺的复合使用，增加了各工艺的适应性；（2）根据气井的产水特点，可以灵活调整排水采气工艺，而无须更换排采设备，降低了调整排采工艺所产生的成本，具有显著的经济效益；（3）当气井不需要机抽进行强排而转为速度管柱或其他工艺进行排采时，抽油机可移至其他井口，实现了抽油机的重复利用；（4）可采用气举的方式清除井底脏物，减小了"砂卡"导致机抽失效的可能性；（5）游动阀及固定阀均由抽油机的动力及空心泵上部空心抽油杆的重力带动以实现强制启闭，避免了由于气锁、砂卡导致游动阀、固定阀无法正常启闭而使机抽失效[122]。

3. 适应性评价

以苏里格气田为例，选取初期产气量较高（大于$1×10^4 m^3/d$）、产水量相对较高（介

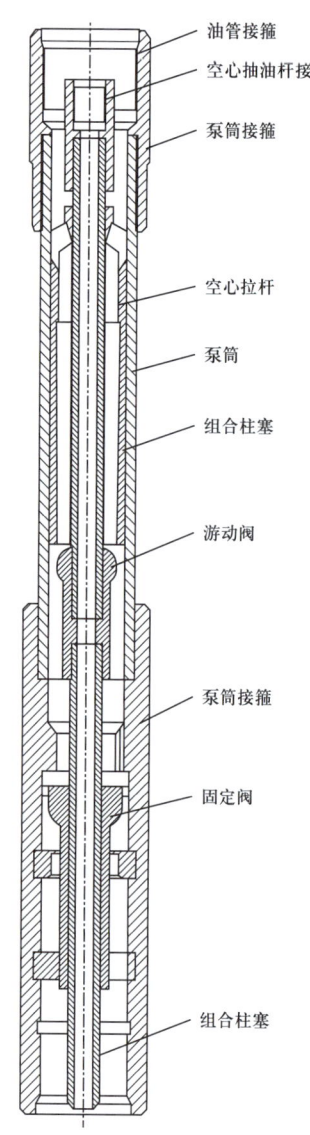

图3-5-2 空心防气排水采气专用泵结构图

于 3~30m³/d）的气井作为试验井，且井口到液面的距离应小于 2500m[123]。

根据苏里格气田气井生产特征，结合各排采工艺的特点，制订工艺实施界限，见表 3-5-1。

表 3-5-1 排采工艺实施界限划分表

界限	排采方式
沉没度大于 100m	
沉没度小于 100m、稳定产气量小于 4500m³/d	机抽
沉没度小于 100m、稳定产气量大于 4500m³/d	速度管（空心抽油杆）
采用速度管排采后稳定产水量逐渐变大，且大于 3m³/d	泡排 + 速度管（空心抽油杆）

4. 应用实例

试验井位于苏里格气田，该井为直井，射孔深度为 3150m，于 2015 年 7 月采用外径为 73mm 油管投产，初期产气量为 2.7×10^4m³/d，产水量为 2~5m³/d。随着生产的进行，产水量达到 10m³/d。气井产水导致产气量迅速下降，试验前井筒积液严重，生产制度为间开生产，产气量约 0.2×10^4m³/d。2018 年 6 月 8 日采用机抽—速度管柱复合排水采气工艺在该井进行了现场试验。空心抽油杆、空心防气排水采气专用泵及抽油机的工艺参数见表 3-5-2 和表 3-5-3。

表 3-5-2 空心抽油杆工艺参数表

外径/mm	壁厚/mm	长度/m	数量/根	防腐级别
36	6	8.0	175	HL
38	6	8.2	191	HL

表 3-5-3 抽油机及空心防气排水采气专用泵主要参数表

抽油机型号	电动机功率/kW	泵挂深度/m	泵径/mm	泵筒长度/m	柱塞长度/m	冲程/m	冲次/次/min
直驱式 16 型	37	3100	38	10	1.2	5~8	3

由于气井积液严重，初期采用机抽进行强排，待液面下降后于 2018 年 8 月底调整为速度管柱排水采气。如图 3-5-3 所示，在机抽排水阶段的初期，产水量在 10m³/d 左右，随着机抽持续进行，产水量逐渐减少并稳定在 5m³/d 左右，环空液面从 545m 也下降至 2350m（图 3-5-4），达到了强排效果。总体看来，新工艺投入运行以后，产气量由 2500m³/d 逐渐上升，转为速度管柱排水采气后产气量稳定在 8000m³/d 左右。新工艺的实施使产水气井生产制度由间开转变为连续生产，增加了气井的生产时率。

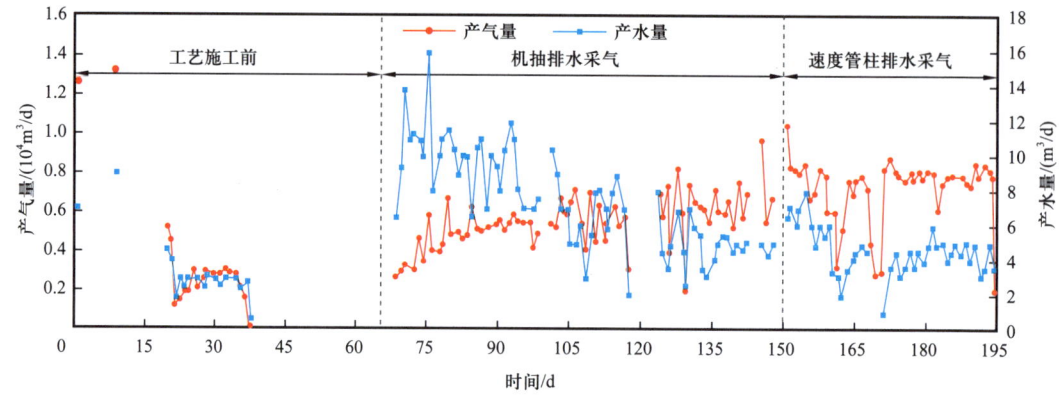

图 3-5-3　试验井生产曲线图

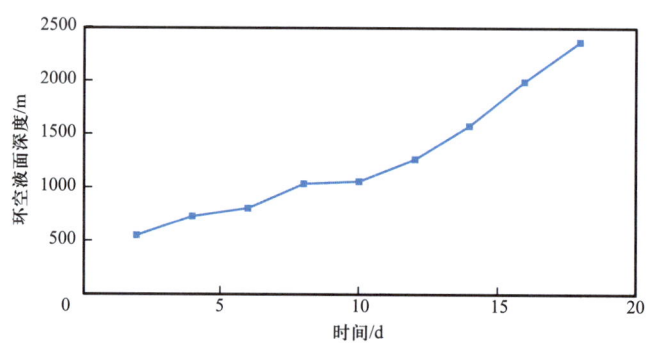

图 3-5-4　新工艺实施后试验井环空液面深度变化曲线图

通过新工艺实验可以得出以下结论：

（1）利用空心抽油杆对机抽工艺进行了改进，结合空心防气排水采气专用泵的使用，实现了机抽与速度管柱、气举、泡排等多种排采工艺的自由组合应用，极大提高了各工艺的适应性，降低了调整排采工艺所产生的成本，具有明显的经济效益。

（2）工艺采用的游动阀及固定阀均依靠抽油机动力和空心抽油杆重力实现强制启闭，避免了气锁和砂卡引起的机抽失效。

（3）该工艺的选井原则为气井初期产气量较高（大于 $1×10^4 m^3/d$）、产水量相对较高（3～30m^3/d），且井口到液面的距离小于 2500m。

（4）产气量为 $2×10^4 m^3/d$ 和 $1×10^4 m^3/d$ 的气井，需采用外径为 36mm、壁厚为 6mm 或外径为 38mm、壁厚为 6mm 的空心抽油杆进行速度管柱排水采气；产气量为 $0.6×10^4 m^3/d$ 的气井，需采用外径为 34mm、壁厚为 5.5mm 的空心抽油杆进行速度管柱排水采气。

（5）现场试验结果表明，该工艺可以明显提高产水气井的稳产气量，实现产水气井的连续、稳定生产，应用效果好。

二、电潜泵—气举复合排水采气

电潜泵—气举复合排水采气工艺气举举升系统位于上部，而下部是电潜泵举升系统。

则位于上部的气举系统通过注入气体将电潜泵举升到井筒中的液体进行二次举升,大大提高了举升深度以及举升效率。在该系统中,由于上部气举系统的注入气体把井筒内的压降降低到了一定的程度,所以当油井井口的压力为定值时,那么电潜泵所需要的出口压力会得到降低,如此一来电潜泵的泵挂深度就会较少,支持电潜泵工作的电动机所需的功率和电泵级数也会降低,可以做到降本增效。

1. 工艺原理

电潜泵—气举复合排水采气系统主要包括电潜泵子系统和气举子系统两部分,其管柱结构如图 3-5-5 所示,其中电潜泵泵深为 h_1,气举工作阀深度为 h_2,油套环空动液面高度为 h_3。气体由油套环空经气举工作阀进入电潜泵上部油管。根据气井地层气水比与采气经济性评价结果以决定采用外部注入气气举还是伴生气气举。电潜泵需要保持一定的沉没深度,以保证其安全运行。气举工作阀位于动液面上部,确保液体不过阀,以保证气举工作阀长效安全工作。地层水经电潜泵加压进入油管,地层气和注入气注入油管后,与油管内的地层水混合形成气水两相管流,从而将地层水举升至地面[125]。

电潜泵—气举复合接替生产系统通过在电潜泵出口以上一定位置作为气举注气点,将气体注入油管来接替电潜泵的举升。气体注入油管后,将大大降低油管内注气点到井口间的压降,在井口压力一定的条件下,最终必将降低电泵出口压力,其机理如图 3-5-6 所示。

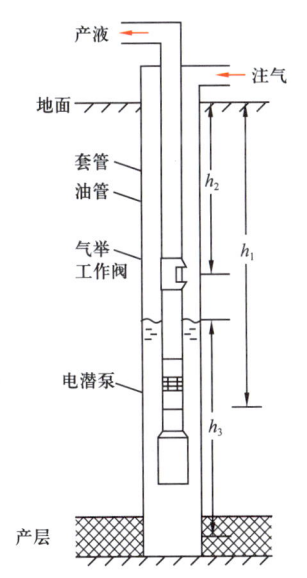

图 3-5-5 电潜泵—气举复合排水采气系统管柱结构示意图

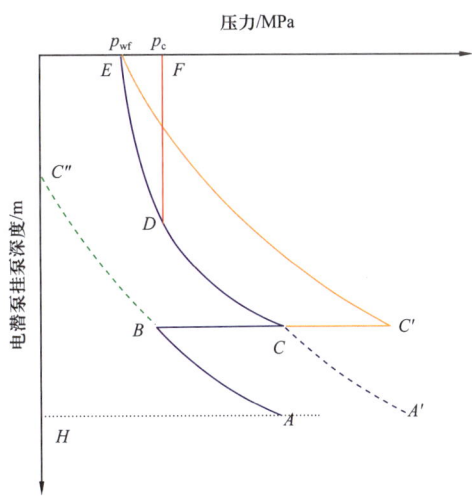

图 3-5-6 电潜泵—气举复合接替举升机理图

图 3-5-6 中,ABC'' 是地层静压分布线,$ABC'E$ 为电潜泵单独举升时的压力分布线,D 为注气点,DF 为注气压力分布线,$ABCDE$ 为电潜泵—气举复合接替举升的压力分布线。气举后,电潜泵出口压力由 C' 点降至 C 点,在电潜泵举升压头一定的情况下可进一步增加电潜泵的下入深度;而在下泵深度不变的条件下其排量必然增加。

2. 电潜泵—气举复合工艺管柱结构形式

根据组合生产管柱结构及气举气源情况，电潜泵—气举复合接替举升工艺管柱结构可分为4种，如图3-5-7所示。

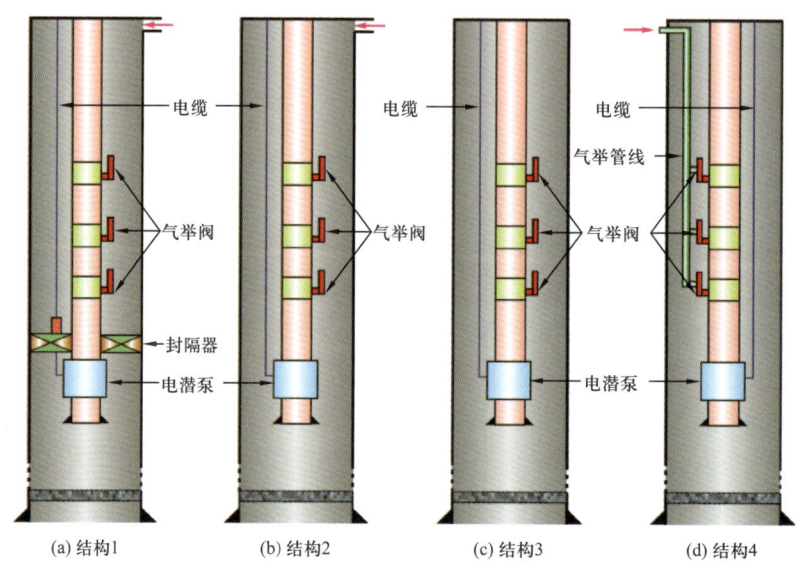

图3-5-7　电潜泵—气举复合接替举升工艺管柱结构示意图

（1）安装封隔器、通过环空气举，如图3-5-7（a）所示。在此条件下环空注气气举对动液面、下部电潜泵等没有直接影响，但不利于地层产出流体中分离出的伴生气的排出，因此主要用于高含水井或气液比很低、不需要实施气液分离的井。

（2）不安装封隔器、外来高压气通过环空气举，如图3-5-7（b）所示。该管柱结构有利于下部深井泵工作时的气液分离，因此适用于气液比较高的井，但由于气举时环空套压较单独电潜泵举升时显著升高，必然使得动液面被"下压"加深，影响下部电潜泵的工作。

（3）不安装封隔器、通过自产伴生气气举，如图3-5-7（c）所示。该结构需要首先启动电潜泵生产，在关闭套管阀门条件下，环空积聚的伴生气最终被引入油管中辅助电潜泵举升，其伴生气引入油管后的生产规律与图3-5-7（b）基本相同。该管柱结构一般用于气液比较高、伴生气量大的井，其特点是气举气源来自本井伴生气，因此可称为自力式气举。同图3-5-7（b）一样，由于套压升高、环空液面加深，下部电潜泵的工作将受到影响。

（4）不安装封隔器、外来高压气通过单独的气举管线实施气举，如图3-5-7（d）所示。利用专门研制的可与注气管线直接相连的气举阀，通过环空注气管线实施气举，避免了从环空直接气举对动液面深度的影响。其中，注气管线与电缆可通过专用卡箍固定在油管上。

以上4种电潜泵—气举复合生产管柱结构中，采用结构1和结构4气举时对环空液面没有直接影响；结构2和结构3气举时将使液面加深，复合工艺中的电潜泵下泵深度必须比单独电潜泵时的下泵深度更大;结构3的气举气源来自本井,因此,电潜泵首先必须满足能独立工作,不适宜用于大排量深抽,但可充分利用本井伴生气的举升功能;结构4兼有结构1的特点,气举对环空液面没有影响,同时还能有效解决含CO_2等酸性气体气举时对上部套管的腐蚀问题,具有良好的应用前景。

3. 适应性评价

电潜泵—气举复合排水采气工艺的适应性评价如下[126-127]:

(1)电潜泵—气举复合排水采气的气举气源可以是本井伴生气,亦可以是外部注入气;电潜泵—气举复合排水采气系统中气举阀技术参数的设计与常规气举一致,其电潜泵的设计方法与单一电潜泵举升工艺的设计方法基本相同;采用电潜泵—气举复合举升工艺后,电潜泵吸入口压力变化不大。(2)将电潜泵—气举复合举升工艺用于大水量、高气水比深井进行排水采气,其利用本井自身气能量排水,减小了排水采气方案设计中电潜泵的使用级数与运行功率,有利于充分发挥气体的举升能力,可节约设备投资及排水采气系统运行成本。(3)电潜泵—气举复合排水采气方案中,当电潜泵系统关闭时还可通过连续注气来保持产量不变;可有效解决单一举升工艺系统负荷过大造成的举升系统失效问题,可利用较少的系统能耗实现深井大排液量深抽。(4)电潜泵举升工艺和气举举升工艺均为大排量、连续举升工艺,能实现子系统间的无干扰耦合,从而避免系统间干扰造成的系统效率降低;可根据现场情况,提高或减小单一子系统的功率,实现排水采气系统的经济技术最优化,并且当复合排水采气系统的两个子系统同时启动卸载时,子系统的启动压力也相应降低。(5)复合排水采气系统可减轻电潜泵的负荷及磨损。电潜泵工作时,油管内的生产流动压力大于气举作业的油管生产流动压力。

4. 应用实例

1)重庆气矿某井

重庆气矿某井产层中部深度为4716m,目前地层压力为29.18MPa,产液指数为59.48MPa·m³/d,地层气液比为56m³/m³。由于井筒积液严重,关井停产,该井进行排水采气设计。

在设计产液量为300m³/d的情况下,从井底至井口做气液百分比分布曲线如图3-5-8所示。在井深4500m处气液百分比为24.5%,故采用旋转式气液分离器,泵深定于4500m。井口压力为1.5MPa,设计排水量为300m³/d,选用Reda公司的DN1800型泵,针对不同注气量的设计方案见表3-5-4。

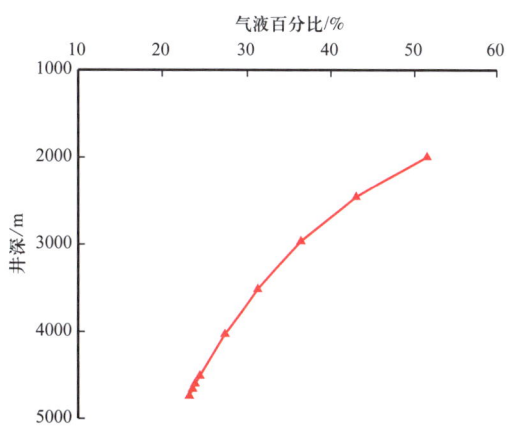

图3-5-8 井筒气液百分比分布曲线图

表 3-5-4　电潜泵—气举复合排水采气设计方案表

举升方式	注气量/ ($10^4 m^3/d$)	电潜泵级数/ 级	电潜泵提供压力/ MPa	注气阀孔径/ mm	当量深度/ m	注气点深度/ m	电潜泵功率/ kW
电潜泵	—	468	21.1	—	—	—	110.8
电潜泵— 气举	0	221	9.8	4.76	3189.8	2905.8	52.0
	0.5	178	8.0	4.76	2984.9	3138.4	41.9
	1.0	142	6.4	4.76	2791.5	3336.1	33.7
	1.5	110	4.9	4.76	2583.7	3544.4	26.0
	2.0	82	3.6	6.35	2417.9	3739.0	19.1
	2.5	58	2.6	6.35	2269.4	3913.3	13.5

由表 3-5-4 可见，在采用相同电潜泵的情况下，随着注气量的增大，选用泵的级数越少，当量深度越浅。而随当量深度的减小，选用泵的级数相应减少，其泵功率也减小。对比单一电潜泵排水采气工艺设计与复合举升排水采气工艺设计结果，复合举升设计的泵须提供的压力明显降低，选用泵级数与泵功率显著下降。如采用将自身气注入电潜泵上部油管的电潜泵—气举复合排水采气方案，使电潜泵提供的压力由 21.1MPa 降至 9.8MPa，由此减少的压降使选用的泵级数由 468 级降至 221 级，减少了 247 级；电潜泵所需功率由 110.8kW 降至 52.0kW，只占原运行功率的 46.9%。

采取电潜泵—气举复合排水采气生产措施时，其井筒压力分布也随之改变，如图 3-5-9 所示，分别表示单一电潜泵排水采气系统与电潜泵—气举复合排水采气系统注气后，液柱密度降低了的压力剖面。图中泵入口压力为 22.2MPa（E 点），复合排水采气泵设计出口压力为 32.0MPa（B 点），单一电潜泵排水采气泵设计出口压力为 43.3MPa（A 点）。A 点与 B 点的压差为 Δp，即为将自身气通过气举阀引入油管后降低了油管内压力梯度而节省的电潜泵需要提供的泵出口压力，为复合举升排水采气较单一电潜泵排水采气方案所节约的泵出口压力。将 B 点的压力值垂直延伸，交单一电潜泵举升系统压降梯度曲线于 C 点，C 点对应的井深在 D 点，D 点深度即为当量深度。当量深度表示组合举升排水采气时，电潜泵出口真实压力所对应的电潜泵视深度。从图 3-5-9 中可看出，将自身气引入油管后，井筒压力梯度明显降低。

通过以上分析可得：

（1）电潜泵—气举复合排水采气的气举气源可以是本井伴生气，也可以是外部注入气；电潜泵—气举复合排水采气系统中气举阀技术参数的设计与常规气举一致，其电潜泵的设计方法与单一电潜泵举升工艺的设计方法基本相同；采用电潜泵—气举复合举升工艺后，电潜泵吸入口压力变化不大。

（2）将电潜泵—气举复合举升工艺用于大水量、高气水比深井进行排水采气，其利用本井自身气能量排水，减小了排水采气方案设计中电潜泵的使用级数与运行功率，有利于充分发挥气体的举升能力，可节约设备投资及排水采气系统运行成本。

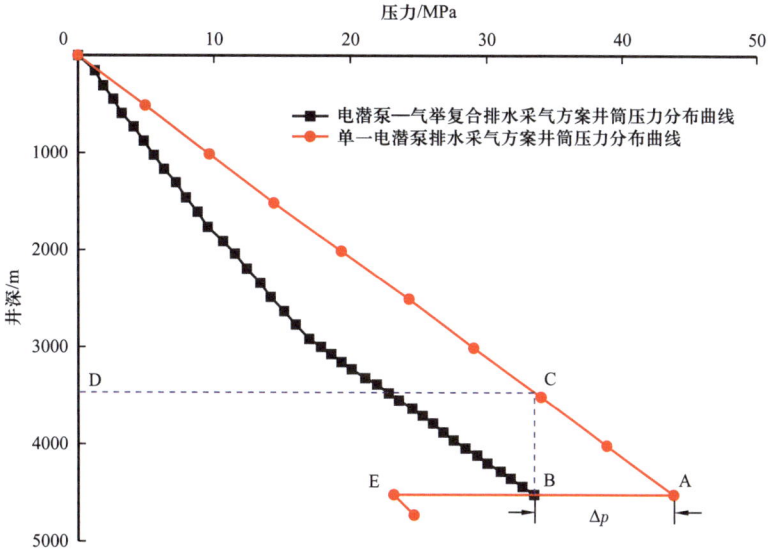

图 3-5-9 两种排水采气方案井筒压力分布对比图

（3）电潜泵—气举复合排水采气方案中，当电潜泵系统关闭时还可通过连续注气来保持产量不变；可有效解决单一举升工艺系统负荷过大造成的举升系统（失效问题，可利用较少的系统能耗实现深井大排液量深抽。

（4）电潜泵举升工艺和气举举升工艺均为大排量、连续举升工艺，能实现子系统间的无干扰耦合，从而避免系统间干扰造成的系统效率降低；可根据现场情况，提高或减小单一子系统的功率，实现排水采气系统的经济技术最优化，并且当复合排水采气系统的两个子系统同时启动卸载时，子系统的启动压力也相应降低。

（5）复合排水采气系统可减轻电潜泵的负荷及磨损。电潜泵工作时，油管内的生产流动压力大于气举作业的油管生产流动压力。

2）V3 井

首先取直径为 $2^7/_8$in 的油管，产液量为 100m³/d，原油相对密度为 0.85，含水率为 50%，天然气相对密度为 0.65。电泵举升能力按有效扬程 4000m（泵出口压力约 30.0MPa）考虑。气举复合接力举升时取注气点深度为 4000m，注气量为 5×10^4m³/d，按两相垂直管流理论计算得注气点处压力为 10.8MPa，即气举接力后相当于电潜泵出口压力下降了 19.2MPa 左右。

图 3-5-7（d）的结构方案，若不考虑井筒温度的限制，在电潜泵额定扬程不变的条件下，气举复合接力举升后使泵出口压力下降的 19.2MPa 将可使下部电潜泵再下深 2000m 以上，电潜泵—气举复合接替举升后，电泵下泵深度可达 6000m 以上。

V3 井油层中深 3600m，油层压力为 25.4MPa，井口流压为 3.0MPa，生产气油比为 290m³/m³，含水 60%，井底流压为 15.2MPa 时产液量达 450m³/d 左右。常规电潜泵优化设计结果见表 3-5-5。利用自力式电潜泵—气举复合设计方法可得电潜泵—气举复合举升设计参数见表 3-5-6。由表 3-5-6 可知，不同泵挂深度将有不同的设计结果，最终方案的选取根据实际生产井的限制条件决定。根据V3井的实际生产情况，最终选择泵挂深度为2500m的电潜泵—气举复合举升方案，对应的电潜泵设计结果见表3-5-7。由表3-5-5与表3-5-7的对比结果可以看出，采用自力式电潜泵—气举复合举升后，虽然工艺较单独的电潜泵举升其泵挂深度有所增加，但电潜泵排出口与吸入口压差变化不大，因此，除电缆增长、电缆能耗略有增加外，井下电潜泵机组可保持不变，复合生产系统较单独的电潜泵的排出口压力降低了17.5%。该井的对比生产表明，自力式电潜泵—气举复合生产系统较单独的电潜泵增产84m³/d，产量提高了23.5%。

表3-5-5 V3井电潜泵常规优化设计结果表

排量/(m³/d)	泵挂深度/m	扬程/m	电泵型号	电机型号	额定功率/hp	电缆型号
400	1950	1400	OCEC400/1500	MH540UT	187	4# 铜线

表3-5-6 V3井电潜泵—气举复合举升设计参数

泵挂深度/m	注气点深度/m	泵吸入口压力/MPa	泵出口压力/MPa		井口套压/MPa	工作阀技术参数			底阀技术参数		
			ESP	ESP-GL		孔径/mm	p_d/MPa	p_{tro}/MPa	孔径/mm	p_d/MPa	p_{tro}/MPa
3000	1300	14.26	20.84	17.07	10.13	7.10	8.01	9.99	6.40	8.68	10.40
2500	925	12.24	18.22	15.04	8.43	7.93	6.78	7.56	7.10	7.18	8.96
2000	525	10.07	15.40	12.87	6.66	9.52	5.27	6.19	7.93	5.94	6.63

表3-5-7 V3井电潜泵—气举复合时的电潜泵设计结果表

排量/(m³/d)	泵挂深度/m	扬程/m	电泵型号	电机型号	额定功率/hp	电缆型号
400	2500	1450	OCEC400/1500	MH540UT	187	4# 铜线

对V3井进行电潜泵—气举复合排水采气可以得出以下结论：

（1）从举升工艺原理与工艺管柱结构看，有多种举升工艺可以组合使用，本书提出的举升工艺组合原则，可为复合工艺的选择提供指导。

（2）深井泵与气举的组合，尤其是电潜泵（ESP）与气举（GL）的组合优点突出、潜力较大。

（3）利用小直径油管与气举阀直接连接代替常规环空气举的组合方案，可避免环空直接气举对动液面深度的影响，为其他举升工艺与气举的组合创造了条件。

（4）在电潜泵排量和举升压头不变的条件下，气举组合接力举升后可使电潜泵的下泵深度达到6000m以上，为深层油气藏的大排量举升提供了技术手段。

3）渤中29-4气田某生产井

渤中29-4气田某生产井基础数据包括物性参数、油藏参数、气藏参数、井筒结构参数和设计参数。物性参数：原油相对密度为0.908、天然气相对密度为0.582、含水率为64%、水相对体积质量为1.026、气油比为132m³/m³。油藏参数：油藏深度为1440m、油藏压力为15.07MPa、油藏温度为70.4℃、产液指数为25m³/（MPa·d）。气藏参数：气藏深度为1243m、气藏压力为12.57MPa、气藏温度为62.97℃。井筒结构参数：油管内径为114.3mm、井深为1470m、套管内径为244.5mm。设计参数：设计产量为270m³/d、设计井口压力为1.5MPa。按定产量和定井口压力条件下参数的设计步骤进行工艺参数设计。

电潜泵机组中的油气分离器一般为旋转式，旋转式油气分离器电潜泵机组在气体占三相总体积的25%时可正常工作。将临界入泵气液比定为25%。设计完成后得出组合举升系统井筒压力分布如图3-5-10所示。

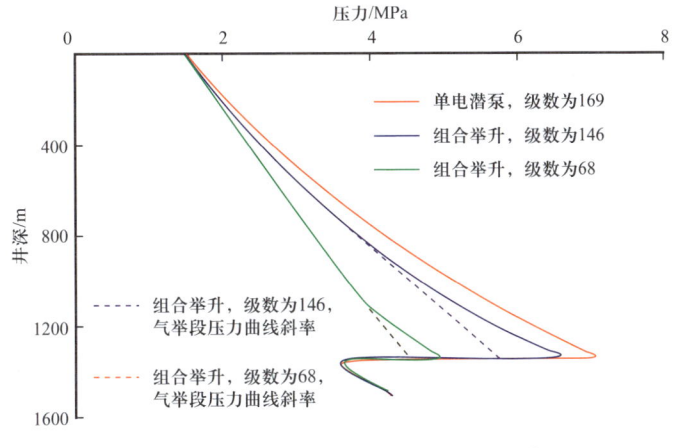

图3-5-10　组合举升系统井筒压力分布

从图3-5-10可见，组合举升工艺中所需电潜泵提供的压力明显小于单电潜泵举升工艺，且注气段的井筒压力梯度比电潜泵段明显降低。

三、气举—泡排复合排水采气

泡排+气举复合工艺是指：从地面向井内注入高压气的同时注入一定量的起泡剂，流入井底的起泡剂在高压气流的搅动下，将使井底气水混合起泡能力更强，从而减小液体在垂直管流动中的混合密度，增大气井的生产压差，提高举升效率，气井连续带水、生产稳定，优于单一的排水采气工艺，达到有效排水和增产的目的。

1. 苏10区块概况

苏10区块地处苏里格气田北部，属于典型的"三低"（低孔隙度、低渗透率、低压）气田，于2006年进行开发，截至2016年3月31日，拥有集气站3座、压缩机12台、生产气井451口、阀室9座，井口日产天然气185×10⁴m³。目前苏10区块常年均启动压缩机进行生产，井口至站间系统压力在0.4~0.5MPa范围内。随着开发时间的延长，苏10区块积液井越来越多，达286口，占总井数的63.4%，精细化管理难度较大，稳产面临挑战。此类井在生产过程中需采取排水采气工艺措施才可持续生产（表3-5-8）。

表 3-5-8 苏 10 区块生产规模表

区块	投产井数/口	井口日产气量/$10^4 m^3$	单井阀室/座	集气站/座	压缩机/台	集气支线/条
苏 10	451	185	9	3	12	5

2. 复合排水采气设计

苏 10 区块属于典型的苏里格"三低"气田，采用单一的排水采气方式无法达到最佳的排液效果并保证产液井的连续排液生产。因此，对于采用了单种工艺效果不明显的气井，可结合各类排水采气优点，采取多种排水采气复合排液的办法，使气井成功复产并保证连续稳产。

根据各种排水采气措施在苏 10 区块的应用效果，做出各类排水采气措施优缺点对比见表 3-5-9。

表 3-5-9 苏 10 区块各类排水采气措施对比表

排水采气措施	优点	缺点
泡沫排水	适用于绝大多数气井，成本较低，操作简单，可连续开展，效果明显	气井积液严重时，效果不佳
氮气、压缩机气举	适用于积液严重的气井，能够使气井短时间内排出积液，恢复生产，效果显著	短时间内效果较好，但效果不能持续，且无法应用于油套不连通气井或节流器生产气井
降低井口压力	适用于油套不连通气井或节流器生产气井，成本较低，能够使气井短时间内排出积液，恢复生产，效果显著	短时间内效果较好，但效果不能持续，且对低产能的气井效果不佳

开展复合排水采气措施时应有以下原则：（1）措施气井应同时满足各类排水采气工艺要求；（2）各类排水采气工艺同时开展时应互相弥补单独工艺的缺点，将复合效果最大化；（3）开展复合排水采气后的回报应大于成本。根据以上原则，得出复合式排水采气方式见表 3-5-10。

3. 复合 I 型措施应用效果

苏 10-53-33 井于 2006 年 9 月投产，目前无阻生产，生产流程为直接进苏 10-1 站。该井在生产过程中缓慢积液，单纯采取泡沫排水采气措施效果不佳 [图 3-5-11（a）]，平均日产量仅为 $0.01 \times 10^4 m^3$，后期几乎无产能。2014 年 5 月 16 日，对该井开展氮气气举 [图 3-5-11（b）]，该井平均日产量达到 $2.91 \times 10^4 m^3$，但随着生产时间的延长，该井平均日产逐渐由于缓慢积液降至 0。2014 年 9 月 11 日，在对该井再次开展氮气气举前，在井筒中投入泡排棒 6 根，并在氮气气举过程中将该井进站生产流程导为放空流程，即整体开展复合 I 型排水采气措施 [图 3-5-11（c）]，措施结束后，该井平均日产量达到 $3.62 \times 10^4 m^3$，后期辅以泡沫排水措施（2 天/次，1 次 3 根），该井平均日产量稳定在 $0.46 \times 10^4 m^3$，复产成功。

表 3-5-10　苏 10 区块复合排水采气措施可行性分析表

名称	复合方式	理论可行性	是否可行
复合Ⅰ型	泡沫排水＋氮气／压缩机气举＋降低井口压力	各项排水采气工艺均符合要求的气井，气井积液严重时，在气举施工前对井筒内注入泡排剂，降低井筒内气液密度，随后导通该井进站后的站内放空流程，待井口压力降至 0 后，开展氮气／压缩机气举施工，复产后定期采取泡排实现气井连续携液稳产	可行
复合Ⅱ型	泡沫排水＋氮气／压缩机气举	针对不是直接进站气井，气井积液严重时，在气举施工前对井筒内注入泡排剂，降低井筒内气液密度，随后开展氮气／压缩机气举施工，复产后定期采取泡排实现气井连续携液稳产	可行
复合Ⅲ型	泡沫排水＋降低井口压力	针对节流器生产或油套不连通气井，气井积液严重时，在气举施工前对井筒内注入泡排剂，降低井筒内气液密度，随后导通该井进站后的站内放空流程，待井口压力降至 0 后开井排液生产，复产后定期采取泡排实现气井连续携液稳产	可行

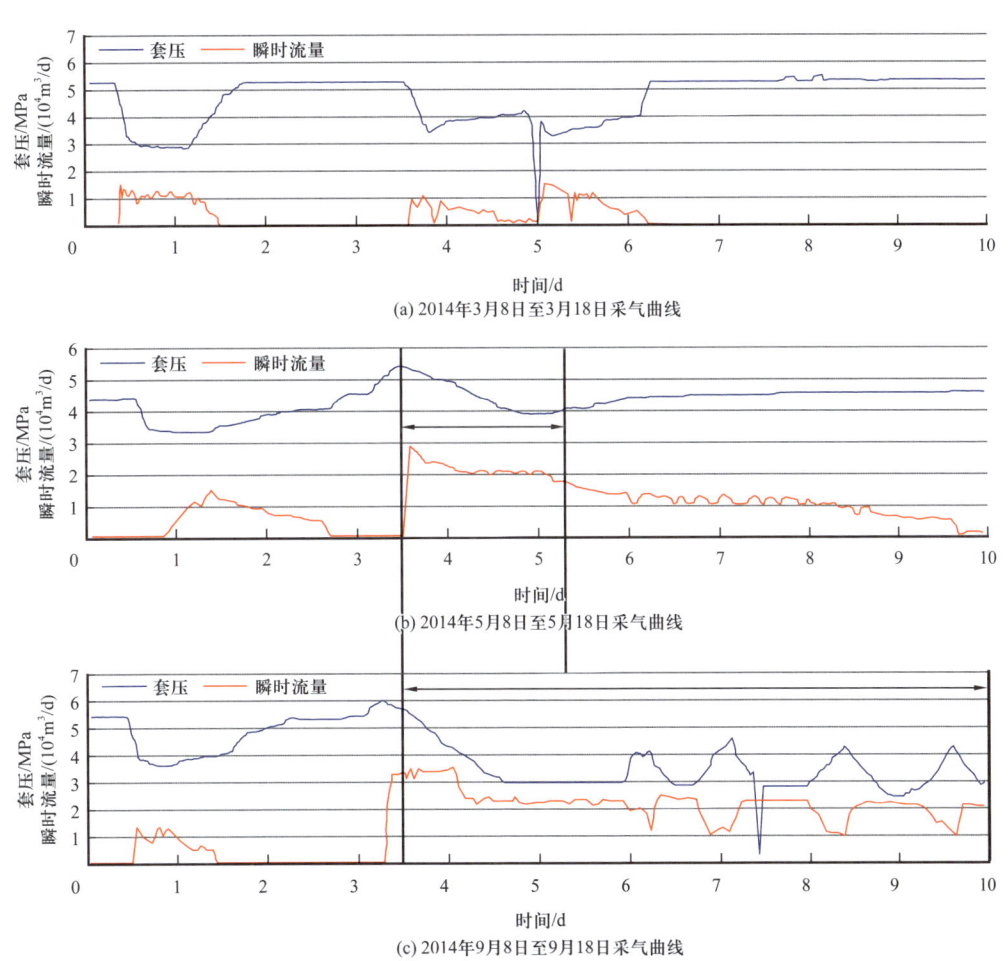

图 3-5-11　苏 10-53-33 井采气曲线图

4. 复合 II 型措施应用效果

苏 10-34-24 井于 2006 年 10 月投产，目前无阻生产。该井在生产过程中缓慢积液，单纯采取泡沫排水采气措施效果不佳［图 3-5-12（a）］，平均日产为 $0.34 \times 10^4 m^3$。2014 年 4 月 15 日，对该井开展氮气气举［图 3-5-12（b）］，该井平均日产达到 $1.48 \times 10^4 m^3$，但随着生产时间的延长，该井平均日产逐渐由于缓慢积液降至 0。2014 年 6 月 30 日，在对该井再次开展氮气气举前，在井筒中投入泡排棒 6 根，即整体开展复合 II 型排水采气措施［图 3-5-12（c）］，措施结束后，该井平均日产量达到 $3.39 \times 10^4 m^3$，后期辅以泡沫排水措施（2 天 / 次，1 次 3 根），该井平均日产量稳定在 $0.65 \times 10^4 m^3$，效果明显。

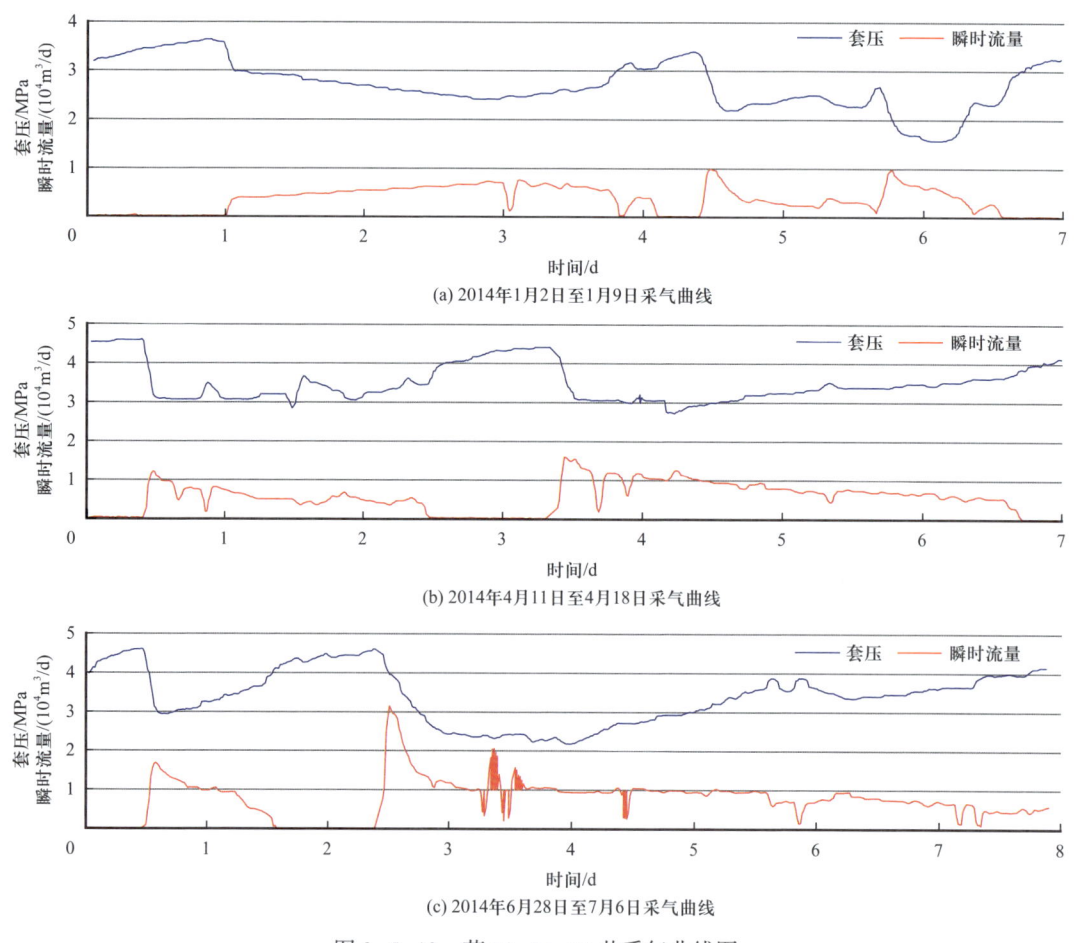

图 3-5-12　苏 10-34-24 井采气曲线图

5. 复合 III 型措施应用效果

苏 10-31-48H 井于 2009 年 6 月投产，由于采用裸眼封隔器，该井油套不连通。2014 年 3 月 5 日，该井由于水淹严重停产。由于该井无法采用氮气／压缩机气工艺，因此尝试泡沫排水采气［图 3-5-13（a）］及降低井口压力排液［图 3-5-13（b）］，但效果仍然较差，复产失败。2014 年 11 月 9 日，对该井井筒内投入泡排棒 6 根，2h 以后将该井进站生产流程导为放空流程,即开展复合Ⅲ型排水采气措施[图3-5-13(c)],该井平均日产随即达到$2.95\times10^4m^3$,后期辅以泡沫排水措施(3天/次,1次3根),该井平均日产稳定在$0.95\times10^4m^3$,复产成功。

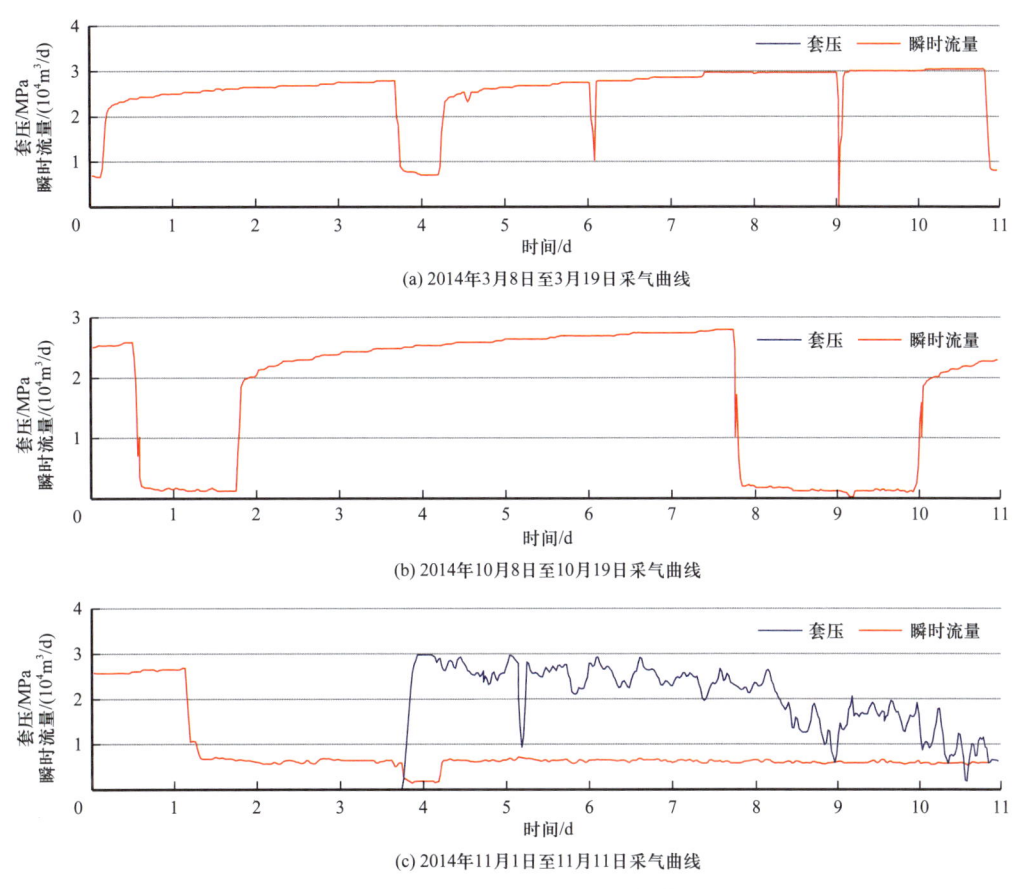

(a) 2014年3月8日至3月19日采气曲线

(b) 2014年10月8日至10月19日采气曲线

(c) 2014年11月1日至11月11日采气曲线

图3-5-13 苏10-31-48H井采气曲线图

6. 现场结论与认识

(1)单一的排水采气措施不能保证使苏10区块等典型"三低"气田气井持续携液,连续稳产。

(2)苏10区块日产量为$0.09\times10^4m^3$以上直接进站生产的气井,开展降低井口压力携液生产时,能取得一定的效果,该方法特别适用于无法开展气举的单井(如油套不连通、节流器生产等)。

(3)复合排水采气工艺能够使各类单一的排水采气工艺进行互补,对于采用了单种工艺效果不明显的气井,可结合各类排水采气优点,采取多种排水采气复合排液的办法,将气井成功复产并保证连续稳产。

(4)针对苏10区块进阀室的气井,由于未直接进站,出于安全及环保的考虑,无法开展降低井口压力排液,建议对苏10区块9座阀室进行技术改造,增加闪蒸分液罐,升级放空火炬，使其可以开展降低井口压力排液工艺措施。

7. 复合工艺适应性评价

气举—泡排复合排水采气工艺的适应性评价如下：

（1）该工艺可适用于气举、泡排不能单独使用的低压井，扩大了单项工艺的适用范围，并取得了较好效果。

（2）添加起泡剂降低了管柱内液体的表面张力、摩阻损失和重力梯度，气举—泡排复合工艺的注采比明显低于常规气举工艺，在目前气田进入开发中后期，高压气源供需矛盾越来越突出的情况下，采用该工艺可减少高压气源的使用，降低注气成本。

（3）采用该工艺后，由于带水能力的增强，可较好地改善气液两相在井眼内的流动状态，达到降低井底流压、增大生产压差的目的。

（4）气举辅助泡排排水采气工艺是在泡沫排水采气后期依靠压缩机辅助能量实现连续助排。小型压缩机小排量连续助排能够实现一个低伤害、温和的排水采气过程，特别对于低压、低产气井较为适用，能够有效地排出井筒积液，同时达到增产的目的。

（5）气举辅助泡排排水采气工艺可应用于低产积液停产气井的有效复产，也可用于产水气井连续稳定助排生产，可提高排水采气效率，排水效果优于单一的泡沫排水采气和压缩机气举排水采气。

总结来看：该方法特别适用于无法开展气举的单井（如油套不连通、节流器生产等）。气举辅助泡排排水采气工艺可应用于低产积液停产气井的有效复产，也可用于产水气井连续稳定助排生产，可提高排水采气效率，排水效果优于单一的泡沫排水采气和压缩机气举排水采气。因此其适用于气举、泡排不能单独使用的低压井，扩大了单项工艺的适用范围，并取得了较好效果。

第六节　小　　结

长庆气区气藏具有低渗透、低压、低产、低丰度等特点，下古生界气藏地质构造复杂，上古生界气藏岩性变化大，储层非均质性都很强，含气层段多，物性差，几乎无自然产能，每口井均须通过压裂酸化改造后才能投产，开发难度大。随着气田不断开发，钻遇储层物性越来越差，地层水沿裂缝窜入，对气藏产生了分割，形成了死气区，使最终采收率降低。一般的纯气藏的采收率可达到90%以上，而产水气藏的平均采收率为40%～60%，剩下的30%～50%以上的储量，因两相流动和水对渗透区的封隔而采不出来。气藏产水后，在毛细管力的作用下，侵入水向主干裂缝两侧的支缝网格的孔隙介质中渗吸，降低了主裂缝中补给气流的能力和气的相对渗透率，使气井产量迅速下降，提前进入递减期，降低了气藏的采气速度。气藏产水后，由于在主要渗流通道和气井自喷管柱内形成气水两相流动，管柱内的阻力损失和气藏的能量损失显著增大。据初步统计，两项损失约占地层能量的50%～80%，从而使气井井筒回压增大，井口压力降低，导致气井自喷带水能力变差，产气量逐渐降低乃至因积液严重而水淹。

然后对6种强排工艺（射流泵、机抽、电潜泵、连续气举、速度管柱、泡排）的适应性评价，包括各自的工艺原理、工艺特点、工艺流程、工艺适应性以及应用情况。最后调研复合强排工艺。总结得出其各自适应性，见表3-6-1和表3-6-2。

表3-6-1 单体强排工艺适应性评价

工程类别	最大排量/（m³/d）	最大井深/m	气井类型	斜井或弯曲适应性	气液比/（m³/m³）	H_2S含量/（g/m³）	矿化度/（mg/L）	井温/℃	压力条件
射流泵	1900	6000	水淹井复产，强排气	适宜	≤1000	≤100	≤50000	≤120	井底流压≥6MPa
电潜泵	15000	6000	水淹井、强排井	受限	≤1000	≤105	≤50000	≤200	井底流压≥6MPa
连续气举	1000	5500	水淹井复产，强排气	适宜	无影响	无影响	无影响	无影响	井底静压≥8MPa
机抽	100	5800	水淹井复产、间喷井	受限	≤500	≤30	≤90000	≤120	无影响
泡沫	150	6000	弱喷、间喷产水井	适宜	≥160	≤110	≤250000	≤150	油套压差≥2MPa
速度管柱	100	5000	间喷井、弱喷井	较适宜	≥250	无影响	无影响	无影响	无影响

表3-6-2 复合强排工艺适应性评价

复合强排工艺	适应性评价
机抽—速度管柱	该工艺适用于初期产气量较大（>1×10⁴m³/d）、产水量相对较高（3~30m³/d），且井口到液面的距离小于2500m的气井
电潜泵—气举	该工艺下泵深度可达6000m以上，为深层油气藏的大排量举升提供了技术手段
泡排—气举	该方法特别适用于无法开展气举的单井（如油套不连通、节流器生产等）。气举辅助泡排排水采气工艺可应用于低产积液停产气井的有效复产，也可用于产水气井连续稳定助排生产，可提高排水采气效率，排水效果优于单一的泡沫排水采气和压缩机气举排水采气。因此其适用于气举、泡排不能单独使用的低压井，扩大了单项工艺的适用范围，并取得了较好效果

第四章 长庆气区采气工艺优选

本章针对长庆气田的地质特征、产水气井生产状况确定了排水采气工艺的优选原则。通过理论分析，优选出产气量、产水量和举升效率等工程技术指标，构建出排水采气工艺方法优选的技术指标体系。对多维偏好分析法、夹角度量法、双基点法、灰色关联分析和层次分析法进行分析，确立了基于层次分析法的决策方法。基于层次分析法，本章编写了一套长庆气田致密气藏排水采气工艺优选的软件，并结合实例进行工艺的优选。

第一节 采气工艺技术优选

一、优选原则

水侵气藏排水采气的可行性，必须建立在气藏工程和气田地质研究工作的基础上，特别是对气水关系、储层、水侵特征、气水开发动态特征和残余气分布等的认识，才能避免盲目性，取得好的治理效果。实践证明适合进行排水采气的水侵气藏和气井有以下地质特征：

（1）水体具封闭性，没有区域供水的有水气井与气藏。这类气藏边底水的弹性能量有限，具可排性，排水可消耗水体弹性能量，降低水体压力，就能使水封气解封而产出，"不排没有气，小排出小气，大排出大气"。超水侵强度的排水采气效果更好。如有条件对气藏实施早期排水效果更佳。

（2）储层为非均质性很强的多重介质的有水气藏与气井。这类气藏在开发中，水沿断层、裂缝、大孔道横侵纵窜选择性水侵，造成不同方式的水封，一次采收率不高，水封气的残余丰度较大，这也就为治理水侵气藏以及二次采气的物质奠定了基础。此种类型的气藏实施排水采气能有效提高产气能力和采收率。

对于孔隙介质单一的均质有水气藏，开发过程中水驱效率比较高，气水界面可以比较均匀地向前推进，驱动能量主要来源于水推气，一次采采收率为70%～80%，开发后期气藏压力低，残余的水封气丰度较低，产能小，实施排水采气工艺成本高、效果差，应进行充分的经济论证。

（3）剩余储量较大的有水气井与气藏。剩余储量大小及分布是有水气藏可行性论证的主要依据，与气藏排水采气系统相配套的注排系统、工艺设备、修井作业工程和卤水处理系统等的投入较大，剩余储量大，增产气量多，工艺投入回报率高，经济效益好。

（4）对于高产气水井的有水气藏。必须实施排水采气开采工艺强行排水，并且排水强度的要求还应该与气藏工程相符合，对气井来说，裂缝发育的高产气井排水采气效果最好。对气藏来说，要有一批大排水井作保证，达到超水侵速度的强排。

1. 地质条件

1）产层水总矿化度

（1）总矿化度大于90000mg/L时，不适宜采用机抽排水采气工艺，可以考虑优选管柱、泡排、气举、电潜泵、射流泵排水采气工艺。

（2）总矿化度大于1.2×10^5mg/m³时，不适宜采用泡沫排水采气工艺，可以考虑优选管柱、气举、电潜泵、射流泵排水采气工艺。

2）地层温度

（1）地层温度$T>149℃$时，不适宜采用泡排、机抽、电潜泵、射流泵排水采气工艺。可以考虑采用气举、优选管柱排水采气工艺。

（2）地层温度为$120℃<T<149℃$时，不适宜采用射流泵、机抽以及国产电潜泵排水采气工艺，可考虑优选管柱、泡排、气举、电潜泵、排水采气工艺。

（3）地层温度为$100℃<T<120℃$时，不适宜机抽排水采气工艺，可以考虑优选管柱、泡排、气举、电潜泵、射流泵排水采气工艺。

（4）地层温度$T<100℃$时，优选管柱、泡排、气举、机抽、电潜泵、射流泵排水采气工艺都可以采用。

3）产层中深

（1）产层中深$H>4000$m时，不适宜采用机抽排水采气工艺，可以考虑优选管柱、泡排、气举、电潜泵、射流泵排水采气工艺。

（2）产层中深1000m$<H<4000$m时，不适宜采用优选管柱排水采气工艺，可以考虑泡排、气举、机抽、电潜泵、射流泵排水采气。

（3）产层中深$H<1000$m时，不适宜采用机抽、优选管柱排水采气工艺，可以考虑泡排、气举、电潜泵、射流泵排水采气工艺。

4）腐蚀性（CO_2含量、H_2S含量）

（1）CO_2含量大于115mg/m³时，不适宜采用机抽排水采气工艺，可以考虑优选管柱、泡排、气举、电潜泵、射流泵排水采气工艺。

（2）H_2S含量大于300mg/m³时，不适宜采用机抽排水采气工艺，可以考虑优选管柱、泡排、气举、电潜泵、射流泵排水采气工艺。

2. 产水气井生产状况

1）剩余储量

单井控制储量小于0.5×10^8m³，剩余可采储量小于0.1×10^8m³时，不适宜采用气举排水采气工艺，可以优选管柱、泡排、机抽、电潜泵、射流泵排水采气工艺。

2）日产水量

（1）日产水量大于120m³/d时，不适宜采用泡沫排水采气工艺，可以考虑优选管柱、气举、机抽、电潜泵、射流泵采气工艺。

(2）日产水量小于 80m³/d 时，不适宜采用电泵排水采气工艺，可以考虑优选管柱、泡排、气举、机抽、射流泵排水采气工艺。

3）气井状态

气井为水淹停产井时，不适宜采用泡沫排水采气工艺，可以考虑优选管柱、气举、机抽、电潜泵、射流泵采气工艺。

4）井身状况

斜井或弯曲井时，不适宜采用电泵、机抽排水采气工艺，可以考虑优选管柱、泡排、气举、射流泵排水采气工艺。

二、技术指标

排水采气的目的是将产水气井积液排出地面，从而恢复或者提高气井的产量，因此由下列三种技术指标参数构成排水采气工艺方法优选的技术指标体系。

1. 产气量

获得持久更高的产气量是天然气井生产的目的所在，因此，可以根据不同工艺预测气井产气量并且作为评价工艺效果的一项技术指标。

如果是在高气液比的情况下，产气量的计算可以应用二项式产能公式进行预测。由于采用了不同的排水采气工艺时，井筒内的生产状况也将有所不同，因此，井底流压也因工艺而有差别，所以，需根据各种工艺的设计特点进行分析计算。

1）优选管柱排水采气工艺

如果产气量等于临界携液流量，即：

$$q_{g(0)} = q_{sc} \qquad (4-1-1)$$

式中　$q_{g(0)}$——产气量，$10^4 m^3/d$；

　　　q_{sc}——临界携液流量，$10^4 m^3/d$。

（1）由计算公式 $q_{sc} = 2.5 \times 10^4 \dfrac{A p d_g}{ZT}$ 求出临界油管管径，其中，A 为油管内部横截面积，m^2；p 为计算点压力，MPa；d_g 为临界油管管径，m；Z 为气体压缩因子；T 为温度，K；

（2）选择合适的油管直径，并根据井底流压的过程重新进行计算得到井底流压；

（3）以此井底流压为新的起点，求出井口油压；

（4）假如井口油压<井口输压，则回到（2）重新进行计算；

（5）根据产能公式确定优选管柱排水采气工艺的产气量；

（6）如果产气量不小于临界携液流量，则过程结束，否则回到（2）重新进行计算。

2）泡沫排水采气工艺

主要考虑井口压力不能低于井口输压，首先假定井口压力等于井口输压，即：

$$p_{tf} = p_f \qquad (4-1-2)$$

式中 p_{tf}——井口压力，MPa；

p_f——井口输压，MPa。

以井口压力为起点，并依据井底流压计算过程，先求出井底流压，再根据产能公式求出泡沫排水采气工艺的产气量。

3）气举排水采气工艺

气举排水采气工艺的设计是在产量已知的情况下进行的，首先假定一产气量，即：

$$q_{g(0)}=q_g \qquad (4-1-3)$$

（1）根据 IPR 曲线计算产量 q_g 所对应的井底流压；

（2）以井底流压为起点，计算得出井口油压；

（3）若井口油压小于井口输压，则返回重新假设产量进行计算；

（4）根据气举排水采气工艺步骤计算得到注气压力；

（5）考虑注气压力与所选设备是不是相匹配，如果不相匹配，则返回重新假设产量进行计算。

4）机抽、电泵、射流泵排水采气工艺

假定一产量，令：

$$q_{g(0)}=q_g \qquad (4-1-4)$$

（1）根据多相流关系式计算 q_g 所对应的井底流压；

（2）根据产能方程得到一个计算产量 q'_g；

（3）对比 q'_g 与 $q_{g(0)}$ 是否接近，如果两者相差较大，则重新假设产量返回（1）进行计算；

（4）根据工艺设计结果，检查其是否超过设备的额定值；

（5）如果超过额定值，减小 q_g 返回（1）重新计算，否则即可确定产量为 q'_g。

2. 产水量

排水采气的目的是将产水气井的积液排出地面，从而恢复或者提高气井的产量，因此产水量也可以作为评价工艺效果的一项重要的技术指标。

由于产水量的预测过程与产气量的预测过程一样，所以求解步骤也相同，参考上述方法可求得产水量的预测值。

3. 举升效率

产水气井举升系统是指从井底经过举升管柱至井口的气液两相上升流动系统，可以将举升效率定义为举升系统的当量输出功率与当量输入功率之比：

$$\eta = \frac{P_{出}}{P_{入}} \qquad (4-1-5)$$

式中 η——气井举升效率；

$P_\text{入}$——气举井举升系统当量输入功率，kW；

$P_\text{出}$——气举井举升系统当量输出功率，kW。

由式（4-1-5）可以看出，举升效率越高，表明气井的能耗损失越小，气井的有效投入也就越高，对同一口井实施不同的排水采气工艺，所得的举升效率将有所不同，因此，举升效率的高低也被作为一项技术指标用来评价排水采气工艺的优劣，并为产水气井的工艺优选提供可靠的依据。

单位时间内流经气井井口断面的气液混合物所具有的位能与压能被称为举升系统的当量输出功率：

$$P_\text{出}=P_\text{P}+P_\text{h} \tag{4-1-6}$$

式中 P_P——单位时间内举升至地面的气液混合物所具有的压能，kW；

P_h——单位时间内举升至地面的气液混合物所具有的位能，kW。

在流入井筒的断面上，单位时间内地层产出混合物所具有的能量以及工艺设备系统提供的能量被称为举升系统的当量输入功率：

$$P_\text{入}=P_\text{ii}+P_\text{地} \tag{4-1-7}$$

式中 P_ii——实施工艺所提供的能量，kW；

$P_\text{地}$——单位时间内地层供给的能量，kW。

由于所选工艺上的差异，使得上面所讲的各种相关会有所不同，因此，根据举升效率的定义式将不同排水采气工艺的举升效率分别计算如下：

（1）优选管柱排水采气工艺举升效率 η_g。

根据定义，有：

$$\eta_\text{g}=\frac{P_\text{pg}+P_\text{hg}}{P_\text{ig}+P_\text{地g}} \tag{4-1-8}$$

式中 P_pg——实施优选管柱工艺单位时间内举升至地面的气液混合物具有的压能，kW；

P_hg——实施优选管柱工艺单位时间内举升至地面的气液混合物具有的位能，kW；

P_ig——实施优选管柱工艺所提供的能量，kW；

$P_\text{地g}$——实施优选管柱工艺单位时间内地层供给能量，kW。

其中

$$P_\text{pg}=\frac{p_\text{whg}(q_\text{gg}+q_\text{wg})}{86.4} \tag{4-1-9}$$

式中 p_whg——实施优选管柱工艺井口油压，MPa；

q_gg——实施优选管柱工艺产气量，m³/d；

q_wg——实施优选管柱工艺产水量，m³/d。

$$P_\text{hg}=\frac{(\rho_\text{g}q_\text{gg}+\rho_\text{w}q_\text{wg})gH}{86.4}\times10^{-6} \tag{4-1-10}$$

式中 ρ_g——气体密度，kg/m^3；
　　ρ_w——水的密度，kg/m^3；
　　g——重力加速度，取 $9.81m/s^2$；
　　H——举升高度，m。
其他符号含义同上文。

$$P_{地g} = \frac{p_{wfg}(q_{gg} + q_{wg})}{86.4} \qquad (4-1-11)$$

式中 p_{wfg}——实施优选管柱排水采气工艺井底流压，MPa。
其他符号含义同上文。

所以，将式（4-1-8）至式（4-1-10）代入式（4-1-11）整理即可得优选管柱排水采气工艺系统效率为：

$$\eta_g = \frac{p_{whg}}{p_{wfg}} + \frac{(\rho_g q_{gg} + \rho_w q_{wg})gH}{q_{gg} + q_{wg}} \times 10^{-6} \qquad (4-1-12)$$

（2）泡沫排水采气工艺举升效率 η_p。
同优选管柱排水采气工艺举升效率一样，有：

$$\eta_p = \frac{P_{pp} + P_{hp}}{P_{ip} + P_{地p}} \qquad (4-1-13)$$

式中 P_{pp}——实施泡排工艺单位时间内举升至地面的气液混合物所具有的压能，kW；
　　P_{hp}——实施泡排工艺单位时间内举升至地面的气液混合物所具有的位能，kW；
　　P_{ip}——实施泡排工艺所提供的能量，kW；
　　$P_{地p}$——实施泡排工艺单位时间内地层供给能量，kW。
其中

$$P_{pp} = \frac{p_{whp}(q_{gp} + q_{wp} + q_p)}{86.4} \qquad (4-1-14)$$

式中 p_{whp}——实施泡排工艺井口油压，MPa；
　　q_{gp}——实施泡排工艺产气量，m^3/d；
　　q_{wp}——实施泡排工艺产水量，m^3/d；
　　q_p——泡排剂投用量，m^3/d。

$$P_{hp} = \frac{(\rho_g q_{gp} + \rho_w q_{wp} + m_p)gH}{86.4} \times 10^{-6} \qquad (4-1-15)$$

式中 m_p——泡排剂用量，kg/m^3。
其他符号含义同上文。

$$P_{ip} = \frac{p_{wfp} q_p}{86.4} \quad (4-1-16)$$

式中　p_{wfp}——实施泡排工艺井底流压，MPa。

其他符号含义同上文。

$$P_{\text{地}p} = \frac{p_{wfp}(q_{gp} + q_{wp})}{86.4} \quad (4-1-17)$$

将式（4-1-13）至式（4-1-16）代入式（4-1-17）整理即可得泡沫排水采气工艺系统效率为：

$$\eta_p = \frac{p_{whp}}{p_{wfp}} + \frac{(\rho_g q_{gp} + \rho_w q_{wp} + m_p)gH}{(q_p + q_{gp} + q_{wp})} \times 10^{-6} \quad (4-1-18)$$

（3）气举排水采气工艺举升效率 η_q。

根据定义可知：

$$\eta_q = \frac{P_{pq} + P_{hq}}{P_{iq} + P_{\text{地}q}} \quad (4-1-19)$$

式中　P_{pq}——实施气举工艺单位时间内举升至地面的气液混合物所具有的压能，kW；

P_{hq}——实施气举工艺单位时间内举升至地面的气液混合物所具有的位能，kW；

P_{iq}——实施气举工艺所提供的能量，kW；

$P_{\text{地}q}$——实施气举工艺单位时间内地层供给能量，kW。

其中

$$P_{pq} = \frac{p_{whq}(q_{gq} + q_{wq} + q_q)}{86.4} \quad (4-1-20)$$

式中　p_{whq}——实施气举工艺井口油压，MPa；

q_{gq}——实施气举工艺产气量，m³/d；

q_{wq}——实施气举工艺产水量，m³/d；

q_q——实施气举工艺注气量，m³/d。

$$P_{hq} = \frac{(\rho_g q_{gq} + \rho_w q_{wq} + \rho_q q_q)gL_i}{86.4} \times 10^{-6} \quad (4-1-21)$$

式中　ρ_q——注入气体密度，kg/m³；

L_i——注气点深度，m。

其他符号含义同上文。

$$P_{iq} = \frac{p_v q_q}{86.4} \quad (4-1-22)$$

式中　p_v——实施气举工艺注气点出压力，MPa。

其他符号含义同上文。

$$P_{\text{地}q} = \frac{p_v(q_{gv} + q_{wv})}{86.4} \quad (4-1-23)$$

式中　$P_{\text{地}q}$——实施气举工艺单位时间内地层供给能量，kW；

　　　p_v——实施气举工艺注气点处压力，MPa；

　　　q_{gv}——实施气举工艺产气量，m³/d；

　　　q_{wv}——实施气举工艺产水量，m³/d。

所以，将式（4-1-19）至式（4-1-22）代入式（4-1-23），整理即可得气举排水采气工艺系统效率为

$$\eta_q = \frac{p_{whq}}{p_{wfq}} + \frac{(\rho_g q_{gq} + \rho_w q_{wq} + \rho_q q_q)gL_i}{(q_q + q_{gq} + q_{wq})} \times 10^{-6} \quad (4-1-24)$$

（4）游梁式抽油机—深井泵排水采气工艺举升效率 η_j。

$$\eta_j = \frac{P_{pj} + P_{hj}}{P_{ij} + P_{\text{地}j}} \quad (4-1-25)$$

式中　P_{hj}——实施游梁式抽油机—深井泵排水采气工艺单位时间内举升至地面的气液混合物所具有的位能，kW；

　　　P_{pj}——实施游梁式抽油机—深井泵排水采气工艺单位时间内举升至地面的气液混合物所具有的压能，kW；

　　　$P_{\text{地}j}$——实施游梁式抽油机—深井泵排水采气工艺单位时间内地层供给能量，kW；

　　　P_{ij}——实施游梁式抽油机—深井泵排水采气工艺所提供的能量，kW。

其中

$$P_{pj} = \frac{p_{whj}(q_{gj} + q_{wj})}{86.4} \quad (4-1-26)$$

式中　p_{whj}——实施游梁式抽油机—深井泵排水采气工艺井口油压，MPa；

　　　q_{gj}——实施游梁式抽油机—深井泵排水采气工艺产气量，m³/d；

　　　q_{wj}——实施游梁式抽油机—深井泵排水采气工艺产水量，m³/d。

$$P_{hj} = \frac{(\rho_g q_{gj} + \rho_w q_{wj})gH}{86.4} \times 10^{-6} \quad (4-1-27)$$

$$P_{ij} = \frac{9.80665 \gamma_w H q_{wj}}{86400} \quad (4-1-28)$$

式中　γ_w——举升液体相对密度。

$$P_{\text{地}j} = \frac{P_{\text{wfj}}(q_{\text{gj}} + q_{\text{wj}})}{86.4} \quad (4-1-29)$$

将式（4-1-25）至式（4-1-28）代入式（4-1-29）整理即可得游梁式抽油机—深井泵排水采气工艺系统效率为：

$$\eta_j = \frac{P_{\text{whj}}(q_{\text{gj}} + q_{\text{wj}}) + (\rho_{\text{g}} q_{\text{gj}} + \rho_{\text{w}} q_{\text{wj}}) gH \times 10^{-6}}{9.80665 \gamma_{\text{w}} H q_{\text{wj}} \times 10^{-3} + P_{\text{wfj}}(q_{\text{gj}} + q_{\text{wj}})} \quad (4-1-30)$$

由式（4-1-30）可知，公式与工艺的具体形式不相关，所以该公式也同样适用于电潜泵、射流泵的排水采气工艺举升效率的计算。

三、方法优选

本章主要是在排水采气工艺方法选择原则的基础上，通过对比分析多维偏好分析法、夹角度量法、双基点法、灰色关联分析以及层次分析法5种常用的多目标决策方法，为排水采气工艺优选提供一种计算过程相对简单、主观因素影响较少并且评价结果更加客观的计算方法，并建立相应的排水采气工艺优选数学模型。

1. 排水采气工艺选择的原则

（1）详细了解产水气藏、气井的地质特征、开采历史和现状、井下及地面工程相关资料。

（2）熟悉各种排水采气工艺的特点和适应性。

（3）优先选择投资少、见效快的工艺，如泡排、气举等。

（4）在邻井有高压气源时应优先选择气举。

（5）对储量大、井数多的有水气藏，在考虑气藏整体治水时，可选择构造低部位水淹区的井实施电潜泵、气举等工艺实施连续大水量强排水，改善全气藏的开发状况。

（6）在设计气举工艺时，应尽可能考虑气举与增压两用流程，因为增压可以最大限度降低井口（井底）回压，增大采气压差，更有利于气水流动。

（7）再设计半闭式气举时，可采取封堵油管鞋的办法代替封隔器，注入气从油管进，气水从套管环空出，这样可减少下井封隔器不能起出的风险，且有利于检阀、换油管等作用。

2. 排水采气工艺优选的方法

1）多维偏好分析性规划法

多维偏好分析线性规划法即（Linear Programming Techniques for Multidimensional Analysis of Preference，LINMAP）。主要是借助于定义的理想解，并度量方案和理想解的距离来给方案排序，也就是根据决策者对方案两两比较的结果，以及这种判断与加权距离模型的一致程度，对方案排序。其中理想解不是事先给定的，而是通过决策者对方案的成对比较去估计权重和理想解的位置。

设有 m 个目标 f_j（$j=1, 2, \cdots, m$），n 个方案 x_i（$i=1, 2, \cdots, n$），第 i 个方案 x_i 对应于第 j 个目标 f_j 的值为 f_{ij}，其规范化值为 Z_{ij}（$i=1, 2, \cdots, n$，$j=1, 2, \cdots, m$）。任何一个方案在目标空间的规范化坐标为（$Z_{i1}, \ldots, Z_{im}$），理想方案在目标空间的规范化坐标为（$Z_1^*, \cdots, Z_m^*$）。用欧几里得范数作为距离的测度，则任何方案与理想解方案的距离为：

$$d_i = \sqrt{\sum_{j=1}^{m} \omega_j (Z_{ij} - Z_j^*)^2} \qquad i=1,2,\cdots,n \qquad (4-1-31)$$

相应的平方距离为：

$$S_i = d_i^2 = \sum_{j=1}^{m} \omega_j (Z_{ij} - Z_j^*)^2 \qquad i=1,2,\cdots,n \qquad (4-1-32)$$

其中，ω_j 和 Z_j^* 均为待定的参数，需要通过对方案的两两比较来确定。

式（4-1-32）称为加权距离模型。

为了方便，假设将方案对（x_k, x_l）作比较后，认为方案 k 优于方案 l，用记号（k, l）表示，故（k, l）表示有序方案对。用 $Q=\{(k, l)\}$ 表示方案集 x 中的所有有序对。

方案对（k, l）中每个方案与理想点的加权欧几里得平方距离为：

$$S_k = \sum_{j=1}^{m} \omega_j (Z_{kj} - Z_j^*)^2 \qquad (4-1-33)$$

$$S_l = \sum_{j=1}^{m} \omega_j (Z_{lj} - Z_j^*)^2 \qquad (4-1-34)$$

若 $S_k \leqslant S_l$，则按加权距离模型，方案 k 较方案 l 更靠近理想点，这与决策信息有序方案对（k, l）的判断一致。

若 $S_k > S_l$，则按加权距离模型，方案 k 较方案 l 更远离理想点，这与决策信息有序方案对（k, l）的判断不一致。

为反映加权距离模型与决策信息的不一致的程度，定义如下的量：

$$S_l - S_k = \begin{cases} 0 & S_l \geqslant S_k \\ S_k - S_l & S_l < S_k \end{cases} \qquad (4-1-35)$$

将 Ω 中所有有序对的不一致性求和，得：

$$B = \sum (S_l - S_k)^- \qquad (k,l) \in \Omega$$

式中 Ω——所有有序对所处的欧几里得空间；

B——加权距离模型和决策信息总的不一致程度。

反映了加权距离模型和决策信息总的不一致程度。

为了反映加权距离模型和决策信息的一致程度，定义如下的量：

$$(S_l - S_k)^+ = \begin{cases} S_l - S_k & S_l \geq S_k \\ 0 & S_l < S_k \end{cases}$$

总的一致程度定义为：

$$G = \sum (S_l - S_k)^+ \quad (k,l) \in \Omega \quad (4\text{-}1\text{-}36)$$

LINMAP 法的最终目标是寻求一组加权（W_1，…，W_m）和一个理想点（Z_1^*，…，Z_m^*），使得不一致程度极小化。因此，可构造一个优化问题。为了避免 $W_j=0$（$j=1$，2，…，m），增加约束 $G>B$，即要求决策信息加权距离模型的一致性程度总大于不一致性程度。或将此约束变成等式约束，$G-B=h$，其中 h 为某个由决策信息给定的正数。于是得到排序问题转化为下面的最优化求解问题：

$$\begin{aligned} \min B &= \sum \max\{0,(S_l - S_k)\} \\ \text{s.t.} \, G - B &= h \end{aligned} \quad (4\text{-}1\text{-}37)$$

优化问题式（4-1-37）可以化成线性规划问题。

$$\min \sum \lambda_{kl}$$

$$\text{s.t.} \sum_{j=1}^{m} \omega_j (Z_{lj}^2 - Z_{kj}^2) - 2\sum_{j=1}^{m} V_j (Z_{lj} - Z_{kj}) + \lambda_{kl} \geq 0 \quad \text{对所有的} (k,l) \in \Omega \quad (4\text{-}1\text{-}38)$$

$$\sum_{j=1}^{m} \omega_j \sum_{(k,l) \in \Omega} (Z_{lj}^2 - Z_{kj}^2) - 2\sum_{j=1}^{m} V_j \sum_{(k,l) \in \Omega} (Z_{lj} - Z_{kj}) = h$$

$$\omega_j \geq 0 \quad j=1,2,\cdots,m, \lambda_{kl} \geq 0 \text{对所有的} (k,l) \in \Omega$$

通过求解线性规划问题式（4-1-38），可以求得属性（指标）权重（W_1，…，W_m）和决策空间中的理想点：（Z_1^*，…，Z_m^*），从而可以求出各方案到理想点的平方距离 S，最后根据 S 的大小即可对各个方案的优劣进行排序，S 越小方案越优。

多维偏好分析线性规划法（LINMAP）应用各方案负理想解与理想解的相对贴近度来确定优先顺序，使得优选方案更加客观，但是负理想解与理想解的确定存在一定的主观性，并且整个的计算过程比较复杂。

2）夹角度量法

记 $M=\{1, 2, \cdots, m\}$，$N=\{1, 2, \cdots, m\}$，设得到最佳工艺排序决策矩阵为 $\boldsymbol{D}=(x_{ij})_{m \times n}$，方案集为 $X=(x_1, x_2, \cdots, x_m)$，方案 x_i 可记为 $x_i=(x_{i1}, x_{i2}, \cdots, x_{in})$（$i \in M$）。设 f_j 表示第 j 个指标，指标集为 $G=\{f_1, f_2, \cdots, f_n\}$，而 $x_{ij}=f_j(x_i)$（$i \in M$，$j \in N$）是方案 x_i 在指标 f_j 下的指标值，规定 $x_{ij} \geq 0$；指标的权向量 $\boldsymbol{W}=(w_1,w_2,\dots,w_m), \sum_{j=1}^{m} w_j = 1$。

夹角度量法是利用方案 x_i 相应的加权标准化决策矩阵 $\boldsymbol{Z}=(Z_{ij})_{m\times n}$ 的第 i 行分别于理想解 x^* 和负理想解 $\boldsymbol{x}^-$ 的夹角 θ_i^* 和 θ_i^- 得到一种新的与广义理想解的贴近度，然后据此贴近度把所有方案进行排序的一种方法。

首先，有：

$$\theta_i^* = \arccos\left(x^* z_i^T / \|z_i\|\|x^*\|\right) \qquad i \in M \qquad (4-1-39)$$

$$\theta_i^- = \arccos\left(x^- z_i^T / \|z_i\|\|x^-\|\right) \qquad i \in M \qquad (4-1-40)$$

这里 z_i 是与方案 x_i 相应的加权标准化决策矩阵 $\boldsymbol{Z}=(Z_{ij})_{m\times n}$ 的第 i 行。再利用 θ_i^* 和 θ_i^- 假定：

$$C_i^* = \frac{\theta_i^-}{\left(\theta_i^- + \theta_i^*\right)} \qquad i \in M \qquad (4-1-41)$$

$$N_i^* = \frac{\theta_i^-}{\theta_i^*} \qquad i \in M \qquad (4-1-42)$$

若 $z_i=x^*$，则 $\theta_i^-=0$，因而 $C_i^*=1$ 和 $N_i^*=+\infty$；若 $z_i=x^-$，则 $\theta_i^-=0$，因而 $C_i^*=0$ 和 $N_i^*=0$；假设所有的 $\theta_i^* \neq 0$，即所有 x_i 不平行于 x^*，那么当 $C_i^* \to 1$（或 $N_i^* \to +\infty$）时，$\theta_i^* \to 0$，因此 $x_i \to x^*$（$i \in M$）。

这样，可以应用下面的排序原理。

假设所有的 $\theta_i^* \neq 0$（$i \in M$），则可用 C_i^* 描述方案 x_i 关于广义理想解 x^* 的贴近程度，且 C_i^* 越大，相应的方案 x_i 越接近广义理想解 x^*。

排序原理Ⅰ：C_i^* 越大，则相应方案 x_i 越好。

排序原理Ⅱ：若 $C_i^*=C_j^*$，则可用 θ_i^* 和 θ_j^* 区别方案 x_i 和 x_j 的优劣，且夹角小者为好。

夹角度量法的基本步骤：

第一步，构造标准化决策矩阵 $\boldsymbol{Y}=(Y_{ij})_{m\times n}$，其中：

$$y_{ij} = \frac{x_{ij}}{\sqrt{\sum_{i=1}^{m} x_{ij}^2}} \qquad i \in M, j \in N \qquad (4-1-43)$$

第二步，构造加权的标准化决策矩阵 $\boldsymbol{Z}=(Z_{ij})_{m\times n}$，其中：

$$z_{ij} = w_j y_{ij} \qquad i \in M, j \in N \qquad (4-1-44)$$

第三步，确定负理想解 x^- 和理想解 x^*，定义两种方案（负理想方案和理想方案）：

$$x^- = (x_1^-, x_2^-, \cdots, x_n^-), x^* = (x_1^*, x_2^*, \cdots, x_n^*) \qquad (4-1-45)$$

它们分别表示最不喜好的方案（负理想解）和最喜好的方案（理想解）。其中：

$$\left.\begin{array}{ll}x_j^- = \max z_{ij} & j \in T_1 \\ x_j^- = \min z_{ij} & j \in T_2\end{array}\right\} \quad (4-1-46)$$

$$\left.\begin{array}{ll}x_j^* = \max z_{ij} & j \in T_1 \\ x_j^* = \min z_{ij} & j \in T_2\end{array}\right\} \quad (4-1-47)$$

式中 T_1——负理想解的下标集合；

T_2——正理想解的下标集合。

$T_1 \cup T_2 = N$。

第四步，分别由式（4-1-39）和式（4-1-40）两式计算各方案分别与理想解和非理想解的夹角 θ_i^* 和 θ_i^-。

第五步，由式（4-1-41）或式（4-1-42）计算各方案与理想解的相对贴近度 C_i^*（或 N_i^*）。

第六步，排列方案的优先序：按照 C_i^*（或 N_i^*），由大到小排列相应的方案，前面的优于后面的。

夹角度量法也是应用各方案理想解的与负理想解相对贴近度来确定优先顺序，使得优选方案更加客观，并且能够克服 LINMAP 法计算出的欧式距离相同而无法区分两种方案之间的优劣问题，即排序方法对各方案的灵敏度问题，但是夹角度量法同样存在着理想解与负理想解的确定具有一定的主观性，并且整个的计算过程较繁琐。

3）双基点法

基于理想解和负理想解的思路，我们也可以采用多目标决策方案排序的另一种排序方法即双基点法（理想点和负理想点）。其基本步骤如下：

第一步，构造标准化决策矩阵 $Y = (Y_{ij})_{m \times n}$；由式（4-1-44）构造加权标准化决策矩阵 $Z = (Z_{ij})_{m \times n}$。

第二步，确定理想点 x^* 和负理想点 x^-。

$$x^* = (x_1^*, x_1^*, \ldots, x_n^*), x_j^* = \max z_{ij} \quad j \in N \quad (4-1-48)$$

$$x^- = (x_1^-, x_1^-, \ldots, x_n^-), x_j^- = \min z_{ij} = 0 \quad j \in N \quad (4-1-49)$$

第三步，计算各方案分别与理想点的欧式距离。

$$S_i^* = \|z_i - x^*\| = \sqrt{\sum_{j=1}^{n}(z_{ij} - x_j^*)^2} \quad i \in M \quad (4-1-50)$$

式中，z_i 是矩阵 $Z = (Z_{ij})_{m \times n}$ 的第 i 行。

第四步，计算各方案与理想解的相对贴近度。

$$C_i = \frac{(x^* - z_i)(x^* - x^-)}{\|x^* - x^-\|^2} = 1 - \frac{x^* z_i^T}{\|x^*\|^2} \quad i \in M \quad (4-1-51)$$

显然，$0 \leq C_i \leq 1$；若 $z_i = x^*$，则 $C_i = 0$；若 $z_i = x^-$，则 $C_i = 1$。

第五步，根据算出的 C_i 值对各备选方案排序（低值为好）。若某些方案的 C_i 值相等，再根据它们的 S_i^* 值排序（低值为好）。

双基点法计算出的贴近度也可简化为：

$$\tilde{C}_i = x^* z_i^{\mathrm{T}} \quad i \in M \tag{4-1-52}$$

这是因为 $\tilde{C}'_j > \tilde{C}'_i \Leftrightarrow C_j < C_i$ 和 $\tilde{C}'_j = \tilde{C}'_i \Leftrightarrow C_j = C_i$ 成立，所以可以得出 $\tilde{C}_i$ 的值越大，相应的方案 x_i 越好。

双基点法中权值的设定反映了决策者对评价指标的偏好，但在某种程度上，这样的设定过于依赖决策者的主观判断，如此主观设定权值的合理性和公平性就有待商榷，并且整个计算过程比较复杂繁琐。

4）灰色关联分析

灰色关联是定量比较和描述系统各因素之间在发展的过程中，随着空间、时间而相对变化的相关情况。与一般数据分析中常用的两个数据间的对比不同，它将尽可能多的影响因素全部放进系统中，进行了多参数分析比较，确定了若干离散函数对目标函数相对的影响程度。另外，灰色关联分析是基于灰色关联空间，而并不直接用距离来度量两个参数之间的远近程度。它运用了灰关联序、灰色关联度、灰色关联系数等概念，通过这类概念来刻画不同影响因素之间的接近程度，包括变化方向、大小和速度等，客观地反映了系统内影响因素之间的真实灰关系。所以，利用灰色关联优选排水采气工艺是一种相对比较有效、客观的数据分析方法。

灰色关联分析数据处理步骤如下：

（1）归一化。

由于气田中所要分析的各种参数的量纲各有不同，数量级也各有差异，为了消除这种差异的影响，使数据之间更具有可比性，就需要对原始数据进行处理，从而达到可以进行数据比较的目的。对于数据指标序列来讲，一般的做法都是采用效果测度或极差变换，变换法则就是对于越大越有利的数据采用上限测度，而对于越小越有利的参数采用下限测度。其中，上限测度处理的计算公式为：

$$X'_{ij} = \frac{X_{ij}}{X_{j\max}} \tag{4-1-53}$$

式中　X'_{ij}——归一化参数值；

X_{ij}——原始参数值；

$X_{j\max}$——原始最大参数值。

（2）求差值。

计算得到每个参数点的比较序列与参考序列的差值绝对值，计算公式为：

$$\Delta_{oi}(k) = \left| X_o(k) - X_i(k) \right| \tag{4-1-54}$$

式中　$\Delta_{oi}(k)$——归一化参考值与比较值差值绝对值；
　　　$X_o(k)$——归一化参数值；
　　　$X_i(k)$——归一化比较值。

（3）求最大值和最小值。

求出所有差值绝对值中的最小值和最大值。

（4）关联系数求取。

计算出各参数点子序列与母序列的关联系数，即：

$$L_{oi}(k) = \frac{\Delta_{\min} + \rho \Delta_{\max}}{\Delta_{oi}(k) + \rho \Delta_{\max}} \qquad (4-1-55)$$

式中　$L_{oi}(k)$——关联系数；
　　　$\Delta_{\min}$——绝对值最小值；
　　　$\Delta_{\max}$——绝对值最大值；
　　　$\Delta_{oi}(k)$——参数点绝对值；
　　　ρ——分辨系数，$\rho \in [0, 1]$。

（5）关联度计算。

计算出所有参考序列中关联系数的平均值，即：

$$\gamma_{oi} = \frac{1}{n} \sum_{k=1}^{n} L_{oi}(k) \qquad (4-1-56)$$

式中　γ_{oi}——关联度；
　　　n——参考点个数；
　　　$L_{oi}(k)$——各参考点关联系数。

（6）关联程度。

对计算得到的关联度从大到小进行排序，若 $\gamma_{oa} > \gamma_{ob}$ 就是表明 X_a 对 X_o 的影响程度大于 X_b 对 X_o 的影响程度；若 $\gamma_{oa} < \gamma_{ob}$，则反之；若 $\gamma_{oa} = \gamma_{ob}$，则说明 X_a 与 X_b 对 X_o 影响程度相当。

四、层次分析法

定量分析和定性分析这两种分析方法都有各自的存在理由，但是在实际应用中应该根据数据收集和使用者的知识储备等情况的不同加以选择和综合使用，这对于科学地发展定量分析和定性分析起到了巨大的促进作用，但是如何既考虑数学分析的精确性，又考虑人类决策思维的过程及思维规律，即如何将定性分析和定量分析更好地结合日渐被人们所重视，正是在这种背景下，产生了层次分析法。

20世纪70年代，美国运筹学家萨蒂（T.L.Saaty）提出了层次分析法（Analytical Hierarchy Process，AHP），我国在20世纪80年代初才开始引入，它是一种定性与定量相结合的系统分析方法，具有系统性、适用性、简洁性、灵活性、有效性等特点。对相互联系、相互制约的多因素复杂事物进行分析，通过划分有序层次使之条理化，并根据客观情况对每一层次的相对重要性给予定量表示，最终把系统分析归结为确定权值和措施优劣的排序。

1. 层次分析法的基本原理

层次分析法的基本原理是将一个需要决策的问题看作是一个大系统，这个系统受到多种因素影响，而这些与决策相关的因素是相互联系、相互制约的，可以按照其内在的逻辑关系，以评价指标为代表将这些影响因素构成一个有序的层次结构，将与决策有关的元素分解成目标层、准则层、方案层等来进行定性和定量分析。层次分析法主要利用排序的原理，将各个影响因素排出优劣次序，用来作为决策的依据。层次分析法运用专家的经验、知识、信息和价值观，对每一层的指标进行两两比较，建立判断矩阵。通过对判断矩阵的特征权重向量和最大特征值的计算，得出该层各指标对于该准则的权重，并进行层次单排序和一致性检验。在此基础上，进行层次总排序和总排序的一致性检验。该方法的实质是在对复杂决策问题的本质、影响因素及其内在关系等进行深入分析的基础上，利用较少的定量信息使决策思维过程数学化，从而为多目标、多准则或无结构特性的复杂决策问题提供简便的决策方法。

2. 层次分析法的特点

AHP 具有一些比较突出的特点：

（1）原理简单。AHP 的原理是建立在实验心理学和矩阵论的基础上的，所以它比较容易被大多数领域的学者所接受，而且 AHP 原理清晰、简明，使研究和应用 AHP 方法的学者无须花大量时间便会很快进入研究角色。

（2）结构化、层次化。AHP 能够将复杂的问题转化为诸多具有结构和层次关系的简单问题求解。

（3）理论基础扎实。AHP 法是建立在严格矩阵分析之上的，所以它具有扎实的理论基础，同时也给研究者提供了进一步研究的平台和应用的基础。

（4）定量与定性方法相结合。大部分复杂的决策问题都同时含有许多定性与定量因素，AHP 正好可以满足人们对于这类决策问题进行决策的需要。

3. 层次分析法的局限性

层次分析也存在一定的局限性，该方法的局限性主要表现在以下三点：

（1）只能从原有的方案中优选一个出来，没有办法得出更好的新方案；

（2）其中的比较、判断以及结果的计算都比较粗糙，不适于精度较高的问题；

（3）从建立层次结构模型到给出成对比较矩阵，也存在着人为主观因素，采取专家群体判断的办法是克服这个缺点的一种途径。

4. 层次分析法的基本步骤

层次分析法一般包括以下几个步骤：选取评价指标构造层次结构模型、构造成对比较阵、进行层次单排序和一致性检验、进行层次总排序及其一致性检验，从而确定各指标权重及分配模型。从层次分析的步骤上可以看出层次分析法的求解过程体现了人的大脑思维的基本特征,即分解—判断—综合,可以使人们对复杂问题判断、决策的过程得以系统化、数量化。

步骤一:建立层次结构模型。

在深入分析实际问题的基础上,将有关的各个因素按照不同属性自上而下地分解成若干层次(图4-1-1)。同一层的诸因素从属于上一层的因素或对上层因素有影响,同时又支配下一层的因素或受到下层因素的作用,而同一层的各因素之间尽量相互独立。最上层为目标层,通常只有一个因素,最下层通常为方案或对象层,中间可以有一个或几个层次,通常为准则(或指标)层。当准则过多时(比如多于9个)应进一步分解出子准则层。

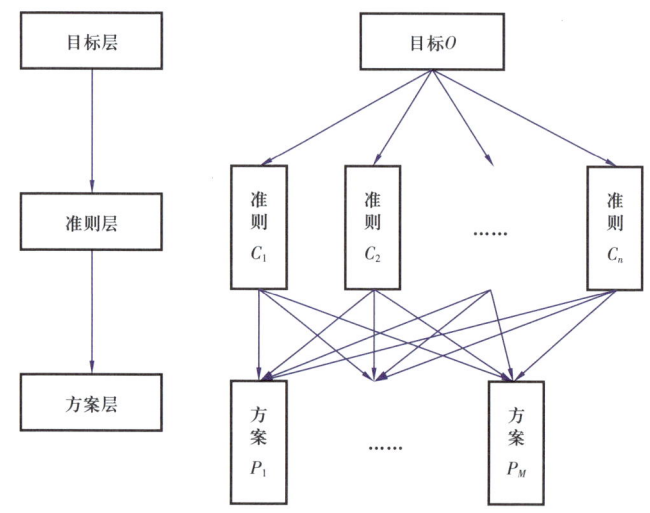

图4-1-1 层次分析结构示意图

步骤二:构造成对比较阵。

从层次结构模型的第2层开始,对于从属于(或影响及)上一层每个因素的同一层诸因素,用成对比较法和1~9比较尺度构造成对比较阵,直到最下层。

假设要比较图4-1-1准则层中因素C_1,C_2,$\cdots$,C_n对上层目标层一个因素(或目标)O的影响,每次取两个因素C_i和C_j,用a_{ij}表示C_i和C_j对O的影响之比,全部比较结果可用成对比较矩阵表示。由于式(4-1-57)给出的a_{ij}的特点,A称为正互反矩阵。显然必有$a_{ii}=1$。

$$A=\left(a_{ij}\right)_{n\times n} \qquad a_{ij}>0, a_{ji}=\frac{1}{a_{ij}} \qquad (4-1-57)$$

针对比较两个可能具有不同性质的因C_i和C_j对一个上层因素O的影响时采用什么样的相对尺度比较好的问题,Saaty等提出用1~9尺度,即a_{ij}的取值范围是1,2,$\cdots$,9及其互反数i,1/2,$\cdots$,1/9。理由如下:

(1)在进行定性的成对比较时,人们通常有5种明显的等级,用1~9尺度可以方便地表示,见表4-1-1。

表 4-1-1　1～9 尺度 a_{ij} 的含义

尺度 a_{ij}	含义
1	C_i 和 C_j 的影响相同
3	C_i 比 C_j 的影响稍强
5	C_i 比 C_j 的影响强
7	C_i 比 C_j 的影响明显强
9	C_i 比 C_j 的影响绝对强
2，4，6，8	C_i 比 C_j 的影响之比在上述两个相邻等级之间
1，1/2，…，1/9	C_i 比 C_j 的影响之比为上面 a_{ij} 的互反数

（2）心理学家认为，进行成对比较的因素太多，将超出人的判断能力，最多大致在 7 ± 2 范围，如以 9 个为限，用 1～9 尺度表示它们之间的差别正合适。

（3）Saaty 曾用 1～3，1～5，…，1～17，…，$(d+0.1)\sim(d+0.9)$（d=1，2，3，4），$1^p\sim9^p$（p=2，3，4，5）等共 27 种比较尺度，对在不同距离处判断某光源的亮度等实例构造成对比较阵，并算出权向量。把这些权向量与按照光强定律等物理知识得到的，或实际测量出的权向量进行对比发现，1～9 尺度不仅在较简单的尺度中最好，而且结果并不劣于较复杂的尺度。目前在层次分析法的应用中，大多数人都用 1～9 尺度。

步骤三：计算权向量并做一致性检验。

一般地，如果一个正互反阵 A 满足

$$a_{ij}a_{jk}=a_{ik} \quad i,j,k=1,2,\cdots,n \tag{4-1-58}$$

则 A 称为一致性矩阵，简称一致阵。并且 n 阶一致阵 A 具有以下性质：

（1）A 的秩为 1，A 的唯一非零特征根为 n；

（2）A 的任一列向量都是对应于特征根 n 的特征向量。

如果得到的成对比较阵是一致阵，取对应于特征根 n 的归一的特征向量（即分量之和为 1）表示诸因素 C_1，C_2，…，C_n 对上层因素 O 的权重。这个向量称为权向量。如果成对比较阵 A 不是一致阵，但在不一致的容许范围内，Saaty 等建议用对应于 A 最大特征根（记作 λ）的特征向量（归一化后）作为权向量 ω，即 ω 满足

$$a\omega=\lambda\omega \tag{4-1-59}$$

直观地看，因为矩阵 A 的特征根和特征向量连续地依赖于矩阵的元素 a_{ij}，所以当 a_{ij} 离一致性的要求不远时，A 的特征根和特征向量也与一致阵的相差不大。式（4-1-59）表示的方法称为由成对比较阵求权向量的特征根法。

用定义计算矩阵的特征根和特征向量是相当困难的，特别是矩阵阶数较高的时候，另外，因为成对比较矩阵是通过定性比较得到的比较粗糙的量化结果，对它作精细计算是不必要的，所以可以采用下面介绍几种简便的近似方法计算其特征根和特征向量。

（1）幂法。步骤如下：

① 任取 n 维归一化初始向量 $\boldsymbol{\omega}^{(0)}$。

② 计算 $\tilde{\omega}^{(k+1)} = \boldsymbol{A}\boldsymbol{\omega}^k$（$k=0, 1, 2, \cdots$）。

③ $\tilde{\omega}^{(k+1)}$ 归一化，即令：

$$\tilde{\omega}^{(k+1)} = \frac{\tilde{\omega}^{(k+1)}}{\sum_{i=1}^{n} \tilde{\omega}_i^{k+1}}$$

④ 对于预先给定的精度 ε，当 $\left|\omega_i^{(k+1)} - \omega_i^k\right| < \varepsilon (i=1,2,\cdots,n)$ 时，$\boldsymbol{\omega}^{(k+1)}$ 即为所求的特征向量；否则返回步骤②。

⑤ 计算最大特征根：

$$\lambda = \frac{1}{n}\sum_{i=1}^{n}\frac{\omega_i^{(k+1)}}{\omega_i^k}$$

这是求最大特征根对应特征向量的迭代方法。$\boldsymbol{\omega}^{(0)}$ 可任选或取为下面方法得到的结果。

（2）和法。步骤如下：

① 将 $\boldsymbol{A}$ 的每一列向量归一化，得：

$$\tilde{\omega}_{ij} = \frac{a_{ij}}{\sum_{i=1}^{n} a_{ij}}$$

② 对 $\tilde{\omega}_{ij}$ 按行求和，得：

$$\tilde{\omega}_i = \sum_{j=1}^{n} \tilde{\omega}_{ij}$$

③ 对 $\tilde{\omega}_i$ 归一化：$\omega_i = \dfrac{\tilde{\omega}_i}{\sum_{i=1}^{n}\tilde{\omega}}, \boldsymbol{\omega} = (\omega_1, \omega_2, \cdots, \omega_n)^{\mathrm{T}}$ 即为近似特征向量

④ 计算 $\lambda = \dfrac{1}{n}\sum_{i=1}^{n}\dfrac{(\boldsymbol{A}\boldsymbol{\omega})_i}{\omega_i}$，作为最大特征根的近似值。

这个方法实际上是将 $\boldsymbol{A}$ 的列向量归一化后去平均值，作为 $\boldsymbol{A}$ 的特征向量。因为当 $\boldsymbol{A}$ 为一致阵时它的每一列向量都是特征向量，所以若 $\boldsymbol{A}$ 的不一致性不严重，则取 $\boldsymbol{A}$ 的列向量（归一化后）的平均值作为近似特征向量是合理的。

（3）根法。步骤与和法基本相同，只是将步骤②改为对 $\tilde{\omega}_{ij}$ 按行求积并开 n 次方，即：

$$\tilde{\omega}_i = \left(\prod_{j=1}^{n} \tilde{\omega}_{ij}\right)^{\frac{1}{n}}$$

根法是将和法中求列向量的算术平均值改为求几何平均值。

成对比较阵通常不是一致阵，但是为了能用它的对应于特征根 λ 的特征向量作为被比较因素的权向量，其不一致程度应在容许范围内。

前面已经给出 n 阶一致阵的特征根是 n，而且可以证明 n 阶正互反阵 A 的最大特征根 $\lambda \geq n$，而当 $\lambda=n$ 时 A 是一致阵。A 比 λ 大得越多，A 的不一致程度越严重，用特征向量作为权向量引起的判断误差越大。因而可以用 $\lambda-n$ 大小来衡量 A 的不一致程度。Saaty 将

$$CI = \frac{\lambda - n}{n-1} \qquad (4-1-60)$$

定义为一致性指标。$CI=0$ 时 A 为一致阵；CI 越大 A 的不一致性程度越严重。可以证明 A 的 n 个特征根之和恰好等于 n，所以 CI 相当于除 λ 外其余 $n-1$ 个特征根的平均值。

为了确定 A 的不一致程度的容许范围，需要找出衡量 A 的一致性指标 CI 的标准。Saaty 又引入随机一致性指标 RI。计算 RI 的过程是：对于固定的 n，随机地构造正互反阵 A' [它的元素 a'_{ij}（$i<j$）从 $1\sim9$，$1\sim1/9$ 中随机取值]，然后计算 A' 的一致性指标 CI。可以想到，A' 是非常不一致的，它的 CI 相当大，如此构造相当多的 A'，用它们的 CI 的平均值作为随机一致性指标。Saaty 对于不同的 n，用 100～500 个样本，算出的随机一致性指标 RI 的数值见表 4-1-2。

表 4-1-2　随机一致性指标 RI 的数值

n	1	2	3	4	5	6	7	8	9	10	11
RI	0	0	0.58	0.90	1.12	1.24	1.32	1.41	1.45	1.49	1.51

表中，$n=1$，2 时 $RI=0$，是因为 1 阶和 2 阶的正互反阵总是一致阵。

对于 $n \geq 3$ 的成对比较阵 A，将它的一致性指标 CI 与同阶（指 n 相同）的随机一致性指标 RI 之比称为一致性比率 CR，当

$$CR = \frac{CI}{RI} < 0.1 \qquad (4-1-61)$$

时认为 A 的不一致程度在容许范围之内，可用其特征向量作为权向量。式（4-1-61）中 0.1 的选取是带有一定主观信度的。

对于 A 利用式（4-1-60）和式（4-1-61）进行检验称为一致性检验。当检验不通过时要重新进行成对比较，或对已有的 A 进行修正。

步骤四：计算组合权向量并做组合一致性检验。

对于 3 个层次的决策问题，若第 1 层只有 1 个因素，第 2 和第 3 层分别有 n 个和 m 个因素记第 2 和第 3 层对第 1 和第 2 层的权向量分别为：

$$\omega^{(2)} = \left(\omega_1^{(2)}, \cdots, \omega_n^{(2)}\right)^{\mathrm{T}}$$

$$\omega_k^{(3)} = \left(\omega_{k1}^{(3)}, \cdots, \omega_{kn}^{(3)}\right)^{\mathrm{T}}, k=1,2,\cdots,n$$

以 $\omega_k^{(3)}$ 为列向量构成矩阵

$$W^{(3)} = \left[\omega_1^{(3)}, \cdots, \omega_n^{(3)}\right]$$

则第 3 层对第 1 层的组合权向量为：

$$\omega^{(3)} = W^{(3)}\omega^{(2)} \qquad (4-1-62)$$

更一般地，若共有 s 层，则第 k 层对第 1 层（设只有 1 个因素）的组合权向量满足

$$\omega^{(k)} = W^{(k)}\omega^{(k-1)} \qquad k = 3, 4, \cdots, s \qquad (4-1-63)$$

其中 $W^{(k)}$ 是以第 k 层对第 $k-1$ 层的权向量为列向量组成的矩阵。于是最下层（第 s 层）对最上层的组合权向量为：

$$\omega^{(s)} = W^{(s)}W^{(s-1)}\cdots W^{(3)}W^{(2)} \qquad (4-1-64)$$

在应用层次分析法作重大决策时，除了对每个成对比较阵进行一致性检验外，还要进行组合一致性检验，以确定组合权向量是否可以作为最终的决策依据。

组合一致性检验可逐层进行，若第 p 层的一致性指标为 $CI_1^{(p)}, \cdots, CI_n^{(p)}$（$n$ 是第 $p-1$ 层因素的数目），随机一致性指标为 $RI_1^{(p)}, \cdots, RI_n^{(p)}$，定义

$$CI^{(p)} = \left[CI_1^{(p)}, \cdots, CI_n^{(p)}\right]\omega^{(p-1)} \qquad (4-1-65)$$

$$RI^{(p)} = \left[RI_1^{(p)}, \cdots, RI_n^{(p)}\right]\omega^{(p-1)} \qquad (4-1-66)$$

则第 p 层的组合一致性比率为：

$$CR^{(p)} = \frac{CI^{(p)}}{RI^{(p)}} \qquad p = 3, 4, \cdots, s \qquad (4-1-67)$$

第 p 层通过组合一致性检验的条件为 $CR^{(p)} < 0.1$。定义最下层（第 s 层）对第 1 层的组合一致性比率为：

$$CR^* = \sum_{p=2}^{s} CR^{(p)} \qquad (4-1-68)$$

对于重大项目，仅当 CR^* 适当地小时，才认为整个层次的比较判断通过一致性检验，此时可按照组合权向量表示的结果进行决策，否则需重新考虑模型或重新构造那些一致性比率 CR 较大的成对比较阵。

第二节　技术优选结果

鄂尔多斯盆地苏里格气田具有"低渗透、低压力、低丰度、强非均质性"的地质特征，是典型的致密砂岩气藏，经过 20 年的技术攻关和开发实践，目前已成为我国致密气

第四章 长庆气区采气工艺优选

高效开发的成功典范之一。为此，以苏里格气田致密气藏为例，通过前文对排水采气工艺方法优选的理论研究，选用层次分析法，结合长庆区块的地质特征和各项工艺的适应性，编制了一套以层次分析法为准则的长庆气区致密气藏排水采气工艺优选的软件，并通过软件优选出适合长庆气区致密气藏的排水采气工艺。该软件主要包括层次树建立、重要性标定、构造判断矩阵、工艺优选四个模块，结构框图如图 4-2-1 所示。

为了使选择的工艺方法更科学、更可靠，对不同的排水采气工艺方法进行技术指标评价并结合气井的地质特征、工艺适用的技术条件等诸多因素进行综合、对比分析，最终确定最优的天然气井排水采气工艺，决策程序如图 4-2-2 所示。

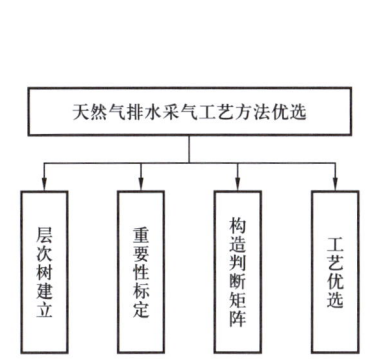

图 4-2-1 天然气排水采气工艺方法优选结构框图　　图 4-2-2 排水采气工艺方法决策程序

排水采气工艺方法优选软件的主界面如图 4-2-3 所示。

一、层次树建立

本书采用层次分析法来对长庆气区天然气井排水采气的工艺进行优选，因此第一步需建立层次树，也称为层次结构模型。其中分为三个层段，目标层为工艺优选，准则层为产气量、产水量和举升效率等三种技术指标，方案层为速度管柱、泡沫、连续气举、射流泵、机抽和电潜泵等 6 种排水采气方法，见表 4-2-1。

表 4-2-1 排水采气工艺方法优选软件层次结构

目标层	工艺优选					
准则层	产气量		产水量		举升效率	
方案层	速度管柱	泡沫	连续气举	射流泵	机抽	电潜泵

建立的层次树如图 4-2-4 所示。

二、重要性标定

判断矩阵是表示本层所有因素针对上一层某一个因素的相对重要性的比较。判断矩阵的元素 a_{ij} 用 Saaty 的 1～9 标度方法给出。此处结合技术指标评价、气井的地质特征和工艺适用的技术条件等诸多因素对各项排水采气工艺进行重要性标定。对3种技术指标的重要性标定如图4-2-5所示。

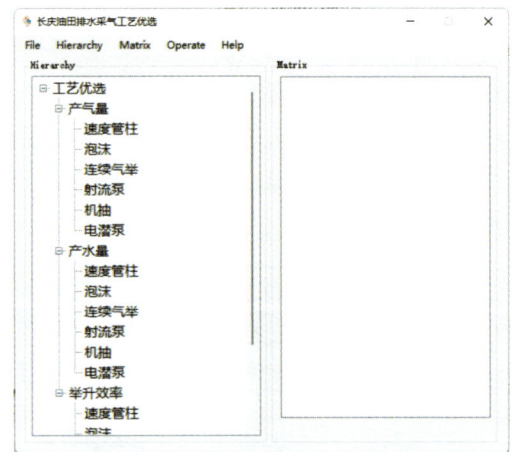

图4-2-3　长庆气区排水采气工艺优选软件主界面

图4-2-4　层次分析法的层次树

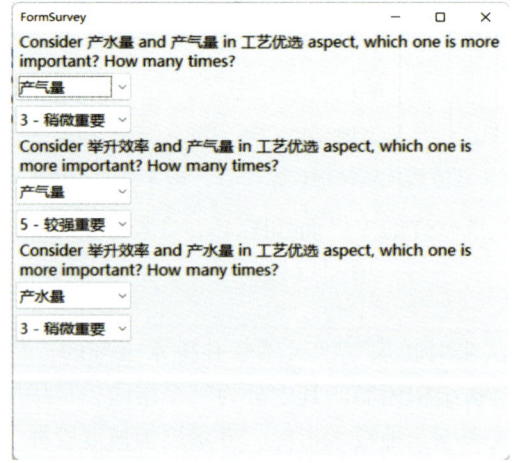

图4-2-5　3种技术指标的重要性标定

随后对各技术指标下的6种排水采气工艺的重要性进行了标定，首先对产气量下的6种排水采气工艺标定重要性如图4-2-6所示。

我们认为在不同技术指标下排水采气工艺技术之间的重要性是相同的，因此在产水量和举升效率中其重要性标定如上述产气量所示，此处不再赘述。

三、构造判断矩阵

从层次结构模型的第2层开始，对于从属于（或影响）上一层每个因素的同一层诸因素，构造成对比矩阵，直到最下层。

在确定各层次各因素之间的权重时，如果只是定性的结果，则常常不容易被别人接受，因而Saaty等提出一致矩阵法，即：

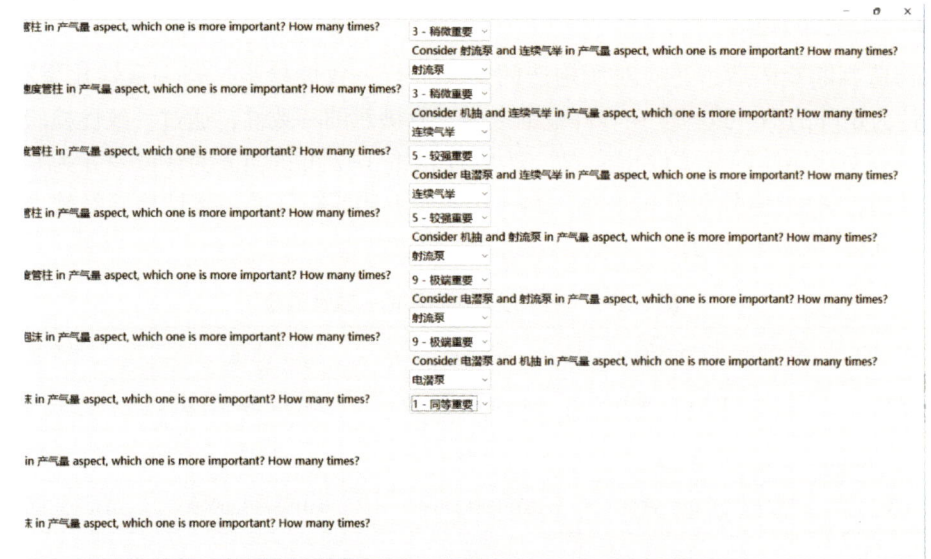

图 4-2-6　6 种排水采气工艺的重要性标定

（1）不把所有因素放在一起比较，而是两两相互比较。

（2）对此时采用相对尺度，以尽可能减少性质不同的诸因素相互比较的困难，以提高准确度。

通过重要性标定，可以直接从软件得出构造的成对比矩阵。如图 4-2-7 至图 4-2-10 所示。

工艺优	产气量	产水量	举升效
产气量	1	3	5
产水量	1/3	1	3
举升效	1/5	1/3	1

图 4-2-7　产气量、产水量、举升效率判断矩阵

产气量	速度管	泡沫	连续气	射流泵	机抽	电潜泵
速度管	1	3	1/1	1/3	7	7
泡沫	1/3	1	1/3	1/7	3	3
连续气	1	3	1	1/3	5	5
射流泵	3	7	3	1	9	9
机抽	1/7	1/3	1/5	1/9	1	1/1
电潜泵	1/7	1/3	1/5	1/9	1	1

图 4-2-8　产气量下的 6 种工艺判断矩阵

产水量	速度管	泡沫	连续气	射流泵	机抽	电潜泵
速度管	1	3	1/1	1/3	7	7
泡沫	1/3	1	1/3	1/7	3	3
连续气	1	3	1	1/3	5	5
射流泵	3	7	3	1	9	9
机抽	1/7	1/3	1/5	1/9	1	1/1
电潜泵	1/7	1/3	1/5	1/9	1	1

图 4-2-9　产水量下的 6 种工艺判断矩阵

举升效	速度管	泡沫	连续气	射流泵	机抽	电潜泵
速度管	1	3	1/1	1/3	7	7
泡沫	1/3	1	1/3	1/7	3	3
连续气	1	3	1	1/3	5	5
射流泵	3	7	3	1	9	9
机抽	1/7	1/3	1/5	1/9	1	1/1
电潜泵	1/7	1/3	1/5	1/9	1	1

图 4-2-10　举升效率下的 6 种工艺判断矩阵

四、工艺优选

在构造判断矩阵后，还应对所构造的矩阵进行一致性检验，若一致性比率小于 0.1 时，则认为矩阵的不一致程度在容许范围之内，有满意的一致性，通过一致性检验。首先计算出各成对比矩阵的一致性指标 CI，然后查表 4-1-2 可得当 n 为 3 以及 n 为 6 时其随机一致性指标 RI 的值分别为 0.58 和 1.24，接着对上述四矩阵的一致性检验经软件计算得出均小于 0.1，见表 4-2-2。

表 4-2-2　四个成对比矩阵的一致性检验

指标	工艺优选	产气量	产水量	举升效率
CI	0.019357340479	0.025820943719	0.025820943719	0.025820943719
n	0.58	1.24	1..24	1.24
CR	0.021508156088	0.019561320999	0.019561320999	0.019561320999
$CR<0.1$	是	是	是	是

对成对比矩阵完成一致性检验后，可以输出各工程技术指标及工艺的权向量，见表 4-2-3。

表 4-2-3　权向量计算结果

指标	产气量		产水量		举升效率	
W_1	0.6333		0.2605		0.1062	
指标	速度管柱排水采气	泡沫排水采气	连续气举排水采气	射流泵排水采气	机抽排水采气	电潜泵排水采气
W_2	0.2099	0.0811	0.1843	0.4532	0.0358	0.0358
指标	速度管柱排水采气	泡沫排水采气	连续气举排水采气	射流泵排水采气	机抽排水采气	电潜泵排水采气
W_3	0.2099	0.0811	0.1843	0.4532	0.0358	0.0358
指标	速度管柱排水采气	泡沫排水采气	连续气举排水采气	射流泵排水采气	机抽排水采气	电潜泵排水采气
W_4	0.2099	0.0811	0.1843	0.4532	0.0358	0.0358

由表 4-2-4 可知，射流泵在与其他 5 种排水采气工艺相比，其所占权重最大。

表 4-2-4　各工艺所占权重计算结果

工艺名称	速度管柱排水采气	泡沫排水采气	连续气举排水采气	射流泵排水采气	机抽排水采气	电潜泵排水采气
权重	0.2099	0.0811	0.1843	0.4532	0.0358	0.0358

通过表 4-2-4 得出的权重计算结果可以看出最终推荐排序为：最优选择是射流泵，次优选择是速度管柱，第三选择是连续气举，第四选择是泡沫，第五选择是机抽和电潜泵（表 4-2-5）。

表 4-2-5　各工艺方案排序

方案排序	1	2	3	4	5	6
工艺名称	射流泵	速度管柱	连续气举	泡沫	机抽	电潜泵

通过以上对长庆气区排水采气工艺方法的优选，可以得出，最适合长庆气区使用的方法为射流泵排水采气工艺。

第三节　结　　论

本章通过对致密气藏排水采气工艺（速度管柱、泡排、连续气举、机抽、电潜泵和射流泵）的优选原则的研究，确立了各排水采气工艺的技术评价指标，建立了基于层次分析法的排水采气工艺方法优选模型，并且应用 C# 编制了长庆致密气藏排水采气工艺方法优选的计算软件，为致密气藏积液气井排水采气工艺优选提供了一定的理论依据。

（1）速度管柱、泡排、气举、机抽、电潜泵以及射流泵排水采气工艺都各自拥有其工艺原理、数学模型、工艺流程、技术特点以及相应的选井原则，在实际应用中应针对不同区块、不同井况的气井的具体情况，采用相适应的排水采气工艺措施。

（2）排水采气的目的是高效地将产水气井的积液排出，从而提高气井的产气量，所以选用产气量、产水量和举升效率作为工艺优选的技术指标。

（3）再基于所选技术指标，在分析对比多维偏好分析线性规划法、夹角度量法、双基点法、灰色关联分析和层次分析法的基础上，最终选用层次分析法建立了排水采气工艺优选模型，对常用的排水采气工艺技术进行优劣排序，使得工艺方法的选择不仅能保证结果的合理性，而且选择过程更加的容易直观。

（4）使用 C# 编制了长庆致密气藏排水采气工艺优选软件，软件包括建立层次树、重要性标定、构造成对比矩阵以及工艺优选 4 个方面。

（5）针对鄂尔多斯盆地致密砂岩气藏，使用软件对其进行排水采气工艺优选，得出其各权重为：射流泵 0.4532、速度管柱 0.2099、连续气举 0.1843、泡排 0.0811、机抽 0.0358、电潜泵 0.0358。所以排水采气工艺优先顺序推荐为射流泵排水采气工艺、速度管柱排水采气工艺、连续气举排水采气工艺、泡沫排水采气工艺、机抽排水采气工艺、电潜泵排水采气工艺。

参 考 文 献

[1] Spencer C W. Geologic aspects of tight gas reservoirs in the Rocky Mountain region [J]. Journal of Petroleum Technology, 1985, 37（8）: 1308-1314.

[2] Stephen A Holditch. Tight gas sands [J]. SPE J., 2006（1）: 86-93.

[3] 杨晓宁, 张惠良, 朱国华. 致密砂岩的形成机制及其地质意义——以塔里木盆地英南2井为例 [J]. 海相油气地质, 2005（1）: 31-36.

[4] Naik G C. Tight gas reservoirs-an unconventional natural energy source for the future [J]. Accessado em, 2003, 1（7）: 2008.

[5] 李奇. 致密砂岩气藏采收率影响机理研究 [D]. 廊坊: 中国科学院研究生院（渗流流体力学研究所）, 2015.

[6] 芦慧. 库车东部侏罗系致密砂岩气地质特征及资源评价 [D]. 大庆: 东北石油大学.

[7] 袁际华, 柳广弟. 鄂尔多斯盆地上古生界异常低压分布特征及形成过程 [J]. 石油与天然气地质, 2005（6）: 792-799.

[8] 陈涛涛, 贾爱林, 何东博, 等. 川中地区须家河组致密砂岩气藏气水分布形成机理 [J]. 石油与天然气地质, 2014, 35（2）: 218-223.

[9] 樊阳. 四川盆地合川地区致密砂岩气成藏机制研究 [D]. 青岛: 中国石油大学（华东）, 2014.

[10] Jones F O, Owens W W. A laboratory study of low-permeability gas sands [J]. Journal of Petroleum Technology, 1980, 32（9）: 1631-1640.

[11] 朱光亚, 刘先贵, 李树铁, 等. 低渗气藏气体渗流滑脱效应影响研究 [J]. 天然气工业, 2007（5）: 44-47, 150.

[12] Rushing J A, Newsham K E, Fraassen K C. Measurement of the two-phase gas slippage phenomenon and its effect on gas relative permeability in tight gas sands [C]. SPE 84297-MS, 2003.

[13] 肖晓春, 潘一山, 于丽艳. 水饱和度作用下低渗透气藏滑脱效应实验研究 [J]. 水资源与水工程学报, 2010, 21（5）: 15-19.

[14] Li Kewen, Horne R. Gas slippage in two-phase flow and the effect of temperature [C]. SPE 68778, 2001.

[15] Turgay Ertekin, Gregory A King, Fred C Schwerer. Dynamic gas slippage: a unique dual-mechanism approach to the flow of gas in tight formations [J]. SPE FormationEvaluation, 1986: 43-52.

[16] 熊伟, 刘先贵, 胡志明, 等. 低渗透砂岩气藏气体渗流机理实验研究现状及新认识 [J]. 天然气工业, 2010, 30（1）: 52-55, 140-141.

[17] Forchheimer P H. Wasserbewegung durch boden: zeitschrift des vereines deutscher ingenieure [J]. 1901, 45: 1781-1788.

[18] Geertsma J. Estimating the coefficient of inertial resistance in fluid flow through porous media [J]. Society of Petroleum Engineers Journal, 1974, 14（5）: 445-450.

[19] 张烈辉, 朱水桥, 王坤, 等. 高速气体非达西渗流数学模型 [J]. 新疆石油地质, 2004, 25（2）: 165-167.

[20] 郭平, 张茂林, 黄全华, 等. 低渗透致密砂岩气藏开发机理研究 [M]. 北京: 石油工业出版社, 2009: 49-51.

[21] 冯曦, 钟孚勋, 罗涛. 低渗透致密储层气井试井模型研究 [J] 天然气工业, 1998, 18（1）: 56-59.

[22] 吴凡, 孙黎娟, 乔国安, 等. 岩心启动压力梯度测定实验条件优选 [J]. 河南石油, 2006, 20（3）: 79-80.

[23] 依呷, 唐海, 吕栋梁. 低渗气藏启动压力梯度研究与分析 [J]. 海洋石油, 2006, 26（3）: 51-54.

[24] 朱维耀, 宋洪庆, 何东博, 等. 含水低渗气藏低速非达西渗流数学模型及产能方程研究[J]. 天然气地球科学, 2008, 19(5): 685-689.

[25] 黄全华, 王富平, 尹琅, 等. 低渗气藏气井产能与动态储量计算方法[M]. 北京: 石油工业出版社, 2012: 49-50.

[26] 郑丽坤. 低渗透气藏非达西渗流三项式产能方程的建立[J]. 天然气地球科学, 2013, 24(1): 146-149.

[27] Geertsma J. The effect of fluid pressure decline on volumetric changes of porous rocks[J]. Transactions of the American Institute of Mining & Metallurgical Engineers, 1957, 210(12): 331-340.

[28] 傅春梅, 唐海, 邹一锋, 等. 应力敏感对苏里格致密低渗气井废弃压力及采收率的影响研究[J]. 岩性油气藏, 2009, 21(4): 96-98.

[29] 杨朝蓬, 郭立辉. 致密砂岩气藏应力敏感性及其对产能的影响[J]. 钻采工艺, 2013, 36(2): 58-61.

[30] 李传亮. 低渗透储层不存在强应力敏感[J]. 石油钻采工艺, 2005, 27(4): 61-63.

[31] Shanley K W, Cluff R M, Robinson J W. Factors controlling prolific gas production from low-permeability sandstone reservoirs: Implications for resource assessment, prospect development, and risk analysis[J]. AAPG Bulletin, 2004, 88(8): 1083-1121.

[32] 叶礼友. 川中须家河组低渗砂岩气藏渗流机理及储层评价研究[D]. 廊坊: 中国科学院研究生院(渗流流体力学研究所), 2011: 92-96.

[33] 辛翠平, 王永科, 徐云林, 等. 修正的流动物质平衡法计算致密气藏动态储量[J]. 特种油气藏, 2018, 25(2): 95-98.

[34] 郝玉鸿, 许敏, 徐小蓉. 正确计算低渗透气藏的动态储量[J]. 石油勘探与开发, 2002(5): 66-68.

[35] 李金潮, 邓道明, 沈伟伟, 等. 气井积液机理和临界气速预测新模型[J]. 石油学报, 2020, 41(10): 1266-1277.

[36] 徐悦新. 致密气生产井排水采气方式综合评价与生产优化[D]. 青岛: 中国石油大学(华东), 2018.

[37] 田冷, 牟微, 王猛. 有水气藏开发早期动态储量计算方法研究[J]. 科学技术与工程, 2016, 16(15): 179-183.

[38] 孙元伟, 程远方, 时凤霞, 等. 致密气藏压裂水平井产能分析及压裂优化设计[J]. 新疆石油地质, 2018, 39(6): 727-731.

[39] 康竹林, 傅诚德, 崔淑芬, 等. 中国大中型气田概论[M]. 北京: 石油工业出版社, 2000.

[40] 李剑, 魏国齐, 谢增业, 等. 中国致密砂岩大气田成藏机理与主控因素——以鄂尔多斯盆地和四川盆地为例[J]. 石油学报, 2013, 34(S1): 14-28.

[41] 付宁海, 唐海发, 刘群明. 低渗—致密砂岩气藏开发中后期精细调整技术[J]. 西南石油大学学报(自然科学版), 2018, 40(3): 136-145.

[42] Nydegger G L, Rice D D, Brown C A. Analysis of shallow gas development from low-permeability reservoirs of Late Cretaceous age, Bowdoin dome area[J]. Journal of Petroleum Technology, 1980, 32(12): 2111-2120.

[43] 刘露, 王勇飞, 詹国卫. 川西地区致密砂岩气藏开采规律——以新场气田沙溪庙组J_2s_2气藏为例[J]. 天然气工业, 2019, 39(S1): 179-183.

[44] Aly A, Bukhamseen R, Ramsey L, et al. Applications of a multidomain, integrated tight gas field development process in North America and how to adapt it to the Middle East[C]//SPE Saudi Arabia Section Technical Symposium. OnePetro, 2009.

［45］程立华, 郭智, 孟德伟, 等. 鄂尔多斯盆地低渗透—致密气藏储量分类及开发对策［J］. 天然气工业, 2020, 40（3）: 65-73.

［46］朱迅. 苏里格气田数字化排水采气系统研究研究及应用［D］. 西安: 西安石油大学, 2013.

［47］冯琦. 射流泵排水采气数值模拟研究［D］. 西安: 西安石油大学, 2014.

［48］张霖, 李学康, 刘伟, 等. 水力射流泵排水采气工艺技术及应用［J］. 钻采工艺, 2005（4）: 74-75, 19.

［49］韩长武. 天然气井排水采气工艺方法优选［D］. 西安: 西安石油大学, 2012.

［50］李芳. 煤层气井电潜泵排采技术研究与应用［D］. 青岛: 中国石油大学（华东）, 2011.

［51］解永刚. 子洲气田配套采气工艺技术优化研究与应用［D］. 西安: 西安石油大学, 2013.

［52］李希. 苏西产水井生产规律及排水采气适应性评价［D］. 西安: 西安石油大学, 2020.

［53］王玉海, 夏海帮, 包凯, 等. 射流泵工艺在常压页岩气排水采气中的研究与应用［J］. 油气藏评价与开发, 2019, 9（1）: 80-84.

［54］郭瑞祥, 向欣, 刘雄辉, 等. 射流泵在苏里格气田的应用［J］. 中国石油和化工标准与质量, 2020, 40（11）: 104-105.

［55］钟兵. 同心管柱射流泵排水采气技术在焦石工区的应用［J］. 江汉石油职工大学学报, 2021, 34（01）: 32-34.

［56］王爱利, 李忠城, 毛文胜. 射流泵排液技术在冀东油田试油中的应用［J］. 油气井测试, 2006（2）: 50-52, 55, 77.

［57］李勇龙, 王志勇, 张贵仪, 等. 机抽排水采气工艺在苏里格气田召51区块召XX井的应用［J］. 中国石油和化工标准与质量, 2019, 39（20）: 211-212.

［58］杨志, 栾国华, 梁政, 等. 机抽排水采气配套新技术的研究与应用［J］. 天然气工业, 2009, 29（5）: 85-88, 142.

［59］熊杰, 王学强, 孙新云, 王威林, 彭杨, 朱昆. 深井电潜泵排水采气工艺技术研究及应用［J］. 钻采工艺, 2012, 35（04）: 60-61, 125-126.

［60］温庆志, 曲占庆, 徐延涛, 袁玲, 廉黎明. 小直径电潜泵排水采气技术研究与应用［J］. 西安石油大学学报（自然科学版）, 2009, 24（06）: 33-35, 41, 110.

［61］Okoro E S, Ossia C V. Production optimisation in the Niger Delta basin by continuous gas lift—a case study of Iduo-Well-A06［J］. Int J Sci Eng Res, 2015, 6（10）: 614-622.

［62］Price B P, Gothard B. Foam-assisted lift—importance of selection and application［C］. SPE-106465-MS, 2007.

［63］Al-Fatlawi O F, Al-Jawad M, Alwan K A, et al. Feasibility of Gas Lift to Increase Oil Production in an Iraqi Giant Oil Field［C］. SPE North Africa Technical Conference and Exhibition. OnePetro, 2015.

［64］Arachman F, Singh K, Forrest J K, et al. Liquid unloading in a big bore completion: A comparison among gas lift, intermittent production, and installation of velocity string［C］//SPE Asia Pacific Oil and Gas Conference and Exhibition. OnePetro, 2004.

［65］蔡海强, 张永斌, 张占峰, 等. 气举排水采气工艺在涩北气田的研究和应用［J］. 天然气技术与经济, 2015, 9（4）: 33-35, 78.

［66］刘通, 周兴付, 陈海龙, 等. 毛细管泡沫排液采气工艺在低压、小液量水平井中的推广应用——以川西坳陷中浅层气藏为例［J］. 天然气工业, 2018, 38（6）: 83-90.

［67］杜洋, 郭新江, 刘通, 等. 川西致密砂岩气田采气工艺实践与效果［J］. 西南石油大学学报（自然科学版）, 2022, 44（3）: 188-196.

［68］Poulose B, Hamadi M A. Foamer Application for Sajaa Asset gas Wells［C］//SPE Middle East Oil and

Gas Show and Conference. OnePetro，2013.

[69] Veeken K，Hinai K，Shanfari A A，et al. Evaluating performance of foam-assisted lift in Sultanate of Oman by dedicated field testing［C］//Abu Dhabi International Petroleum Exhibition & Conference. OnePetro，2017.

[70] Poppenhagen K L，Harms L K，Wilkinson R，et al. Deliquification of South Texas Gas Wells using corrosion resistant coiled tubing：a six year case history［C］//SPE/ICoTA Coiled Tubing and Well Intervention Conference and Exhibition. OnePetro，2010.

[71] Andrianata S，Allo K R，Lukman A，et al. Extending life of liquid loaded gas wells using velocity string application：case study & candidate selection［C］//SPE/IATMI Asia Pacific Oil & Gas Conference and Exhibition. OnePetro，2017.

[72] Saldeev R R，Asel S A，Bo Khamseen S H，et al. Velocity string helps to revive a standing gas well in Saudi Arabia［C］//SPE Middle East Oil & Gas Show and Conference. OnePetro，2015.

[73] Mehranfar R，Gonzalez O E，Ortega H A，et al. Application of an Integrated Subsurface Surface Coupled Model to Optimize the Performance of the Artificial Lift Methods in Matured Oil Fields［R］. The SPE Artificial Lift Conference-Latin America and Caribbean，2015.

[74] Dzubur L，Langvik A. Optimization of oil production-applied to the Marlim Field［R］.Trondheim：Norwegian University of Science and Technology，2012.

[75] Chia Y，Hussain S.Gas lift optimization efforts and challenges［R］.Paper presented at the SPE Asia Pacific Improved Oil Recovery Conference，1999.

[76] Dutta-Roy K，Kattapuram J.A new approach to gas-lift allocation optimization［R］. Paper presented at the SPE western regional meeting，1997.

[77] 张霖，李学康，刘伟，等.水力射流泵排水采气工艺技术及应用［J］.钻采工艺，2005（4）：74-75，19.

[78] 白雅婷，陈平，马润梅，等.基于ANSYS Fluent的射流泵性能数值模拟［J］.化工机械，2022，49（1）：52-57，64.

[79] 冯琦.射流泵排水采气数值模拟研究［D］.西安：西安石油大学，2014.

[80] 王尧.水平井排水采气工艺优化研究与应用［D］.成都：西南石油大学，2014.

[81] 冯永兵.苏里格气田东区排水采气工艺评价研究［D］.成都：西南石油大学，2015.

[82] 郭瑞祥，向欣，刘雄辉，等.射流泵在苏里格气田的应用［J］.中国石油和化工标准与质量，2020，40（11）：104-105.

[83] 李平.川西中浅层水平井排水采气工艺技术研究［D］.成都：西南石油大学，2016.

[84] 宋文容.压力敏感气藏水平井排水采气工艺研究［D］.北京：中国石油大学（北京），2016.

[85] 赵煊.排水采气工艺技术研究现状及趋势［J］.中国石油和化工标准与质量，2011，31（4）：47.

[86] 杨志，栾国华，梁政，等.机抽排水采气配套新技术的研究与应用［J］.天然气工业，2009，29（5）：85-88，142.

[87] 谷建东.Y29井区气藏富水状况分析及机抽排水工艺研究［D］.西安：西安石油大学，2019.

[88] 李振银.排水采气工艺技术的探讨［J］.新疆石油天然气，2008（S1）：90-93.

[89] 李勇龙，王志勇，张贵仪，等.机抽排水采气工艺在苏里格气田召51区块召XX井的应用［J］.中国石油和化工标准与质量，2019，39（20）：211-212.

[90] 王永吉，刘思宏，张云德，等.气田排液采气配套技术研究与应用探讨［J］.中国石油和化工标准与质量，2013，34（1）：267.

[91] 刘东.超深井排水采气工艺方法研究［D］.青岛：中国石油大学（华东），2009.

[92] 王威林, 熊杰, 王学强, 等. 电潜泵在排水采气井中的应用及改进 [J]. 内蒙古石油化工, 2011, 37 (15): 57-58.

[93] 罗俊渊. 电潜泵排水采气工艺在四川气田的应用研究 [J]. 钻采工艺, 1993 (1): 28-34.

[94] 贾永刚. 高温潜油电泵流场数值模拟及结构优化 [D]. 沈阳: 沈阳工业大学, 2022.

[95] 刘东. 超深井排水采气工艺方法研究 [D]. 青岛: 中国石油大学 (华东), 2009.

[96] 邱宗杰. 电潜泵—气举组合式举升设计分析研究 [D]. 北京: 中国石油大学 (北京), 2018.

[97] 李芳. 煤层气井电潜泵排采技术研究与应用 [D]. 青岛: 中国石油大学 (华东), 2011.

[98] 宋旭超. 关于低产低压气井排水采气技术对策探讨 [J]. 中国设备工程, 2021 (23): 238-239.

[99] 冯永兵. 苏里格气田东区排水采气工艺评价研究 [D]. 成都: 西南石油大学, 2015.

[100] 蔡立峰. 苏里格苏48区块排水采气工艺技术研究 [D]. 西安: 西安石油大学, 2011.

[101] 刘莎丽. 连续气举采油设计方法研究 [D]. 荆州: 长江大学, 2015.

[102] 田云, 王志彬, 李颖川, 等. 速度管排水采气井筒压降模型的评价及优选 [J]. 断块油气田, 2015, 22 (1): 130-133.

[103] 赵广慧, 梁政. 连续油管内流体压力损失研究进展 [J]. 钻采工艺, 2008 (6): 41-44, 167.

[104] 钟晓瑜, 颜光宗, 黄艳, 艾天敬, 张向阳. 连续油管深井排水采气技术 [J]. 天然气工业, 2005 (1): 111-113, 217.

[105] 陈路原. 大牛地气田盒1气藏水平井开发工程技术与实践 [J]. 石油钻探技术, 2015, 43 (1): 44-51.

[106] 赵彬彬, 白晓弘, 陈德见, 等. 速度管柱排水采气效果评价及应用新领域 [J]. 石油机械, 2012, 40 (11): 62-65.

[107] 余淑明, 田建峰. 苏里格气田排水采气工艺技术研究与应用 [J]. 钻采工艺, 2012, 35 (3): 40-43, 9.

[108] 李颖川. 计算气井井底压力的数值方法 [J]. 西南石油学院学报, 1989 (4): 63-69.

[109] Mukherjee H, Brill J P. Pressure drop correlations for Inclined two-phase flow [J]. ASME J. Energy Resour. Technol., 1985, 107 (4): 549-554.

[110] Beggs D H, Brill J P. A study of two-phase flow in inclined pipes [J]. Journal of Petroleum Technology, 1973, 25 (5): 607-617.

[111] Mukherjee H, Brill J P. Liquid holdup correlations for inclined two-phase flow [J]. Journal of Petroleum Technology, 1983, 35 (5): 1003-1008.

[112] Mukherjee H, Brill J P. Empirical equations to predict flow patterns in two-phase inclined flow [J]. International Journal of Multiphase Flow, 1985, 11 (3): 299-315.

[113] Turner R G, Hubbardmg, Dukler A E. Analysis and prediction of minimum flow rate for the continuous removal of liquids from gas wells [J]. Journal of Petroleum Technology, 1969, 21 (11): 1475-1482.

[114] 李闽, 孙雷, 李士伦. 一个新的气井连续排液模型 [J]. 天然气工业, 2001 (5): 61-63, 6-5.

[115] 刘刚. 气井携液临界流量计算新方法 [J]. 断块油气田, 2014, 21 (3): 339-343.

[116] 宋玉龙, 杨雅惠, 曾川, 等. 临界携液流量与流速沿井筒分布规律研究 [J]. 断块油气田, 2015, 22 (1): 90-93, 97.

[117] 娄乐勤, 耿新中. 气井携液临界流速多模型辨析 [J]. 断块油气田, 2016, 23 (4): 497-500.

[118] 曹和平, 张书平, 白晓弘, 等. 速度管柱系统研制与应用 [J]. 石油机械, 2011, 39 (10): 113-115, 198.

[119] 翟中波, 舒笑悦, 陈刚, 等. 丛式气井智能化泡沫排水采气工艺在延北项目的应用 [J]. 天然气技术与经济, 2021, 15 (2): 16-20, 45.

[120] 徐云喜, 于志军, 王海江, 等. 连续管尺寸及作业深度对速度管柱的影响研究 [J]. 石油机械,

2020, 48(2): 97-103.

[121] 符东宇, 李祖友, 鲁光亮, 等. 基于泡沫流体管流模型的速度管柱排采工艺优化——以川西坳陷中浅层气藏为例[J]. 大庆石油地质与开发, 2020, 39(2): 72-79.

[122] 闫云和. 气井带水条件和泡沫排水实践[J]. 天然气工业, 1983(2): 27-33, 6.

[123] Yang J, Guan B, Yang G, et al. Effect of dynamic surface activity of surfactant on performance of foam for gas well deliquification[C]. Society of Petroleum Engineers, 2013.

[124] 武俊文, 雷群, 熊春明, 等. 适用于深层产水气井的纳米粒子泡排剂[J]. 石油勘探与开发, 2016, 43(4): 636-640.

[125] 杨志, 李孟杰, 赵海洋, 等. 电潜泵—气举组合接力举升工艺研究[J]. 西南石油大学学报(自然科学版), 2011, 33(2): 165-170, 19-20.

[126] 甘振维, 邓洪军. 塔河油田原油深抽工艺技术研究与应用[J]. 中外能源, 2010, 15(5): 35-39.

[127] 粟超, 魏磊, 吴甄伟. 机抽—速度管复合排水采气新工艺[J]. 天然气工业, 2019, 39(11): 81-85.

[128] 粟超, 李海涛, 罗钟鸣, 等. 水平气井IPR模型评价[J]. 断块油气田, 2008(2): 58-60.

[129] 张春, 金大权, 李双辉, 张家志. 苏里格气田新型柱塞气举系统应用研究[J]. 钻采工艺, 2017, 40(6): 74-76, 10.

[130] 翟中波, 房伟, 俞天军, 等. 鄂尔多斯盆地南缘X井区连续油管速度管柱工艺及其应用[J]. 大庆石油地质与开发, 2022, 41(4): 82-89.

[131] 胡苗, 冯利军, 王军锋, 等. 延北113—133致密气藏水平井速度管柱安装策略研究[J]. 非常规油气, 2022, 9(2): 85-93, 105.

[132] 程心平, 郑春峰, 宁碧, 等. 渤中29-4油田自产气气举—电潜泵组合举升工艺增产方法研究[J]. 油气地质与采收率, 2017, 24(4): 121-126.

[133] 赵明, 王刚, 冯永兵, 等. 苏里格气田东区组合式排水采气应用浅析[J]. 石油化工应用, 2014, 33(11): 43-46.

[134] 汪泳吉, 王胜, 陈欣毅, 李洋, 乔军委. 复合排水采气在苏10区块应用探究[J]. 石油化工应用, 2016, 35(5): 56-59, 63.

[135] 杨刚, 陈峰, 马轮, 等. 新型组合排水采气工艺技术[J]. 内蒙古石油化工, 2013, 39(1): 95-98.

[136] 李希. 苏西产水井生产规律及排水采气适应性评价[D]. 西安: 西安石油大学, 2020.

[137] 温庆志, 曲占庆, 徐延涛, 等. 小直径电潜泵排水采气技术研究与应用[J]. 西安石油大学学报(自然科学版), 2009, 24(6): 33-35, 41, 110.

[138] 郑新欣. 排水采气工艺方法优选[D]. 青岛: 中国石油大学(华东), 2008.

[139] 王月杰, 张宏友. 预测天然气斜井临界携液流量新方法[J]. 石油与天然气化工, 2022, 51(4): 69-74.

[140] 郭自新, 李宁, 魏克颖, 等. 低产低效井排水采气工艺技术研究[J]. 石油化工应用, 2014, 33(6): 54-58.

[141] 白晓弘, 田伟, 田树宝, 等. 低产积液气井气举排水井筒流动参数优化[J]. 断块油气田, 2014, 21(1): 125-128.

[142] 李勋. 抽油机举升技术进展及发展趋势[J]. 化学工程与装备, 2020(9): 106-107.

[143] He Chang, Li Qian. Research on clean energy and new energy vehicle by multidimensional preference analysis[J]. IOP Conference Series: Earth and Environmental Science, 2021, 804(3): 32-44.

[144] 李美娟, 袁宁, 陈磊. 基于投影法和夹角度量法的改进TOPSIS[J]. 系统科学与数学, 2020, 40(9):

1614-1627.

[145] 张霞, 何南. 综合评价方法分类及适用性研究 [J]. 统计与决策, 2022, 38 (6): 31-36.

[146] 徐增林, 盛泳潘, 贺丽荣, 等. 知识图谱技术综述 [J]. 电子科技大学学报, 2016, 45 (4): 589-606.

[147] 董君. 层次分析法权重计算方法分析及其应用研究 [J]. 科技资讯, 2015, 13 (29): 218, 220.

[148] Wang Weize, Liu Xinwang. An Extended LINMAP Method for Multi-Attribute Group Decision Making under Interval-Valued Intuitionistic Fuzzy Environment [J]. Procedia Computer Science, 2013, 17: 490-497.

[149] Qin Jindong, Liu Xinwang, Witold Pedrycz. A multiple attribute interval type-2 fuzzy group decision making and its application to supplier selection with extended LINMAP method [J]. Soft Computing, 2017, 21 (12): 3207-3226.

[150] Lu Xiaoyun, Dong Jiuying, Wan Shuping. A novel three-phase LINMAP method for hybrid multi-criteria group decision making with dual hesitant fuzzy truth degrees [J]. IEEE Access, 2020, 8: 112462-112483.

[151] Song Wen, Zhu Jianjun, Zhang Shitao, et al. A multi-stage uncertain risk decision-making method with reference point based on extended LINMAP method [J]. Journal of Intelligent & Fuzzy Systems, 2018, 35 (1): 1133-1146.

[152] Yu Dejian, Pan Tianxing. Tracing knowledge diffusion of TOPSIS: A historical perspective from citation network [J]. Expert Systems with Applications, 2020, 168: 114-238.

[153] Li Bei, Miao Hongzhi, Li Jiangchen. Multiple hydrogen-based hybrid storage systems operation for microgrids: A combined TOPSIS and model predictive control methodology [J]. Applied Energy, 2021, 283: 116-303.

[154] Szpotowicz (née Nádasi) Réka, Tóth Csaba. Revision of Sustainable Road Rating Systems: Selection of the Best Suited System for Hungarian Road Construction Using TOPSIS Method [J]. Sustainability, 2020, 12 (21): 8884.

[155] Méndez Máximo, Frutos Mariano, Miguel Fabio, AguascaColomo Ricardo. TOPSIS Decision on Approximate Pareto Fronts by Using Evolutionary Algorithms: Application to an Engineering Design Problem [J]. Mathematics, 2020, 8 (11): 2072.

[156] Liang Guangqi, Niu Dongxiao, Liang Yi. Core Competitiveness Evaluation of Clean Energy Incubators Based on Matter-Element Extension Combined with TOPSIS and KPCA-NSGA-II-LSSVM [J]. Sustainability, 2020, 12 (22): 9570.

[157] Pınar Adem, Babak Daneshvar Rouyendegh, Özdemir Yavuz Selim. q-Rung Orthopair Fuzzy TOPSIS Method for Green Supplier Selection Problem [J]. Sustainability, 2021, 13 (2): 985.

[158] Riaz Muhammad, Hamid Muhammad Tahir, Athar Farid Hafiz Muhammad, Afzal Deeba. TOPSIS, VIKOR and aggregation operators based on q-rung orthopair fuzzy soft sets and their applications [J]. Journal of Intelligent & Fuzzy Systems, 2020, 39 (5): 6903-6917.

[159] Mahmood Asma, Abbas Mujahid. Influence model and doubly extended TOPSIS with TOPSIS based matrix of interpersonal influences [J]. Journal of Intelligent & Fuzzy Systems, 2020, 39 (5): 7537-7546.

[160] Jefmański Bartłomiej, Sagan Adam. Item Response Theory Models for the Fuzzy TOPSIS in the Analysis of Survey Data [J]. Symmetry, 2021, 13 (2): 223.

[161] Zulqarnain Rana Muhammad, Xin Xiao Long, Siddique Imran, Asghar Khan Waseem, Yousif

Mogtaba Ahmed. TOPSIS Method Based on Correlation Coefficient under Pythagorean Fuzzy Soft Environment and Its Application towards Green Supply Chain Management [J]. Sustainability, 2021, 13 (4): 1642.

[162] Zhang Hongjing, Wang Feng, Tian Zhenkun. Grey correlation analysis of China's electricity imports and its influence factors [J]. Applied Mechanics and Materials, 2013, 448: 2158-2162.

[163] Wu Yanling, Zhou Fei, Kong Jizhou. Innovative design approach for product design based on TRIZ, AD, fuzzy and Grey relational analysis [J]. Computers & Industrial Engineering, 2020: 106276.

[164] Noppadon Janaum, Thanawin Butsiri, Pornnapa Kasemsiri, et al. Multi Response Optimization of Bioactive Starch Foam Composite Using Taguchi's Method and Grey Relational Analysis [J]. Journal of Polymers and the Environment, 2020, 28: 1513-1525.

[165] Shival Patel, Kishan Fuse, Khushboo Gangvekar, et al. Multi-Response Optimization of Dissimilar Al-Ti Alloy FSW Using Taguchi-Grey Relational Analysis [J]. Key Engineering Materials, 2020, 883: 35-39.

[166] Tang Juan, Zhu Honglin, Liu Zhi, et al. Urban Sustainability Evaluation under the Modified TOPSIS Based on Grey Relational Analysis [J]. International Journal of Environmental Research and Public Health, 2019, 16 (2): 256.

[167] Pourmohammadi Kimia, Shojaei Payam, Rahimi Hamed, et al. Evaluating the health system financing of the Eastern Mediterranean Region (EMR) countries using Grey Relation Analysis and Shannon Entropy. [J]. Cost effectiveness and resource allocation: C/E, 2018, 16 (5): 1-9.

[168] Wang Xiaoli, Li Xiaoxiao, Guan Wenling, et al. Study on Wharf accidents based on the grey correlation analysis [J]. Applied Mechanics and Materials, 2014, 505: 683-688.

[169] Xi Jiangyue, Zhu Xiaoning. Study on Location Selection of the Intercity Railway Passenger Station Based on Fuzzy Entropy-Based Grey Correlation Analysis [J]. Applied Mechanics and Materials, 2013, 336: 2508-2511.

[170] Hodicky Jan, Özkan Gökhan, Özdemir Hilmi, et al. Analytic Hierarchy Process (AHP)-Based Aggregation Mechanism for Resilience Measurement: NATO Aggregated Resilience Decision Support Model. [J]. Entropy (Basel, Switzerland), 2020, 22 (9): 1037.

[171] Park Yujin, Lee SangWoo, Lee Junga. Comparison of fuzzy AHP and AHP in multicriteria inventory classification while planning green infrastructure for resilient stream ecosystems [J]. Sustainability, 2020, 12 (21): 9035.

[172] Hämmerling Mateusz, Kocięcka Joanna, Zaborowski Stanisław. AHP as a Useful Tool in the assessment of the technical condition of hydrotechnical constructions [J]. Sustainability, 2021, 13 (3): 1304.

[173] Ishak A, Siregar K, Ginting R, et al. Reducing waste to improve product quality in the wooden pallet production processsby using lean six sigma approach in PT. XYZ [C].IOP Conference Series: Materials Science and Engineering. IOP Publishing, 2020, 1003 (1): 012090.

[174] Isnaina N, Marhaento H, Subrata S A. Combining analytical hierarchy process (AHP) and geographical information system (GIS) for mapping habitat threat of mentilin (Cephalopachus bancanus) [C]. IOP Conference Series: Earth and Environmental Science, 2021, 623 (1): 012044.

[175] 卢涛, 刘艳侠, 武力超, 等. 鄂尔多斯盆地苏里格气田致密砂岩气藏稳产难点与对策[J]. 天然气工业, 2015, 35 (6): 43-52.

[176] Martinez J, Martinez A. Modeling coiled-tubing velocity strings for gas wells [R]. SPE-30197-PA, 1998, 13 (1): 70-73.